모든 것이
연결되는 세상

IoT

사물인터넷 개론

남상엽 · 강민구 · 양재수 · 안병구 · 김호원 공저

도서출판 상학당

欲爲大者 當爲人役

크고자 하거든 남을 섬기라

			학습 모듈코드	LM20230906_13v1
대분류	중분류	소분류	세분류	능력단위
정보통신/20	통신기술/2	통신서비스/3	무선 초고속 인터넷서비스/09	무선 초고속 인터넷서비스 기술/06

사물인터넷(IoT) 개론

머리말

인터넷을 기반으로 모든 사물을 연결하여 사람과 사물, 사물과 사물, 사물과 시스템 간의 정보를 상호 소통하는 지능형 기술 및 서비스 등을 사물인터넷(Internet of Things : IoT)이라고 하며, 사물에 센서와 통신 모듈을 부착하여 실시간 데이터를 인터넷으로 주고받을 수 있도록 하여 사물이 서로 알아서 정보를 주고받으며 대화를 나누게 되는 것으로 의미한다. 초고속 이동통신, 고감도 센서, 빅데이터 처리 등 3대 핵심기술의 발전과 저가격화로 사물인터넷 시대가 가시화되기 시작하였다.

국내에서도 클라우드, 빅데이터, 모바일과 함께 초연결 네트워크 산업의 플랫폼으로 발전시킬 원동력으로서의 ICBM(IoT, Cloud, Bigdata, Mobile) 기술로 통칭되고 있다. 사물인터넷 기술은 가트너(Gartner)가 선정하는 주요 10대 전략기술에도 꾸준히 거론되고 있으며, 기존의 사물지능통신(Machine to Machine : M2M) 서비스 기술과 함께 성장하고, 근래에는 사물인터넷의 경우 시장의 주류로 자리잡는 성숙기에 접어들기까지는 10년 이상의 시간이 소요될 것으로 예측하고 있다.

사물인터넷은 물리적, 논리적으로 사물 또는 객체와 객체 간의 통신이 네트워크로 구성되어 기존의 인터넷과 같은 통신망으로 확장하여 지능(Intelligence)형 인터페이스를 가지고 능동적으로 상호작용하는 기술을 총칭하는 것으로 이해할 수 있다.

사물인터넷의 세계시장은 2015년 3천억 달러에서 2020년 1조 달러로, 국내시장은 2015년 3.3조원에서 2020년 17.1조원으로 성장할 전망이다. 글로벌 선도 기업들은 자사의 핵심역량을 바탕으로 사물인터넷 생태계를 주도하기 위해 지배적 플랫폼 및 표준선점 경쟁 중이다. 아직 지배적 사업자가 없어 어떤 기업이 승자가 될지 모르는 상황에서 상호 경쟁과 협력을 모색 중이다.

사물인터넷의 시장 참여자는 센서, 통신 모듈, 단말기 등의 디바이스 생산 · 사용자, 솔루션 및 플랫폼 개발 · 제공자 등과 개인 · 산업 등의 소비자가 있다. 사물인터넷은 통신 서비스 원칙을 충족시켜야 다양한 서비스를 제공한다. 우선 서비스와 디바이스 혹은 게이트웨이 간의 통신을 지원하고 복수 통신기술도 사용 가능해야 한다. 또한 네트워크에 연결된 객체는 다른 객체와 p2p 통신이 가능하고, 네트워크 구조로부터의 서비스 독립을 위해 네트워크 추상화가 반드시 제공되어야 한다.

현재는 단순히 사물을 통신에 연결하고 표시하고 제어하지만 점점 사물이 서로 통신하고 지능형 인터페이스를 갖게 되면 사물은 기존 자신의 특성에서 새로운 성질을 갖게 된다. 그 새롭게 얻은 특성이나 성질은 좀 더 편리함과 미래를 예측하거나 예측하지 못했던 유용함을 주게 된다. 물론 개인 프라이버시와 보안문제의 발생 등과 같은 역기능도 발생하게 된다.

사물인터넷을 공공(대민 서비스 혁신), 산업(생산성·효율성 및 부가가치 향상), 개인(안전, 편리 등 삶의 질 제고) 등 국가사회 현안해결의 수단으로 활용하고, SW·센서·부품·디바이스 등 산업 경쟁력 강화 및 창의적 IoT 서비스·제품창출과 혁신을 주도할 중소·중견 전문기업 육성 및 기획단계부터 IoT 제품·서비스의 보안 내재화를 추진한다.

이 교재는 사물인터넷과 관련된 모든 인프라를 사용하여 사물인터넷 개론의 기초가 되는 이론을 전개하는 형태로 구성되어 있다. 단지 사물인터넷 개론의 다양하고 깊이 있는 내용보다는 쉽게 이해할 수 있도록 구성 편집하였다.

따라서 좀 더 깊이 있고 보다 전문적인 내용은 이 책을 통하여 개념을 이해하고 추가적인 참고서적을 통하여 학습하는 것이 효과적일 것이다. 이 책을 사용하는 방법은 각 과정의 핵심적인 기본개념을 숙지하고 기초적인 이론을 이해하며, 다양한 응용의 융합을 통하여 새로운 사물인터넷 시스템을 확인하고 이해해 나가는 것이다.

이 교재는 컴퓨터·전자·통신, IT 콘텐츠 분야 관련 학생 및 초보 개발자를 대상으로 한 사물인터넷에 대한 기본학습을 위한 교재로서, 처음 사물인터넷을 접하는 학생에게 쉽고 빠르게 접근할 수 있도록 하는 데 초점을 맞추어 편찬되었다. 따라서 사물인터넷 관련 융합 제품 및 응용분야에 대한 기본적인 원리에 대한 이해와 감각을 키우는 데 부족함이 없을 것이라 생각된다.

이 교재의 주요 구성은 다음과 같다.

학습 1은 사물인터넷의 정의, 학습 2는 사물인터넷의 기본계획, 학습 3은 사물인터넷의 스마트 디바이스, 학습 4는 사물인터넷의 글로벌 동향, 학습 5는 사물인터넷의 기술, 학습 6은 사물인터넷의 빅데이터, 학습 7은 사물인터넷의 클라우딩 컴퓨터, 학습 8은 사물인터넷의 무선 네트워크, 학습 9는 사물인터넷의 스마트 센서, 학습 10은 사물인터넷의 표준, 학습 11은 사물인터넷의 보안, 학습 12는 사물인터넷의 스마트 홈에 대하여 다양한 기능과 특징을 확인할 수 있어 사물인터넷에 대한 쉽고 빠른 이해를 얻을 수 있을 것이다.

끝으로 이 교재를 집필하는 데 많은 도움을 주신 도서출판 상학당 관계자 여러분과 주요 자료를 제공해주신 참고문헌 저자분들과 많은 지도편달을 해주신 한국정보화진흥원 및 한국인터넷진흥원께 감사의 마음을 전한다.

어떤 일이든 첫발을 내딛고 개척하는 것이 가장 힘든 일일 것이다. 그러나 그 어려움을 극복하였을 때 얻는 것이 무엇보다 값진 결실이 될 것이다. 아직은 열악하고 힘든 개발환경이지만 이 책이 보다 많은 스마트 네트워크 시스템 관련 인력양성에 힘이 되어주길 바란다.

이 교재에서 부족했던 점이나 기타 문의사항과 관련한 기술지원은 도서출판 상학당을 통해 지속적으로 지원할 계획이며, 기타 보충자료 또한 지속적으로 업데이트할 예정이므로 독자 여러분의 따뜻한 질책과 조언을 부탁드린다.

저자 씀

차 례

학습 모듈의 위치

대분류	20. 정보통신
중분류	2. 통신기술
소분류	3. 통신서비스

세분류	능력단위	학습 모듈명
09. 무선 초고속 인터넷서비스	01. 무선 초고속 인터넷서비스 기획	사물인터넷 서비스 기획
	02. 무선 초고속 인터넷서비스 설계	사물인터넷 서비스 설계
	03. 무선 초고속 인터넷서비스 관리	사물인터넷 서비스 관리
	04. 무선 초고속 인터넷서비스 마케팅	사물인터넷 서비스 마케팅
	05. 무선 초고속 인터넷서비스 운영	사물인터넷 서비스 운영
	06. 무선 초고속 인터넷서비스 기술	사물인터넷 서비스 기술
	07. 무선 초고속 인터넷서비스 표준	사물인터넷 서비스 표준
	08. 무선 초고속 인터넷서비스 보호	사물인터넷 서비스 보호
	09. 무선 초고속 인터넷서비스 규제대응	사물인터넷 서비스 규제대응
	10. 무선 초고속 인터넷서비스 현장지원	사물인터넷 서비스 현장지원

학습 모듈의 목표 : 사물인터넷의 새로운 성장동력으로 부상함에 따라서 시장, 기술, 보안, 표준 등 주요 이슈에 대하여 살펴보고 가장 접근하기 쉬운 스마트 홈 관련 실습을 통하여 사물인터넷 기술구성을 습득하는 데 목표를 두고 있다.

사물인터넷(Internet of Things : IoT)은 인간과 사물, 서비스 등 분산된 구성요소들 간에 인위적인 개입 없이 상호 협력적으로 센싱, 네트워킹, 정보처리 등 지능적 관계를 형성하는 사물공간 연결망을 의미하고, 사물인터넷 시대에는 대부분의 기기에 정보획득 및 네트워크 연결 기능이 탑재되고 이를 바탕으로 다양한 새로운 제품과 서비스가 출현할 것으로 기대하고 있다.

따라서, 사물인터넷의 응용분야는 스마트 홈, 스마트 가전, 스마트 카, 스마트 그리드, 헬스케어, 웨어러블기기 등 다양한 응용분야에서 새로운 제품과 서비스 분야로 응용제품이 개발 보급됨으로써 새로운 미래사회로의 진입으로 전망하고 있다.

사물인터넷 도입을 위한 가장 큰 이슈는 보안 및 프라이버시 관련 문제로 거의 모든 사물의 인터넷 연결로 새로운 정보의 생성, 수집, 유통, 관리 및 활용의 단계가 필수적으로 생성되는 과정에서 보안 시스템은 공공 안전위협과 프라이버시 침해라는 두 가지 위험에 직면하고 있다. 이러한 보안과 침해를 해소하기 위해 사물인터넷 환경에서 대상 범위, 대상 특성, 담당 주체, 보안 및 보호방법 등에 있어 새로운 분야에서 새로운 보안문제에 고려해야 할 필요성이 제기되고 있다.

사물인터넷 시대에는 다양한 응용기기들의 연결과 구현을 위해 보안, 통신규격, 응용범위 등 표준화 방향과 정책이 중요함으로 현재 다양한 응용분야, 국가간 표준 단체의 표준화가 정착되지 않았으며, 앞으로도 국가간, 단체간, 대상간 표준화 확정이 그리 쉽지 않을 것이고 첨단 및 리딩 기업을 중심으로 표준화 방향이 관심의 대상으로 부각되고 있다.

선행학습 : 개발제품 관련 전문용어, 주요 프로그램 모듈 이해, 설계도구 사용능력, 프로그램 기초지식, 전자부품(스마트 센서 등) 지식, 개발 보드 제작기법, 소프트웨어

교육과정 학점 및 이수시간

학 습	교육과정 학점 및 이수시간	
	학 점	이수시간(hour)
1. 사물인터넷의 정의	4(3)	3(2)
2. 사물인터넷의 기본계획	4(3)	3(2)
3. 사물인터넷의 스마트 디바이스	4(3)	3(2)
4. 사물인터넷의 글로벌 동향	4(3)	3(2)
5. 사물인터넷의 기술	4(3)	3(2)
6. 사물인터넷의 빅데이터	4(3)	3(2)
7. 사물인터넷의 클라우딩 컴퓨팅	4(3)	3(2)
8. 사물인터넷의 무선 네트워크	4(3)	3(2)
9. 사물인터넷의 스마트 센서	4(3)	3(2)
10. 사물인터넷의 표준	4(3)	3(2)
11. 사물인터넷의 보안	4(3)	3(2)
12. 사물인터넷의 스마트 홈	4(3)	3(2)

핵심 용어 : 사물인터넷(IoT), 스마트 디바이스, 빅데이터, 클라우딩 컴퓨팅, 무선 센서 네트워크, 스마트 홈, 스마트 센서

학습 모듈 명세서

학습명	학습내용명
1. 사물인터넷의 정의 (LM20230906_13v1.1)	1–1. 사물인터넷의 개요 1–2. 사물인터넷의 구성 및 특징
2. 사물인터넷의 기본계획 (LM20230906_13v1.1)	2–1. 사물인터넷의 기본계획 추진배경 2–2. 사물인터넷의 기본계획의 비전 및 목표, 추진전략 2–3. 사물인터넷의 기본계획의 주요 추진과제
3. 사물인터넷의 스마트 디바이스 (LM20230906_13v1.1)	3–1. 사물인터넷의 스마트 디바이스 개념 3–2. 사물인터넷의 스마트 디바이스 추진과제
4. 사물인터넷의 글로벌 동향 (LM20230906_13v1.1)	4–1. 사물인터넷의 글로벌 시장규모 및 전망 4–2. 사물인터넷의 글로벌 서비스 동향
5. 사물인터넷의 기술 (LM20230906_13v1.1)	5–1. 사물인터넷의 기술구성 5–2. 사물인터넷의 국내외 기술수준 비교
6. 사물인터넷의 빅데이터 (LM20230906_13v1.1)	6–1. 사물인터넷의 빅데이터 기술개요
7. 사물인터넷의 클라우딩 컴퓨터 (LM20230906_13v1.1)	7–1. 사물인터넷의 클라우딩 컴퓨팅 개요
8. 사물인터넷의 무선 네트워크 (LM20230906_13v1.1)	8–1. 사물인터넷의 무선 네트워크 개요 8–2. 무선 센서 네트워크의 개념 및 기술
9. 사물인터넷의 스마트 센서 (LM20230906_13v1.1)	9–1. 사물인터넷의 스마트 센서 개요 9–2. 스마트 센서의 응용분야별 동향
10. 사물인터넷의 표준 (LM20230906_13v1.1)	10–1. 사물인터넷의 표준화 개요
11. 사물인터넷의 보안 (LM20230906_13v1.1)	11–1. 사물인터넷의 보안구성 및 특징
12. 사물인터넷의 스마트 홈 (LM20230906_13v1.1)	12–1. 사물인터넷의 스마트 홈 구성 및 표준화

학습 1	사물인터넷의 정의

1-1 사물인터넷의 개요

학습 목표	1-1. 사물인터넷의 개요를 이해할 수 있다.

필요지식

1. 사물인터넷의 의미

사물인터넷의 사전적 의미는 '사물(things)이 통신의 주체로 참여하여 기기(machine)가 능동적으로 인간을 지원하는 서비스를 창출하는 기술'이다. 즉, 인터넷을 기반으로 모든 사물을 연결하여 사람과 사물, 사물과 사물, 사물과 시스템 간의 정보를 상호 소통하는 지능형 기술 및 서비스 등을 사물인터넷이라고 한다.

사물인터넷이란 사물에 센서와 통신 모듈을 부착하여 실시간 데이터를 인터넷으로 주고받을 수 있도록 하여 사물이 서로 알아서 정보를 주고받으며 대화를 나누게 되는 것으로 의미한다. 사물이 인터넷 및 다른 기기와 연결되면서 다음과 같은 항목의 범위와 실시간성이 대폭 확대되었다.

① 정보수집(Sensing)

② 수집정보 전달(Data Transferring)

③ 정보축적(Data Storing)

④ 정보융합 및 신규정보 생성(Data Convergence & New Data Generation)

그 결과 원격자동 모니터링, 보고(트래킹, 추적, 대시보드, 임계값, 경고, 보고 등) 및 측정, 자동 프로세싱 및 제어, 리모트 컨트롤 애플리케이션(지휘와 통제, 원격관리 및 운영효율화 조정, 세일즈 및 마케팅 정보제공 등), 자가 진단치료 애플리케이션(셀프 진단, 셀프 치료, 셀프 환경설정, 셀프 조율, 기계학습, 인지 등) 기기의 능동성이 비약적으로 신장되고 있다.

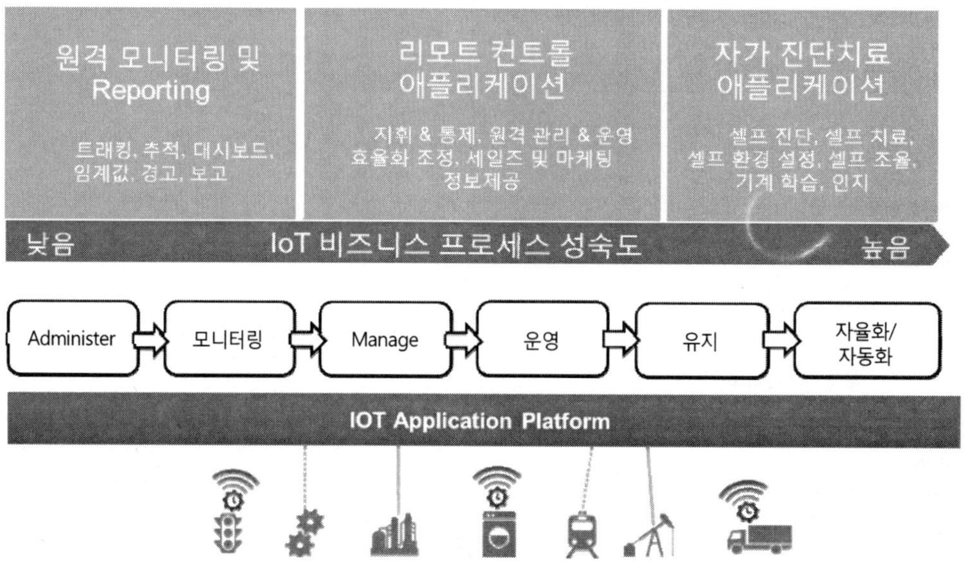

[그림 1-1] 사물끼리 인터넷의 프로세스

출처 : 홍난희 PLM Best Practice conference 2014.

2. 사물인터넷의 기술적인 탄생

1) 센서 기술(Sensor Technology)

스마트 센서의 등장

단순히 온도, 습도, 열, 가스, 조도, 위치, 모션 등 독립적인 정보를 생산해 내는 센서가 아닌 프로세서가 내장되어 스스로 판단하고 정보를 처리할 수 있는 스마트 센서들이 등장하고 있다.

2) 유무선 통신 및 네트워크 인프라 기술(Wired & Wireless Telecommunication and Network Infra Technology)

통신 모듈의 기기 탑재의 획기적인 확장

- 네트워크 기술표준 정착, 대역폭 확대, 대용량 데이터 통신비용 하락 등으로 과거에 있었던 가격, 연결속도, 호환성, 연결 복잡성 등의 문제가 해결되었다.
- 실험 수준에만 있던 홈네트워킹, 스마트 유통 등 사물인터넷 영역으로 본격적인 상업화가 진행되고 있다.

3) IoT 서비스 인터페이스 기술(Interface Technology for IoT Service)

서비스 인터페이스 기술의 비약적인 발전

다양한 형태의 스마트 기기(예 : Wearable) 등장하면서 사물간의 정보를 최적으로 저장, 처리 및 검색하도록 하고, 서비스 목적별로 직관적이고 편리하게 사용하기 위해서 서비스 인터페이스 기술을 발전시키고 있다.

4) 배터리 기술(Battery Technology)

배터리 소형화 및 용량의 비약적 발전

사물이 센싱, 통신 및 연산을 하기 위해 필수적인 배터리의 효율성, 작업시간, 크기, 형태, 원가 등이 크게 개선되었다.

3. 사물인터넷의 용어 탄생

사물인터넷이란 용어인 Internet of Things는 1999년 매사추세츠공과대학(MIT)의 케빈 애시턴(Kevin Ashton)이 P&G(Procter & Gamble)에서 RFID를 활용한 supply chain 관리업무 담당 시 처음 언급하여 사용하기 시작하였다. 이후 그는 MIT의 RFID 연구 컨소시엄에 참여하고 오토 아이디 센터(Auto-ID Center) 소장으로 취임하여 지속적으로 사물인터넷에 대한 연구를 수행해오고 있다.

향후 RFID(전자태그)와 기타 센서를 일상생활에 사용하는 사물에 탑재한 사물인터넷이 구축될 것이라고 전망하면서 처음 사용한 것으로 알려져 있으며, 이후 관련 시장분석 자료 등에 사용되면서 대중화되었다.

당시에도 센서나 칩을 내장한 일상용품(everyday objects)이 정보를 주고받는다는 개념은 10여 년 전부터 존재했으며, 해당 개념은 '유비쿼터스 컴퓨팅(ubiquitous computing)' 또는 '퍼베이시브 컴퓨팅(pervasive computing)'과 같은 용어로 표현되었다. 다만, 사물인터넷 개념은 냉장고에서 자동차에 이르는 일상용품들이 인터넷과 연결되어 각 기기 간에 또는 주변 환경과 자율적으로 정보를 주고받는다는 점에서 새롭다고 할 수 있다.

4. 사물인터넷 시대

초고속 이동통신, 고감도 센서, 빅데이터 처리 등 3대 핵심기술의 발전과 저가격화로 사물인터넷(Internet of Things : IoT) 시대가 가시화되기 시작하였다. 국내에서도 클라우드, 빅데이터, 모바일과 함께 초연결 네트워크 산업의 플랫폼으로 발전시킬 원동력으로서의 ICBM(IoT, Cloud, Bigdata, Mobile) 기술로 통칭되고 있다.

사물인터넷 기술은 가트너(Gartner)가 선정하는 주요 10대 전략기술에도 꾸준히 거론되고 있으며, 기존의 사물지능통신(Machine to Machine : M2M) 서비스 기술과 함께 성장하고 있고, 근래에는 사물인터넷의 경우 시장의 주류로 자리잡는 성숙기에 접어들기까지는 10년 이상의 시간이 소요될 것으로 예측하고 있다.

[그림 1-2] 사물끼리 인터넷으로 연결돼 정보를 주고받는 사물인터넷 시대가 열리고 있다

출처 : 산업통상자원부 블로그(blog.daum.net/mocie/15613321)

5. 사물인터넷의 정의

2005년 11월 ITU 보고서 제목에 사물인터넷이 사용되면서 차츰 공식 용어로서 자리매김하기 시작하였으며, 2012년 ITU-T Y.2060(Y.IoT-overview) 표준문서에서 사물인터넷의 정의를 기술하였다.

ITU는 사물인터넷(Internet of Things : IoT)이란 "지능화된 사물들이 연결되어 형성되는 네트워크상에서 사람과 사물(물리 또는 가상), 사물과 사물 간에 상호 소통하고 상황인식 기반의 지식이 결합되어 지능적인 서비스를 제공하는 글로벌 인프라"로 정의하고 있다.

사물지능통신(Machine to Machine : M2M), 만물인터넷(Internet of Everything : IoE) 등의 용어도 사물인터넷과 같이 사용되고 있으나 유사한 개념으로 받아들여지고 있다.

사물인터넷은 사물과 사물이 인터넷으로 대화(통신)를 나눈다는 의미이다. 기존의 유선통신을 기반으로 한 인터넷이나 모바일 인터넷보다 진화된 단계로 인터넷에 연결된 기기가 사람의 개입 없이 상호간에 알아서 정보를 주고받아 처리한다.

사물이 인간에 의존하지 않고 통신을 주고받는 점에서 기존의 유비쿼터스(Ubiquitous)나 사물지능통신, NFC 등의 기존 기술개념과 비슷하기도 하지만, 통신장비와 사람과의 통신을 주목적으로 하는 M2M의 개념을 인터넷으로 확장하고, 지능(intelligence)을 더하고 사물은 물론이고 현실과 가상세계의 모든 정보와 상호작용하는 개념으로 진화한 단계라고 할 수 있다.

기술적인 용어를 사용하여 사물인터넷에 대한 정의를 CASAGRAS(Coordination And Support Action for Global RFID-related Activities and Standardization)와 CERP (Cluster of European Research Projects)을 통하여 재구성하면 다음과 같다.

"데이터 캡쳐 및 통신 기능의 가용성을 활용해 물리적 객체 및 가상 객체를 연결하는 글로벌 네트워크 인프라이다. 이 인프라는 기존의 발전하고 있는 인터넷과 네트워크 인프라를 포함한다. 그것은 독립적인 협력 서비스 및 응용 프로그램 개발을 위한 기초로 특정 개체식별, 센서 및 연결 기능을 제공하며 자율적인 데이터 캡쳐, 이벤트 전송, 네트워크 연결 및 높은 수준의 상호 운용성을 특징으로 한다."

"사물인터넷(IoT)은 미래 인터넷의 통합 부분이며 물리적 또는 가상의 식별자를 가진 표준 및 상호운용 통신 프로토콜, 물리적 형태와 지능, 자동 구성 기능과 역동적인 글로벌 네트워크 인프라로 정의될 수 있다. 지능형 인터페이스를 사용하고 원활하게 정보 네트워크에 통합되며 자율적으로 반응하면서 사물이 환경에 대해 '감지'

데이터와 정보를 교환하여 서로 환경과의 상호작용을 통한 의사소통이 활성화되고, 정보, 사회적 과정에 적극적으로 참여될 것으로 예상되는 것을 말한다."

사물인터넷(IoT)은 물리적, 논리적으로 사물 또는 객체와 객체 간의 통신이 네트워크를 구성되어 기존의 인터넷과 같은 통신망으로 확장하여 지능(Intelligence)형 인터페이스를 가지고 능동적으로 상호작용하는 기술을 총칭하는 것으로 이해할 수 있다.

현재는 단순히 사물을 통신에 연결하고 표시하고 제어하지만 점점 사물이 서로 통신하고 지능형 인터페이스를 갖게 되면 사물은 기존 자신의 특성에서 새로운 성질을 갖게 된다. 그 새롭게 얻은 특성이나 성질은 좀 더 편리함과 미래를 예측하거나 예측하지 못했던 유용함을 주게 된다. 물론 개인 프라이버시와 보안문제의 발생 등과 같은 역기능도 발생하게 된다.

[그림 1-3] 사물끼리 인터넷

출처 : http : //en.wikipedia.org/wiki/Internet_of_Things#mediaviewer/File : Internet_of_Things.jpg

여러 표준화 기구별로 사물 간의 통신을 정의하는 용어는 [그림 1-4]에 보인 바와 같이 M2M, MTC, MOC와 같이 다양한 형대로 사용되며 IoT 용어로 발전되었다.

M2M, MTC, MOC는 인간의 직접적인 개입이 꼭 필요하지 않은 두 개 이상의 객체 간에 일어나는 통신으로 정의되었고, M2M MTC, MOC 정의에서 사물이 수집한 정보를 통해 스스로 판단하고 처리하는 기술로 발전되며, IoT라는 용어로 확장이 되지만 이들을 구분하지 않고 쓰는 경우가 많으나, 기술이 성숙해지고 표준화되면서 IoT라는 용어로 통합되고 있다.

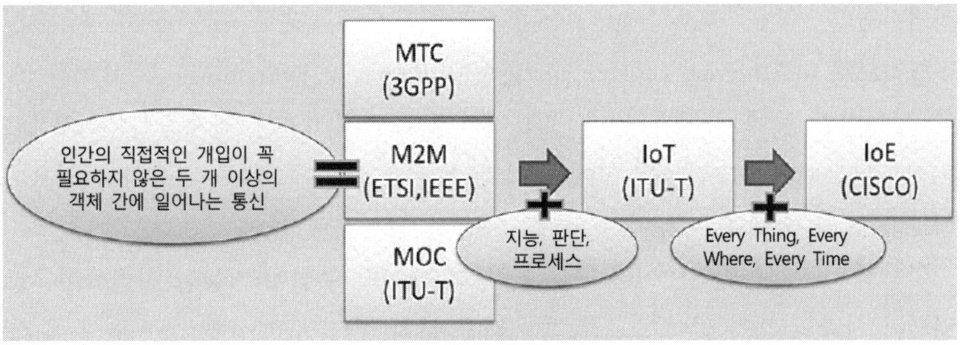

[그림 1-4] 사물인터넷의 발전

출처 : 산업통상자원부, 사물인터넷을 활용한 제조업 경쟁력 강화방안 연구 2014.10.

시스코(CISCO)에서는 IoT 개념을 확장하여 모든 사물이 연결되어 모든 장소, 모든 시간에 사물인터넷이 구현된다는 개념으로 만물인터넷(Internet of Everything : IoE)라는 용어를 사용하고 있다. 이렇게 나타는 기존의 용어와 IoT의 다양한 정의를 분석하여 단어들의 공통점과 차이점을 나타내면 [그림 1-5]와 같다.

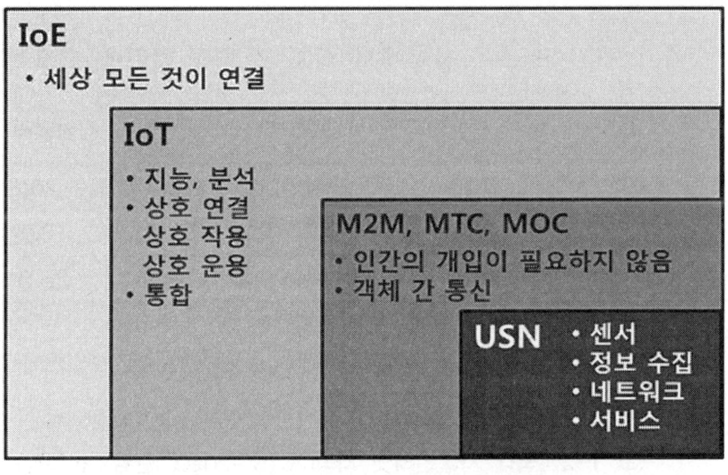

[그림 1-5] 사물인터넷 정의 공통점과 차이점 분석

출처 : 산업통상자원부, 사물인터넷을 활용한 제조업 경쟁력 강화방안 연구 2014.10.

USN은 센서, 정보수집, 네트워크, 서비스라는 용어들로 정의되며 IoE, IoT, M2M은 USN이 기반이 된다. M2M, MTC, MOC은 USN 개념을 기반으로 인간의 개입이 꼭 필요하지 않다는 것과 객체 간의 통신이라는 개념이 더해진다. IoT는 M2M 개념이 확장되어 사물들이 데이터 수집을 통해 스스로 판단하고 통신하는 지능을 가지고, 더 많은 사물들이 통합, 연결된다는 개념이 더해진다. IoE는 IoT 개념이 확장되어 만물이 네트워크를 통해 연결되어 모든 것이 소통한다는 개념이 더해진 것으로 정의하였다.

그러므로 IoT(Internet of Things) 및 IoE(Internet of Everything) 두 용어는 개념이나 적용범위 등에 차이가 없다. ITU에서 2012년에 IoT를 국제공식용어로 표준화(ITU-T Y.2060, 2012년 6월)함에 따라 세계 주요국들이 IoT를 사용하고 있으며, 우리나라 또한 국제표준 용어인 IoT를 사용하기로 하였다.

일반적으로 사물인터넷이란 "센서를 통해 데이터 수집이 가능한 사물들이 서로 연결되어 사람의 개입 없이 스스로 데이터를 분석, 판단하고 상호 소통을 통해 서비스를 창출하는 글로벌 네트워크 인프라"로 정의되고 있다.

6. 사물인터넷의 시장

사물인터넷(IoT)의 세계시장은 2015년 3천억 달러에서 2020년 1조 달러로, 국내시장은 2015년 3.3조원에서 2020년 17.1조원으로 선장할 전망이다.

글로벌 선도 기업들은 자사의 핵심역량을 바탕으로 사물인터넷 생태계를 주도하기 위해 지배적 플랫폼 및 표준선점 경쟁 중이다. 아직 지배적 사업자가 없어 어떤 기업이 승자가 될지 모르는 상황에서 상호 경쟁과 협력을 모색 중이다.

〈표 1-1〉 세계 사물인터넷 시장(2015~2020, 단위 : 십억달러)

구 분	2015	2016	2017	2018	2019	2020
시 장	292	369	505	661	839	1,03
성장률	23.5%	26.4%	36.7%	30.8%	26.9%	23.3%

* 2020년(1조 달러) : 디바이스 · 부품(38%), SI/플랫폼(30%), 서비스(29%), 네트워크(3%)

출처 : Machina Research, STRACORP, 2014.

〈표 1-2〉 국내 사물인터넷 시장(2015~2020, 단위 : 십억원)

구 분	2015	2016	2017	2018	2019	2020
시 장	3,349	4,448	6,892	9,635	12,863	17,076
성장률	23.8%	32.8%	54.9%	39.8%	33.5%	32.8%

* 시장규모 : 타 산업의 IoT적용에 따른 부가가치 효과는 미포함

출처 : STRACORP, 2014.

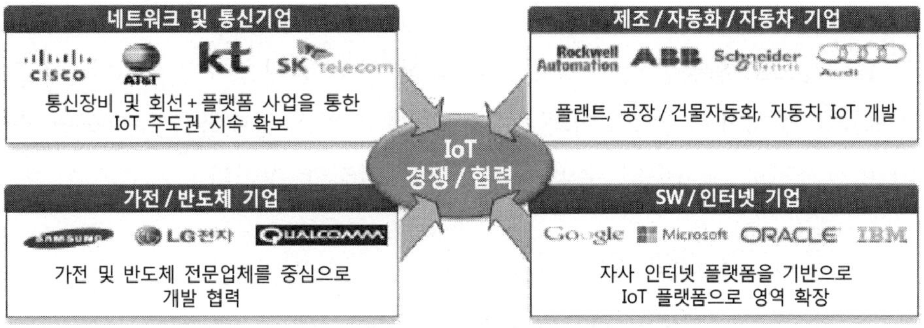

[그림 1-6] 사물인터넷 기업동향

출처 : 미래과학기술부, 사물인터넷 기본계획 연구 2014.5.

7. 사물인터넷 분야별 동향 분석

1) 가 전

가전분야는 냉장고, 세탁기, 에어컨, 청소기 등의 제품과 스마트폰을 연결하여 상황인지, 온도, 구동 등을 제어하는 방향으로 발전하는 중이다. 가전분야의 사물인터넷 확산은 3~5년 후부터 대중화 될 전망이며, 기존 가전산업 경쟁력이 높은 우리나라가 본 분야를 선점한다면 통신모듈, 센서 기업 등에 대규모 사업기회가 창출된 전망이다.

가전업체에서 제시한 사물인터넷 활용방법은 소비자의 니즈에 부합하기보다는 오히려 사용 피로도를 높인다는 지적이 있어 실질적인 수익창출에는 한계가 있다. 따라서 제조업체 이외의 기업(예 : 다음카카오, 네이버 등과 같은 서비스 전문기업)들과 시너지 창출이 중요하다.

2) 에너지 관리

기존의 스마트 그리드와 같이 대규모 전력에너지 관리보다는 가정, 빌딩, 플랜트와 같은 개별 소비단위의 에너지 관리분야가 먼저 촉진될 전망이다.

단순한 전기 원격검침으로도 인건비 절감 등을 통해 2018년까지 1천371억원을 절감할 수 있으며, 전기 · 가스 · 상하수 제어 등의 관리를 통해서는 2018년까지 1천588억원을 절감할 수 있다(출처 : IoT 중심의 초연결 글로벌 선진 사례, NIA)

매년 에너지 대란의 위험을 안고 있는 우리나라의 경우 사물인터넷을 적용하여 대기 전략 등을 중앙에서 통제할 수 있는 시스템을 구축하면 국가 에너지 관리 측면에도 큰 효과를 발휘할 것이다.

구글은 네스트사의 온도조절장치를 기반으로 가정의 모든 사물들을 제어 · 구동하는 플랫폼으로 활용할 전망으로 이에 대한 선제적 대응이 필요하다. 구글에서 관련 정보들을 공개하고 앱스토어와 같은 개방형 서비스 플랫폼을 구축하면 스마트폰 때와 마찬가지로 대다수의 수익을 구글에서 선점할 것이다.

3) 의료기기와 건강관리

의료분야는 IT 기술의 활용도가 높아 사물인터넷 초기단계에서 성장세가 가장 클 것으로 예상한다. 원격진료의 법제화 등의 이슈로 의료기기보다는 건강관리 서비스를 지원하는 다양한 디바이스들이 먼저 활성화될 것으로 기대된다.

사람을 대상으로 한 서비스 이외에도 가축동물들에 대한 전염병, 감염, 임신상태 등을 진단하는 서비스로 사업기회가 용이하고 빠르게 확산될 것으로 전망한다. 의료분야는 국가별로 IT 활용수준 및 법제도에 따라 시장진출 여부가 판가름 나는 만큼 국가별 정보동향 제공이 관련업계의 성장에 크게 이바지할 것이다.

4) 자동차

자동차 산업은 차량 자체의 성능향상 및 엔터테인먼트 기능을 강화한 스마트 카에서 외부와의 통신을 통해 안전 및 편리성을 강화한 커넥티드 카로 발전하는 추세이다.

'차량－클라우드', '차량－차량', '차량－인프라' 등 다양한 형태의 연결을 통해 새로운 서비스들이 창출될 전망이며, 제조업체 이외에 보험사와 같은 금융업계도 사물인터넷을 활용한 새로운 서비스(예 : 주행거리별 보험료 할인)제공이 예상된다.

자동차분야의 사물인터넷 활용을 촉진하기 위해서는 안전성에 대한 시험과 인증에 대한 문제를 선결해야 할 것으로 판단되며, 이러한 점 때문에 완성차 업체 및 보쉬와 같은 핵심부품 업체가 시장주도권을 가질 가능성이 높다. 따라서 자동차 분야의 사물인터넷 서비스를 촉진시키기 위해서는 완성차 업체와 사물인터넷 공급업체 간 안전성을 확보할 수 있는 신뢰성 기준 및 시험절차 등을 함께 마련하는 것이 필요하다.

수행 내용 사물인터넷의 개요 이해하기

재료 · 자료

- 사물인터넷 관련 자료, 사물인터넷 관련 시장전망, 개발동향 자료검색

기기(장비 · 공구)

- PC 및 자료검색 시스템

안전 · 유의사항

- 해당 자료를 사용 시 저작권 관련하여 명확히 출처를 밝히고 인용표시를 한다.
- 사물인터넷의 시장 및 응용 관련 자료를 분석 시 최신 자료를 근거로 분석해야 한다.

수행 순서

01 사물인터넷의 적용사례를 이해한다.

1. 가정의 사용사례

"우리는 아침에 일어나 대부분 세면을 하고 거울 앞에 선다. 이 거울이라는 사물이 인터넷과 연결되어 있어 당신이 아침에 거울 앞에 서게 되면 오늘의 날씨와 뉴스, 교통상황 정도의 정보를 한쪽 편에 보여준다고 한다면 스마트한 거울 정도로 부를 수 있을 것이다. 이 상태는 거울이라는 사물이 네트워크 장비라는 다른 사물과 연결된 상태이다.

여기에 간밤에 당신이 수면을 취하는 동안 접했던 사물인 베게, 침대, 이불들이 당신이 밤새 얼마나 뒤척였는지 얼마의 시간을 램수면을 취했는지, 땀은 얼마나 흘렸는지, 체온 등의 정보들을 거울과 통신하여 전달한다면 거울은 당신의 컨디션을 알 수 있는 정보를 제공할 수 있는 사물들과 망을 구성한 상태라고 볼 수 있다.

이 단계도 사물인터넷이라 불릴 수 있겠지만 여기서 더 나아가 이러한 정보를 취합하여 거울 스스로 가까운 의료서비스를 지원하는 서버에 인터넷망을 통해 접속하여 지능적으로 분석한 다음 오늘의 당신의 컨디션을 알려주고 감기기가 있다고 판단되는 경우 가까운 병

원을 들를 것을 조언하고 안내할 수 있다면 이것은 완벽하게 사물인터넷(IoT)으로 불릴 수 있을 것이다.

2. 카메라의 사용사례

가장 먼저 떠오르는 것은 카메라이다. DSLR과 같은 고가의 카메라들은 과거에는 반드시 PC로 사진을 옮겨야만 이 사진을 인터넷이라든가 SNS 등에 공유할 수 있었다. 현재는 대부분의 카메라들이 와이파이(WiFi) 기능을 내장하여 스마트폰과 통신을 통해서 사진을 가져오거나 카메라에서 프린트기로 바로 사진을 에어프린트할 수가 있다. 갤럭시 카메라와 같이 아예 통신 기능 외에 스마트폰의 기능 일부와 카메라를 합친 제품도 등장하였다.

이와 같이 카메라가 통신이 가능해지고 인터넷에 연결되게 되자 예전처럼 사진을 반드시 PC로 옮기지 않고도 바로 출력하며 사용할 수 있는 당장의 편리함을 가져다주었다. 또한 이는 사진이라는 콘텐츠를 소비하는 형태까지 바꾸어 놓았다. 과거에는 사진은 인화하여 앨범으로 만들어 두는 것이었다면 현재는 스마트폰이 촬영한 사진들은 말할 것도 없고 카메라로 촬영된 사진들도 인화보다는 곧바로 SNS에 공유되거나 클라우드상의 가상의 사진 앨범 등에 디지털로 바로 저장되고 있다.

3. 전기의 사용사례

현대를 사는 우리는 전기제품이나 수도와 같은 문명의 산물을 벗어나 살 수 없다. 주변의 모든 것이 거의 전기를 쓰고 있다. 항상 이용하는 엘리베이터, 자동문, 휴대폰 등 전기를 쓰지 않는 물건을 찾기가 오히려 힘들다.

미래시대에는 전기나 수도처럼 사물이 통신을 통해 연결된 세상으로 예측해 본다. 이미 주변에는 인터넷에 연결된 사물들을 많이 볼 수 있다. 출근할 때 버스정류장에서 다음 버스가 언제쯤 도착하는지 몇 정거장 전인지를 정류장의 전광판을 통해 보고 있다. 물건을 사기 위해 카드를 사용하면 카드단말기는 인터넷을 통해 중계업체와 카드사로 전달되어 승인에 대한 응답을 준다.

엘리베이터에서는 인터넷에 연결된 화면을 통하여 광고를 보여주고 아파트 내의 CCTV를 거실 벽의 월패드를 통해 화상을 보거나 콘센트와 연결되어 현재 사용 중인 전력을 표시하고 난방기기와 연결되어 이들을 제어하기도 한다. 부재중인 집에 택배를 받아두기 위한 무인 택배함 역시 인터넷과 연결되어 택배의 수령이나 보관 등의 정보를 제공하고 있다.

수행 Tip

– 사물인터넷 적용사례
아이디어 차원에서 새로운 변화를 찾을 수 있다. 예를 들면 '거울'에 내 건강상태가 뜨는 사이버텍처 밀러, 노인들을 위한 얼굴인식으로 전화가 걸리는 엘더 E폰, 시각장애인을 위한 실로폰 컵, 신고 걷기만 해도 건강 체크하는 스마트 슬리퍼 등이 있다.

02 사물인터넷 제품 및 서비스 사례를 이해한다.

〈표 1-3〉 사물인터넷 제품 및 서비스 사례

업 종	구 분	내 용
가전	월풀의 인터랙티브 레인지	센서, 디스플레이, 네트워크가 결합된 주방용 허브 역할을 수행하는 레인지
	필립스의 지능형 조명 휴(Hue)	사용자 감성과 상황에 맞춘 연출이 가능한 조명
	락키트론의 스마트 도어록	스마트폰으로 원격에서 개폐를 조정할 수 있는 도어록
에너지	네스트의 지능형 원격 온도조절기	학습능력을 갖추어 쾌적성을 제공하며 에너지 저감을 이루는 온도조절기
	벨킨의 전력관리 위모(WeMo)	전기 콘센트에 장착하여 연결된 가전기기의 전력사용량 모니터링 및 On/Off 제어를 수행하는 스마트 플러그
	스페인 Gas Natural사의 원격검침	개별 가정의 가스 계량기를 실시간 원격검침
	러시아의 송유관 관리 시스템	유럽 전역에 설치된 송유관을 이동통신 기반으로 실시간 현황파악, 효율적 공급과 도난방지 효과
의료/건강관리	Vitality사의 스마트 약병 GlowCap	환자에게 정확한 시간에 약을 복용할 수 있도록 도와주는 약병. 불빛, 오디오, 전화, SMS 등을 통해 알람
	Corventis사의 심장박동 모니터링 NUVANT	심장박동 모니터링 필름 '픽스(PiiX)'를 이용해 환자의 심장 이상 여부를 판단하고, 이상발생 시 의사 연결
	프로테우스 바이오메디컬사의 스마트 알약 Helius	Helius는 초미세 알약으로 위에 도달하면 위의 상황을 체크하여 스마트폰으로 전송
	나이키의 퓨얼밴드(Fuel Band)	사용자의 운동량, 칼로리 소모량, 운동거리, 운동시간 등을 수집할 수 있는 웨어러블 디바이스

업 종	구 분	내 용
자동차	시스코의 커넥티드 버스	버스의 GPS 추적을 통해 안전과 연비를 향상시키고, 승객들이 와이파이를 통해 인터넷 사용
	구글의 자율주행 자동차	인 주행, 보행자 추돌방지, 차량거리 자동제어, 사각지대 위험감지 등이 탑재된 스스로 판단하고 주행
기타	포스코의 공장 안전관리 시스템	500여 근로자들의 실시간 위치추적 시스템을 통해 안전사고를 방지
	영국의 스마트 시티	영국 Glassgow 도시에 교통, 범죄, 에너지, 환경 등 종합적 운영 시스템을 구축
	스페인 바르셀로나의 스마트 시티	전기자동차 충전인프라, 주차 시스템, 스마트 쓰레기통/가로등의 설치로 도시의 스마트화

1-2 사물인터넷의 구성 및 특징

학습 목표	1-2. 사물인터넷의 구성 및 특징을 이해할 수 있다.

필요지식

1. 사물인터넷 생태계의 구성 및 특징

스마트폰 · 모바일 앱을 활용하여 누구나 쉽게 서비스를 개발 제공하고, 사물에 접속 · 이용할 수 있는 개방형 생태계로 변화하고 있고 공공, 산업 및 주변의 생활제품 등 다양한 소규모 적용분야가 있어 창의적인 아이디어를 가진 중소벤처기업이 주도 가능한 시장이다.

〈표 1-4〉 사물인터넷 생태계 현황

구 분	생태계 현황
서비스(S)	• (공공) 다양한 시범사업을 추진하고 개발 · 운영비용 부담 등으로 확산 저조 • (산업) 대기업 중심으로 도입, 중소기업은 비용문제로 도입 저조 • (개인) 웨어러블, 가전, 자동차 등은 글로벌 기업 간 경쟁 중 중소기업은 다양한 생활제품 응용분야에 진출 노력 중
플랫폼(P)	• 국내 대기업은 플랫폼을 개발 중이나 글로벌 시장 주도력 부족 • 국내 중소기업은 플랫폼 부재로 시장진입이 어렵고, 글로벌 기업에 종속우려 • oneM2M*(2012년 7월) 중심으로 국제표준화 추진
네트워크(N)	• 급증하는 트래픽을 SW로 유연하게 처리하는 기술개발 중 • 원격지 사물연결을 위한 저전력 장거리 비면허 대역 통신요구 증대 • 5G, Giga인터넷, IPv6 등 사물인터넷 활성화를 위한 인프라 개발 · 구축 중
디바이스(D)	• 스마트폰 이후 글로벌 기업 중심으로 실감 · 지능 · 융합형 디바이스 개발 경쟁 • 웨어러블 디바이스, 스마트 센서 등을 중심으로 시장확대 전망
보안(Se)	• IoT 서비스(홈 · 가전, 의료 등) 보안침해 사고사례가 나타남에 따라 보안대책 논의를 시작하는 단계 • 설계단계부터 보안, 프라이버시 등을 고려한 기술 및 서비스 개발 필요

출처 : 미래과학기술부, 사물인터넷 기본 계획연구 2014.5.

1) 사물인터넷 생태계 구성

사물인터넷(IoT)의 시장참여자는 센서, 통신 모듈, 단말기 등의 디바이스 생산 · 사용자, 솔루션 및 플랫폼 개발 · 제공자 등과 개인 · 산업 등의 소비자가 있다.

Ovum은 IoT 밸류 체인을 칩 벤더, 모듈 벤더, 기기 벤더, 애플리케이션/미들웨어 사업자, 통신사업자, MVNOs/Aggregator(수집자), SI 등 ICT 관리기업과 고객(기업 및 개인)으로 분류한다.

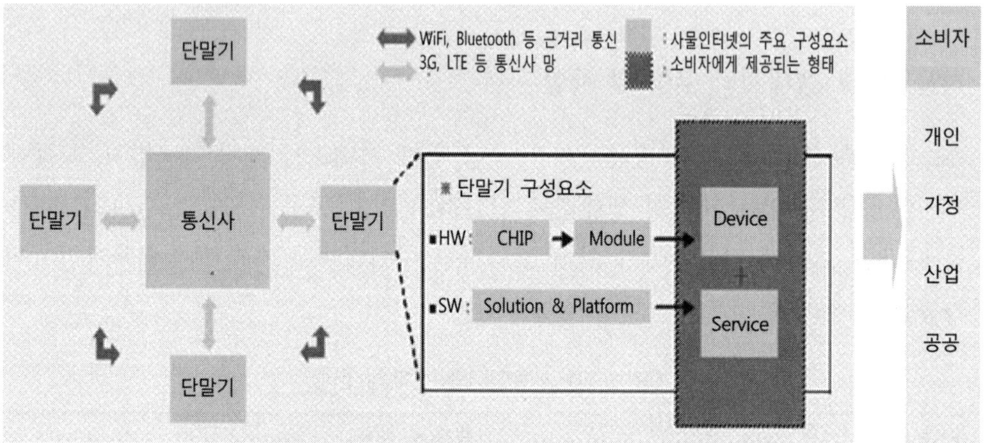

[그림 1-7] 사물인터넷 시장참여자

출처 : 산업통상자원부, 사물인터넷을 활용한 제조업 경쟁력 강화방안 연구 2014.10, 하나금융경영연구소, 2014.

사물인터넷 생태계는 크게 디바이스 분야와 서비스 분야로 나눌 수 있고, 디바이스 분야는 반도체칩/센서, 통신 모듈, 단말기로 구성되고, 서비스 분야는 IoT 플랫폼, 서비스, 통신으로 구성되며 각각을 관련 업체와 함께 구분하여 나타내면 〈표 1-5〉, 〈표 1-6〉과 같다.

〈표 1-5〉 사물인터넷 디바이스 생태계 구성(1)

구 분	반도체칩	센 서	통신 모듈	단말기
유형	무선 송수신칩 MCU	센서	IoT 모듈	다양한 단말
업체유형	칩벤더		통신 모듈 단말업체	
업체	Qualcomm, Intel, ARM, Texas Instruments, Infineon, 삼성전자, ST Microelectronics, LG전자, SK하이닉스, 삼성전기, 누리텔레콤, LGIS, 텔레칩스 등		Cinterion Wireless, Telit, Sierra Wireless, E-device, Telular, SIMCOM, Apple, Google, 삼성전자, LG전자, SK하이닉스, 삼성전기, 누리텔레콤, LGIS, 텔레칩스 등	

출처 : 산업통상자원부, 사물인터넷을 활용한 제조업 경쟁력 강화방안 연구 2014.10.

가트너(2013년)는 사물인터넷의 중요한 세 가지 플랫폼 기술을 반도체, 소프트웨어, 서비스 영역으로 구분하였다. 반도체 영역에서는 비용절감과 성능향상을 위해 모니터링 · 제어 목적의 프로세싱(processing), 센싱(sensing), 연결(connectivity) 관련 기술이 중요하고, 소프트웨어 부문에서는 디바이스 관리, 보안, 비즈니스 로직 및 분석, 모바일/웹 연결을 위한 애플리케이션 등을 포함하는 공통적인 소프트웨어 기능이 중요하고, 서비스 영역에서는 사물인터넷 시스템을 신규 또는 기존 시스템 외에 다양한 다른 기종 사이트 및 시스템에 적용하는 것이 중요하다(김민식, 2014년).

〈표 1-6〉 사물인터넷 디바이스 생태계 구성(2)

구 분	플랫폼	통 신	서비스
유형	플랫폼 서비스 업체	네트워크 서비스 업체	
업체유형	IoT 플랫폼 SW IoT 종합관리 솔루션	유무선 네트워크	전문 IoT 서비스
업체	IBM, Cisco, Oracle, Google, Axeda, AT&T, SKT, KT, LGU+, LG CNS, 멜퍼, 페타리, 브레인넷, 인사이드 M2M, CTRI, 한국전력, 현대차, 한국도로공사, 삼성 SDS, 포스코 ICT, 삼성, LG 등	Sprint, T-Mobile, BT, AT&T, Verizon, Vodafone, NTT, China Mobile, SKT, KT, LGU+ 등	Sprint, T-Mobile, BT, AT&T, Verizon, Vodafone, CrossBridge, Numerex, KORE, 한국전력, 현대차, 한국도로공사, 삼성 SDS, 포스코 ICT, 삼성, LG, 그밖에 의료, 전자기기, 금융, SW 등의 다양한 서비스 업체들

출처 : 산업통상자원부, 사물인터넷을 활용한 제조업 경쟁력 강화방안 연구 2014.10.

2) 사물인터넷 생태계의 분야별 특징

(1) 반도체칩

IoT 단말가격에서 가장 큰 비중을 차지하고 있고 IoT 칩셋을 생산하는 칩 벤더는 해외 주요 소수 기업에 의해 생산 및 공급되고 있다. MCU는 대부분의 전자제품에 채용돼 전자제품의 두뇌역할을 하는 핵심 칩으로 단순 시간예약에서부터 특수한 기능에 이르기까지 제품의 다양한 특성을 컨트롤하는 역할을 하는 비메모리 반도체(시스템 반도체)이다.

(2) 센 서

센서의 주재료는 반도체칩이고 아날로그 방식에서 스마트 센서로 빠르게 진화 중이다. 센서란 측정 대상으로부터 물리적, 화학적 정보를 측정하여 관측자나 시스템에서 읽을 수 있는 신호로 변환하는 정보소자로 정의한다. 지능형 센서의 정의는 물리적 또는 화학적인 아날로그 정보를 얻는 감지소자와 논리기능, 판단기능, 통신기능을 갖춘 지능화된 신호처리 IC가 결합된 센서 소자이다.

(3) 통신 모듈

모듈이 임베디드 형태로 각종 단말기에 내장하고 Hauwei, SIMCOM 등이 저가전략으로 시장진입을 모색하고 전세계 공급량의 78%를 Citerion, Telit, Sierra, SIMCOM의 4개 회사에서 공급한다. IoT나 M2M 모두 작동을 위해서는 인터넷에 연결돼야 하며, 이때 필요한 것이 통신 모듈이고 IoT에 적용하는 통신 모듈을 IoT 모듈이라고 부른다.

(4) 단말기

웨어러블 기기(스마트 안경, 시계), 스마트 카 등 다양한 분야에서 지능형 단말을 개발하고 일반적으로 사물인터넷을 구성하는 단말은 크게 3개의 계층으로 분류를 할 수 있는데, 센서나 액츄에이터 등의 사물인터넷의 신경계인 Things 단말, Things 단말들의 데이터를 수집하여 인터넷으로 전송하는 게이트웨이급 단말과 그리고 수집된 대규모 데이터를 분석 및 처리를 담당하는 서버급 단말로 구성된다.

(5) 플랫폼

통신사업자, 인터넷포털, SI 등 기업이 치열하게 경쟁하고 다른 가치 사슬 분야에 비해 상대적으로 중소, 중견기업에 의해 주도되고 있고, 일반적으로 IoT 서비스 플랫폼'은 여러 사업을 통해 구축해온 방대한 USN 인프라와 개인이 휴대 · 착용 또는 주변에 설치된 다양한 IoT 장치를 스마트 단말(스마트폰, 스마트패드 등)을 통해 연결하고, 각 IoT 장치의 데이터를 수집 · 처리 · 가공하고 기존의 여러 데이터와 결합하여 고부가가치의 맞춤형 지식 콘텐츠를 사용자에게 제공하는 지능화된 의미를 정보기반의 서비스 플랫폼으로 정의될 수 있다. IoT 서비스 플랫폼을 이루는 주요 구성기술은 다음과 같다(한국방송통신전파진흥원, 2013년).

① IoT 장치 및 스마트 단말간 연동기술(연동에 한정된 미들웨어 기술)
② IoT 자원 동적 관리 및 공유기술
③ IoT 데이터 처리 및 관리기술
④ IoT 지식정보 서비스 고도화 기술
⑤ IoT 정보 보안기술

(6) 통 신

이동통신사업자가 네트워크에서 플랫폼, 서비스 사업으로 영역을 확장하고 독자적인 인증단말센터의 플랫폼 연구, 솔루션 업체와의 협력 등 다양한 방법을 통해 자신들만의 생태계를 구축하고 있다. 현존하는 모든 유무선 네트워크(3G/4G/LTE, 블루투스, WiFi, ZigBee, NFC, RFID, 이더넷, 위성, GPS 등)는 사물인터넷 인프라로 활용 가능하다.

사물인터넷 서비스가 다양화 · 복잡화 · 고도화됨에 따라 쏟아지는 이종 애플리케이션에 탑재된 수많은 센서 및 커넥티드 단말로부터 데이터를 수집 · 통합하고, 분배하는 역량이 중요하게 부각될 것이고 이를 위해서는 사물 전용 네트워크가 저렴하고 보안 및 운용효율성이 높으며 병목현상이 발생하지 않는 사물 전용 네트워크가 필요하다.

(7) 서비스

자동차, 건설, 가전, 의료 등 타 산업과의 융합형 서비스의 기하급수적 출현이 예상되고 서비스 또는 제품과 IoT의 연계점을 찾기 위한 다양한 시도와 고민 중이다.

2. 사물인터넷의 사용자 경험과 플랫폼

사용자 경험(User Experience : UX)이 사용성이라면 플랫폼은 상품성이다. 두 가지가 사물인터넷을 시장에 내놓는 핵심이고 제품을 바라보는 소비자도 이 부문에 집중하여 제품을 선택할 수 있어야 한다.

1) UX

사물인터넷 관련 제품을 만드는데 중요한 것은 사용자 경험(UX)이다. 즉 사물과 소통이 사용자에게 도달했을 때 어떤 경험을 만들어 낼 수 있는지 예상해야 하며, 제품 간의 소통이 되더라도 사용자에게 부담이 되면 반쪽짜리 사물인터넷만 이루어 낸다. 사물인터넷은 사물과 사물, 그리고 사람과의 소통을 해야 새로운 경험을 만들어 내는 것이 가능하다. 그러므로 UX 디자인의 역할이 중요하고 소통만 중요한 것이 아니라 소통을 통한 경험에 집중해야만이 진정한 사물인터넷을 이행할 수 있다.

2) 플랫폼

소통을 통한 사용자 경험도 필요하지만 더 중요한 것은 바로 플랫폼이다. 예를 들어 IOS와 안드로이드와 같은 대표적인 사례를 보듯이 대단히 중요하다. 플랫폼을 갖추지 않으면 사물인터넷의 한계가 나타나고 기존의 연동시스템과 크게 다르지 않다. 그러므로 하나의 제품이 중앙 시스템이 되어 지시하는 것이 아니라 플랫폼이 허브가 되어 사용자든 제품이든 허브를 통해 소통하는 것이 이루어져야만 새로운 사용자 경험(UX)도 유지될 수 있다.

플랫폼의 중요성은 사물인터넷에서도 필요하다. 새로운 사용자 경험을 줄 수 있는 제품들과 이것이 확장된 플랫폼이 자리를 잡아야 소비자들이 원하는 사물인터넷 제품이 시장에 모습을 나타낼 수 있을 것이다. 과연 어떤 사물인터넷 제품이 사용자를 감동하게 할 사용자 경험을 제시하고 상품성 있는 플랫폼으로 소비자의 지갑을 열게 될지 기대된다.

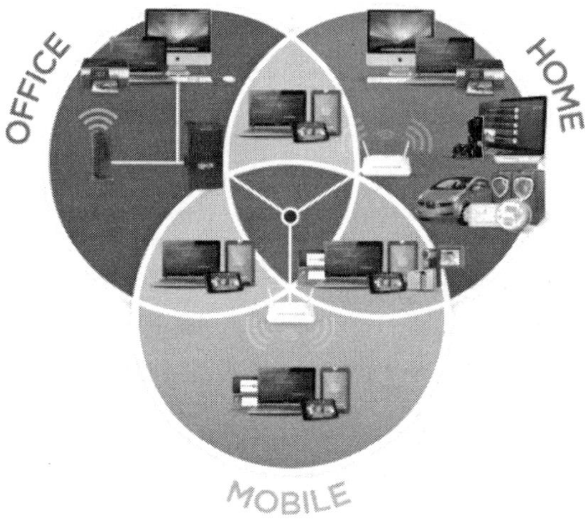

[그림 1-8] 사물인터넷의 응용분야

출처 : http : //hrmac.tistory.com/718

3. 사물인터넷의 기본기능

사물인터넷은 통신 서비스 원칙을 충족시켜야 다양한 서비스를 제공한다. 우선 서비스와 디바이스 혹은 게이트웨이 간의 통신을 지원해고, 복수 통신기술도 사용 가능해야 한다. 또한 네트워크에 연결된 객체는 다른 객체와 p2p 통신이 가능하고, 네트워크 구조로부터의 서비스 독립을 위해 네트워크 추상화가 반드시 제공되어야 한다. 이러한 기본적인 기준을 위해 사물인터넷 관련 통신규약은 다음과 같은 규칙을 지원해야 한다.

① 대기 모드(sleeping-mode) 환경에서 통신이 가능해야 한다.

② Anycast, Unicast, Multicast, Broadcast를 지원해야 하며, Broadcast는 부하감소를 위해 가능한 경우 Multicast나 Anycast로 대체할 수 있어야 한다.

③ 메시지 전송 스케줄링을 지원하며 전송지연 허용범위를 항시 인식할 수 있도록 해야 한다.

④ 서비스는 최적화된 메시지 통신경로를 선택할 수 있어야 하며, 통신이 실패 할 경우 이를 알릴 수 있는 기능이 포함되어야 한다.

이와 더불어 사물인터넷 서비스를 제공하기 위해서는 다양한 객체 간의 통신을 지원하기 위한 이종망(heterogeneous networks) 간 통신을 가능하게 해야 하며 이에 대한 확장성, 이동성, 무결성, 연결성 등을 보장해야 한다.

4. 사물인터넷의 요구기능

많은 객체 간의 통신이 필요한 사물인터넷 환경에서 식별(identification)은 중요한 문제 중 하나이다. 무선으로 인터넷에 연결되는 장비들이 2013년 1인당 1개 수준에서 2018년 1.5개로 증가할 것으로 전망되고 있으며, 단일 네트워크(link-local) 수준을 포함하면 실제로 인터넷에 연결되는 객체의 수는 기하급수적으로 증가할 것으로 보인다.

이런 상황에서 객체의 식별정보로서 IPv6는 기존의 검증된 네트워크 통신 구조를 그대로 활용하면서 동시에 거의 무제한에 가까운 식별정보를 생성해낼 수 있기 때문에 사물인터넷의 필수조건으로 여겨지고 있다.

소개하는 기술들 역시 이러한 이유로 IPv6 활용을 전제로 하고 있으며, IP 프로토콜을 중심으로 하는 인터넷의 narrow-waist 구조로 인해 향후 신규 통신기술 및 서비스 개발에 있어서 IPv6에 대한 수요는 지속될 것으로 보인다.

이와 더불어 사물인터넷을 통해 통신하는 객체들은 제한적(constrained) 환경에서 통신을 수행해야 하기 때문에 이러한 환경적 특성에 따라 몇 가지 기능들이 필요하다.

1) 저전력 무선 네트워킹 기술

우선 저전력 무선 네트워킹 기술이 필요하다. 사물인터넷 서비스의 제한적 환경에서 객체 간 무선 통신을 위해서는 통신 범위(range), 대역폭(bandwidth), 비용(cost), 전력소비(battery consumption)가 무엇보다 중요하다.

기존의 무선 통신기술 중 WiFi나 Cellular같은 전통적인 방식은 단순한 통신에 사용하기에는 많은 전력을 소비한다. 넓은 범위에서 서비스를 제공하기 위해서 출력을 높이거나 객체의 개수를 늘리는 방식을 도입하는 것 역시 많은 비용을 발생시키게 된다. 이러한 문제들을 해결하기 위해서 저전력 무선 네트워킹 기술이 필요하다.

기존의 ZigBee, Bluetooth LE, wirelessHART 등의 기술은 특정한 서비스나 용도를 목적으로 개발되었기 때문에 보다 보편적인 활용을 위해 저전력 무선 네트워킹 기술 개발이 필요하다.

2) 센서 최적화 기반 데이터 관리기술

사물인터넷 요구 기능은 센서 최적화 기반 데이터 관리기술이 필요하다. 이 역시도 비용과 전력의 문제와 연계된다. 대규모 네트워크를 구성하게 되면 질의(query)와 데이터 관리 기능을 수행하기 위해 객체 간 통신에 의한 데이터 전송이 빈번해지게 되는데, 센서 객체로 구성된 네트워크에서 이와 같은 통신방식은 비효율적이다. 이를 해결하기 위해서 지능화된 DB 관리방법이 필요하며, TinyDB, SENFIS, AndulN, Antelope 같은 프로젝트를 통해 연구가 진행 중이다.

3) 저전력 임베디드 OS

사물인터넷의 필요한 기술은 저전력 임베디드 OS이다. 효율적인 통신을 수행하기 위해 객체들은 주류의 OS를 작동시킬 수 있는 프로세서와 메모리를 탑재하기 어렵다. TinyOS, Contiki 등 저사양의 임베디드 OS들이 개발되고 있으며, ETRI에서 개발 중인 NanoQplus가 2014년 3월 IPv6 Ready Phase-2(Gold) Logo 국제인증을 받기도 하였다.

4) 새로운 전력공급 및 저장 기술개발

사물인터넷의 요구기능은 새로운 전력공급 및 저장 기술개발이 필요하다. 필름형 배터리, 고밀도 배터리 등과 같은 전력저장 기술과 신재생에너지를 이용한 하베스팅(harvesting) 기술, 무선 충전기술 등의 개발하고 있고 현재 상용서비스에서 활용은 미비한 수준이다.

수행 내용 사물인터넷 구성 및 특징 이해하기

재료 · 자료

- 사물인터넷 관련 자료, 사물인터넷 관련 시장전망, 개발동향 자료검색

기기(장비 · 공구)

- PC 및 자료검색 시스템

안전 · 유의사항

- 해당 자료를 사용 시 저작권 관련하여 명확히 출처를 밝히고 인용표시를 한다.
- 사물인터넷의 시장 및 응용 관련 자료를 분석 시 최신 자료를 근거로 분석해야 한다.

수행 순서

01 사물인터넷의 사용자 경험을 사례를 통해 이해한다.

1. 해피포크(HAPIfork)

해피포크도 사물인터넷을 하고 있다. 이 제품은 각종 센서와 블루투스, 진동모터가 내장되어 있다. 사용자의 식습관을 체크하고 해피포크로 식사하는 동안 데이터를 스마트폰에 전달하고 이 정보를 사용자기 스마트폰으로 정보를 받아보고 다시 포크를 사용하면서 소통을 함으로 사물인터넷이다.

확장해서 포크를 넘어 접시, 수저, 나이프 등에 모두 사물인터넷을 적용한다고 가정하면 식기들은 전부 사용자를 체크한다면 일단 사물인터넷이 이루어진다. 문제는 이 제품을 누가 구매하고, 식사를 체크하기 위해 계속하여 이 식기를 사용해야 하고, 음식형태에 따라 식기형태도 다르고, 식기들을 모두 설거지를 해야 하고, 데이터를 전달하기 위해 전력공급이 필요하고 충전도 해야 한다. 그러면 식기를 설거지 후 건조가 완료되면 충전 등을 해야 한다면 사물인터넷을 경험하기도 전에 사용자는 염증을 느낄 것이다. 포크가 접시와 소통

하는 것 보려다가 오히려 생활이 불편하여 일감이 늘어난다. 그러므로 사물인터넷 제품을 만드는 데 중요한 것은 사용자 경험(EX)이다.

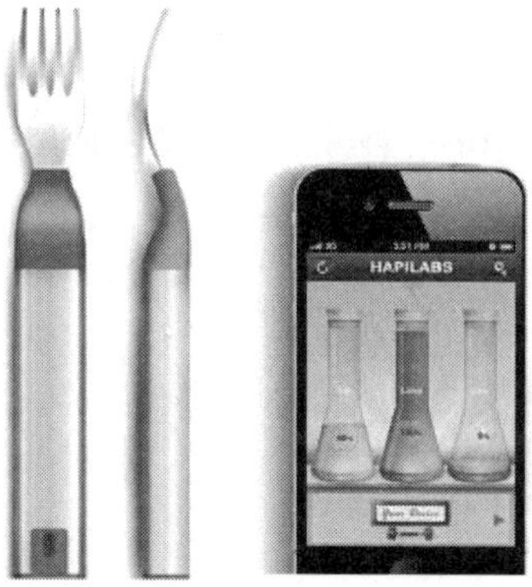

[그림 1-9] HAPILABS의 지능형 포크(CES 2013에서 등장)

02 사물인터넷의 플랫폼을 사례를 통해 이해한다.

1. 나이키+

나이키는 운동화에 장착해서 운동량을 체크하는 '나이키+ 센서'를 판매하고 있다. 나이키(+) 센서가 있는 나이키 운동화는 깔창 밑에 센서를 장착할 수 있는 공간이 마련되어 있다. 이 센서는 아이폰과 연동하여 운동량을 체크해주며 동기 부여를 하는 역할을 한다. 그리고 나이키+를 더 확장한 것이 '나이키 퓨얼밴드'라는 디지털 스포츠 밴드이다.

손목과 운동화에 장착하여 운동량을 체크하는 멋진 스포츠 아이템이다. 결국 나이키+를 이용하는 소비자는 나이키 제품을 계속 구매하고 나이키 센서의 수명이 1,000시간이기 때문에 주기적으로 교체해야 한다. 그럼에도 사물인터넷의 새로운 경험이 소비 욕구를 자극하고 지갑을 열게 되는 것이 플랫폼이다.

그러나 사물인터넷을 통해 제품들이 계속 소통하게 하고 그 소통이 확장되고 지속적으로 이루어질 수 있도록 하는 플랫폼을 갖추어야만 소비자를 유지할 수 있다. 그러므로 나이키는 골프용 센서, 테니스 라켓용 센서 등을 출시해도 소비가의 구매가 증가될 것이다.

나이키+ 제품으로 운동하고자 하는 소비자는 이를 구매할 것이고, 소비자는 또 나이키 센서와 소통할 것이며, 그 모든 데이터가 나이키+에 통합되어 신발이든 옷이든 사용자가 사용하는 골프채이든, 라켓이든 전달될 것이고 거기서 사물 간의 소통이 발생할 것이다.

그래서 사물인터넷에서 플랫폼이 중요한 이유이다.

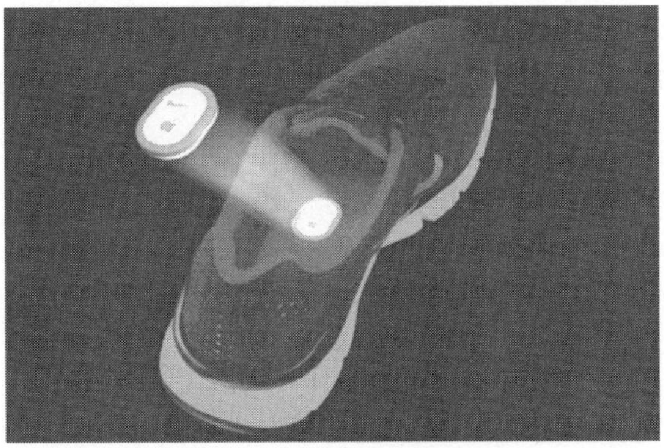

[그림 1-10] 나이키+ 센서

출처 : 나이키 홈페이지

03 사물인터넷 활용촉진을 위한 선결과제를 이해한다.

1. 사용자 중심의 핵심 서비스 발굴 필요

기존 공급자 중심의 제품개발에서 탈피하여 인터넷 연결을 통한 소비자 가치를 증대시킬 수 있는 비즈니스 모델 발굴이 중요하다. 초기 사업 불확실성을 제거하기 위한 소비자 대상 서비스 실증이 필요하다.

2. 다양한 서비스 주체 간 상호 운영 · 호환성 개선을 통한 가치증대 필요

국제 기술표준에 능동적으로 대처하는 것 이외에 국내 서비스 표준을 마련하여 다양한 제조사, 서비스 주체 간 호환성 확보가 중요하다. 소비자들이 어떤 제조사의 제품을 구매하든지 기존 이용 중인 제품과 호환이 되어야 사물인터넷 활성화가 촉진될 전망된다.

3. 산업생태계 차원의 기업 간 협력 및 시너지 창출이 중요

개별기업 전략만으로는 정보의 수집 · 활용 · 비즈니스 모델 창출 등에 어려움이 있으며 결국 소비자 가치창출의 한계이다. 산업생태계 차원의 전략을 도출하기 위해서는 이해관계자 간 역할분담 및 이해조정 등을 담당할 수 있는 구심점이 필요하다.

수행 Tip

– 분야별 사물인터넷 활용방안

가전, 에너지, 의료 / 건강관리, 자동차, 기타 등으로 구분하여 활용방안을 검토가 필요하다.

학습활동.1 교수 · 학습 방법

교수 방법

- 사물인터넷에 대한 관련 용어, 구성, 방식이해 정도를 파악한 후 수업을 진행한다.
- 교수자의 주도로 사물인터넷 등의 내용을 PPT 자료로 제시한 후 설명한다.
- 가능하면 사전에 개인별 학습자료를 준비하여 모든 학생이 참여할 수 있는 문제해결식 수업, 협력 수업이 가능하도록 한다.
- 사물인터넷의 구성과 특징 전 과정을 작업의 순서에 따라 단계적으로 실습이 이루어질 수 있도록 지도한다.
- 교재를 통해 수업을 준비하는데 있어서 필요한 모든 정보나 팁, 힌트 등 도움이 될 만한 내용들을 확인할 수 있다.
- 학생들이 만들게 될 각 모델들은 수업시간에 중점적으로 다뤄질 부분과 어휘, 질문, 답을 포함하고 있으며 또한 탐구할만한 추가적인 아이디어들도 포함하고 있다.

학습 방법

- 사물인터넷에 대한 관련 용어를 숙지하고, 사물인터넷의 기초 단계에 대해 이해한다.
- 사물인터넷의 각 단계별 중점 사항을 체계적으로 학습한다.
- 사물인터넷의 수행순서의 전 과정을 실습한다.
- 사물인터넷의 내용을 이해한다.
- 사물인터넷의 구성을 이해하고 숙달이 될 때까지 학습한다.

학습활동.1 평가 및 피드백

평가 준거

- 평가자는 피평가자가 수행 준거 및 평가 내용에 제시되어 있는 내용을 성공적으로 수행할 수 있는지를 평가해야 한다.
- 평가자는 다음 사항을 평가해야 한다.

학습내용	평가항목	성취수준		
		상	중	하
사물인터넷의 개요	사물인터넷의 개요를 이해한다.			
사물인터넷의 구성 및 특징	사물인터넷의 구성 및 특징을 이해한다.			

평가 방법

- 작업 포트폴리오

학습내용	평가항목	성취수준		
		상	중	하
사물인터넷의 개요	사물인터넷의 개요를 이해한다.			
사물인터넷의 구성 및 특징	사물인터넷의 구성 및 특징을 이해한다.			

• 필기시험

학습내용	평가항목	성취수준		
		상	중	하
사물인터넷의 개요	사물인터넷의 개요를 이해한다.			
사물인터넷의 구성 및 특징	사물인터넷의 구성 및 특징을 이해한다.			

• 체크리스트를 통한 관찰

학습내용	평가항목	성취수준		
		상	중	하
사물인터넷의 개요	사물인터넷의 개요를 이해한다.			
사물인터넷의 구성 및 특징	사물인터넷의 구성 및 특징을 이해한다.			

피드백

1. 작업 포트폴리오
   – 제출한 보고서를 평가한 후 주요 사항에 대하여 표시하여 돌려준다.
2. 필기시험
   – 평가결과 성적이 저조한 학생은 보고서 제출기회를 부여한다.
3. 체크리스트를 통한 관찰
   – 실습과정에서 평가한 후 개선해야 할 사항 등을 정리하여 돌려둔다.

참고자료

[1] 고석갑 외, "IETF CoAP 기반 센서 접속 프로토콜 기술 동향", 전자통신동향분석, 28(6), 2013.12.

[2] 관계부처합동, "사물인터넷 기본 계획", 2014.5.8.

[3] 김선태, "IoT 디바이스 플랫폼 NanoQplus", ICT2014 Proceeding, 2014.5.21.

[4] 김은숙 외, "6LoWPAN 기반의 IP-USN 기술 표준화 동향", 전자통신동향분석, 22(6), 2007.12.

[5] 사물인터넷이 기업에 주는 과제

[6] 사물인터넷이 열어갈 새로운 세상 : 문화기술 및 콘텐츠 분야에서 IoT 적용 가능성

[7] 산업통산자원부, " 사물인터넷을 활용한 제조업 경쟁력 강화방안 연구", 2014.10.

[8] 성기훈, "IPv6 기반 Internet of Things(사물인터넷) 기술동향", KISA. IPv6 Focus 2014.8.

[9] 송성학, "CoAP(Constrained Application Protocol) 표준화 동향", ICT Standard Weekly, 2010.http://www.tta.or.kr/data/weekly_view.jsp?news_id=3110

[10] 전우직, "인터넷 진화와 ID 기반 통신구조의 잘록한 허리(narrow-waist)", Future Internet Forum Newsletter, 2013.4.1.

[11] 홍난희, " Internet of things -Innovation of the future" 2014.

[12] Cisco, Cisco Visual Networking Index : Global Mobile Data Traffic Forecast Update 20132018, 2014.2.

[13] David Boswarthick, "M2M Activities in ETS", SCS Conference, 2009.

[14] Gartner, Key technologies for the Internet of Things, 2011.

[15] http://hrmac.tistory.com/717 2013/05/28 08:30 posted in IT/IT일반 by 후드래빗 "사물인터넷이 무엇입니까?"

[16] http://lucy7599.tistory.com/252 IT/Device/Game 2013/08/27 08:30 Posted by 지후대디 "사물인터넷이 무엇입니까?"

[17] IEEE std. 802.15.4 - 2003: Wireless Medium Access Control (MAC) and Physical Layer (PHY) specifications for Low Rate Wireless Personal Area Networks(LR-WPANs)

[18] ITU-T, Overview of the Internet of things, 2012.6.15.

[19] JP Vasseur 외, "RPL: The IP routing protocol designed for low power and lossy networks", IPSO Alliance, 2011.4.

[20] Kevin Ashton, http://www.rfidjournal.com/articles/view?4986, 2009.6.22.
[21] KISA IPv6 Focus "IPv6 기반 Internet of Things(사물인터넷) 기술동향" 2014.8.
[22] Texas Instrument, 2.4 GHz IEEE 802.15.4 / ZigBee-ready RF Transceiver, 2014.
[23] TTAK.KO-06.0301, 2012.6.

학습 1	사물인터넷의 정의

학습 2	사물인터넷 기본계획

학습 3	사물인터넷의 스마트 디바이스
학습 4	사물인터넷의 글로벌 동향
학습 5	사물인터넷의 기술
학습 6	사물인터넷의 빅데이터
학습 7	사물인터넷의 클라우딩 컴퓨터
학습 8	사물인터넷의 무선 네트워크
학습 9	사물인터넷의 스마트 센서
학습 10	사물인터넷의 표준
학습 11	사물인터넷의 보안
학습 12	사물인터넷의 스마트 홈

2-1 사물인터넷 기본계획의 추진배경

학습 목표	2-1. 사물인터넷 기본계획의 추진배경을 이해할 수 있다.

필요지식

1. 추진배경

우리 사회는 산업혁명, 정보화혁명을 거쳐 모든 것이 인터넷과 연결되는 사물인터넷(Internet of Things : IoT) 기반의 초연결 혁명 진행 중이다. 현재 인터넷에 연결된 사물(2013년 26억개)은 1% 미만이나 향후 연결 확대(2020년 260억개) 과정에서 다양한 혁신과 사업 기회창출(Gartner, 2013년)이 될 것이다.

사물인터넷을 공공(대민서비스 혁신), 산업(생산성 · 효율성 및 부가가치 향상), 개인(안전, 편리 등 삶의 질 제고) 등 국가사회 현안해결의 수단으로 활용하고, SW · 센서 · 부품 · 디바이스 등 산업 경쟁력 강화 및 창의적 IoT 서비스 · 제품창출과 혁신을 주도할 중소·중견 전문기업 육성 및 기획단계부터 IoT 제품·서비스의 보안 내재화를 추진한다.

〈표 2-1〉

항 목	내 용
세계시장 전망	2013년 2천억불 → 2020년 1조불*(Machina Research, Stracorp 2013년)
국내시장 전망	2013년 2.3조원 → 2020년 17.1조원(Stracorp 2014년)
세계시장 구성예측	디바이스·부품(38%), SI/플랫폼(30%), 서비스(29%), 네트워크(3%)

향후 3년간 사물인터넷 솔루션의 50%가 벤처기업에서 창출될 전망(Gartner)이다.

사물인터넷 경쟁력은 해외 주요국에 비해 아직 미흡하나, 우수한 ICT 인프라 및 제조역량 등을 갖추고 있어 세계시장을 선도할 잠재력이 충분한다. '국가별 사물인터넷 준비지수'에서 미국에 이어 2위(IDC, 2013년)이다.

〈표 2-2〉

미국	• 2025년까지 국가경쟁력에 영향을 미칠 수 있는 '6대 혁신적인 파괴적 기술' 중 하나로 사물인터넷을 선정하여 기술 로드맵 수립(2008년) • Reshoring Initiative(제조업본국회귀)로 사물인터넷을 활용한 제조업 혁신 추진함(2010년)
유럽	• EU는 사물인터넷 액션플랜 수립(2009년) • 영국는 사물인터넷 연구개발에 4,500만 파운드 투입 발표(2014년 3월 9일) • 독일은 Industry 4.0을 통해 사물인터넷을 활용한 제조업 생산성 30% 향상 추진
중국	• 12차 5개년(2011~2015년) 계획에 '사물망 12-5 발전규획'을 발표(2011년) • 감지(感知)중국의 전략으로 사물인터넷과 클라우드 등을 타깃으로 한 사물인터넷 시범단지(우한시 등 193개) 등 추진
일본	• u-Japan 전략(2004년), i-Japan 2015 전략(2009년), Active Japan ICT 전략(2012년) 등을 통해 사물인터넷 산업정책 추진 중

수행 내용 사물인터넷 기본계획의 추진배경 이해하기

재료 · 자료

- 사물인터넷 관련 자료, 사물인터넷 관련 시장전망, 개발동향 자료검색

기기(장비 · 공구)

- PC 및 자료검색 시스템

안전 · 유의사항

- 해당 자료를 사용 시 저작권 관련하여 명확히 출처를 밝히고 인용표시를 한다.
- 사물인터넷의 시장 및 응용 관련 자료를 분석 시 최신 자료를 근거로 분석해야 한다.

수행 순서

01 사물인터넷의 주요 서비스(예시)를 분석한다.

1. 개 요

주변의 모든 것에 센서, SW, 통신기능 등이 내장되고 인터넷에 연결되어 클라우드 기반의 서비스(Everything as a Service)로 이용한다.

2. (개인 IoT) 사용자 중심의 편리하고 쾌적한 삶

Car as a Service	Healthcare as a Service	Home as a Service
	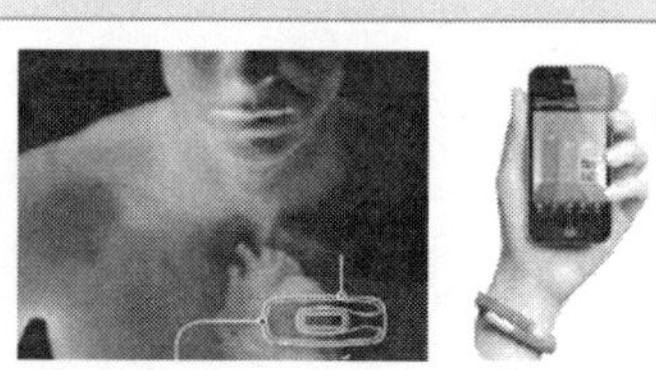	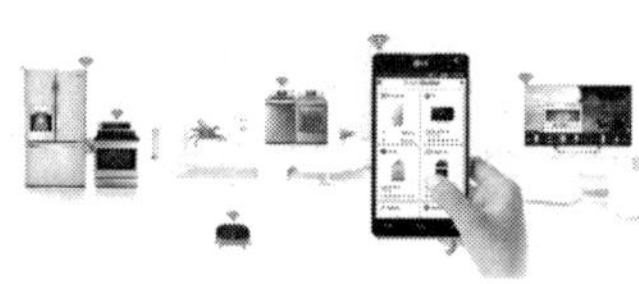

Car as a Service	Healthcare as a Service	Home as a Service
차량을 인터넷으로 연결 → 안전하고 편리한 운전	심장박동, 운동량 등 IoT 정보제공→개인건강 증진	주거환경 IoT 통합제어 → 생활편의, 안전성 제고
※ (예시) 긴급구난 자동전송, 무인자율주행 서비스 등	※ (예시) 심장박동 케어, 건강 팔찌 케어서비스 등	※ (예시) 가전·기기 원격제어, 홈 CCTV 서비스 등

3. (산업 IoT) 생산성·효율성 향상 및 신부가가치 창출

Factory as a Service	Farm(&Food) as a Service	Product as a Service
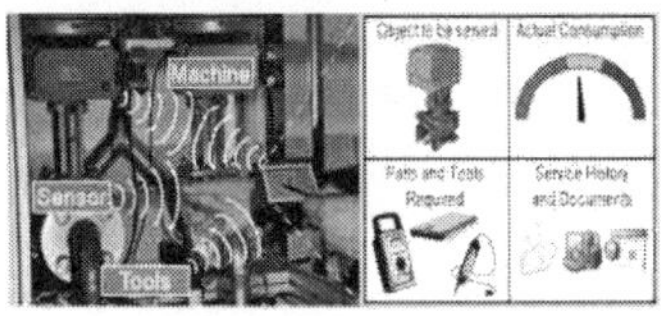		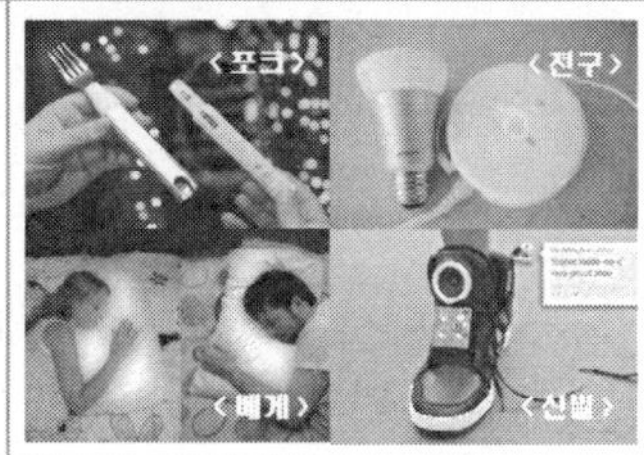
공정분석 및 시설물 모니터링 → 작업효율 및 안전제고	생산·가공·유통 IoT 접목 → 생산성 향상 및 안전유통체계	주변 생활제품의 IoT 접목 → 고부가 서비스 제품화
※ (예시) 제조설비 실시간 모니터링, 위험물감지·경보 서비스 등	※ (예시) 스마트 팜·축사·양식장, 식품생산 유통이력 정보제공 서비스 등	※ (예시) 식습관관리 포크, 심장박동음 전달 베게, 행동패턴 분석, 신발 등

4. (공공 IoT) 살기좋고 안전한 사회실현

Public Safety as a Service	Environment as a Service	Energy as a Service
	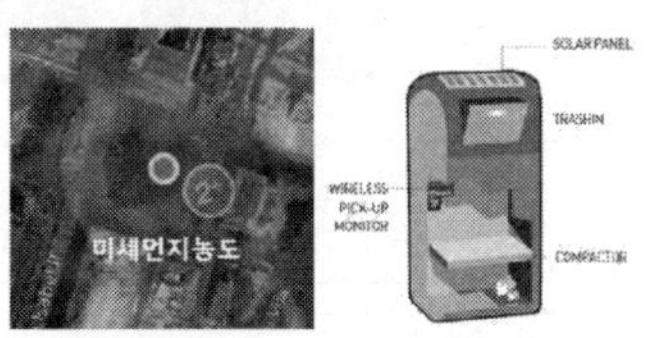	
CCTV, 노약자 GPS 등 IoT 정보제공 → 재난·재해 예방	대기질, 쓰레기양 등 IoT 정보제공 → 환경오염 최소화	에너지 관련 IoT 정보제공 → 에너지 관리 효율성 증대
※ (예시) 어린이/노인 안심이, 재난·재해예보 서비스 등	※ (예시) 스마트 환경정보 제공, 스마트 쓰레기통 서비스 등	※ (예시) 스마트 건물에너지 관리, 스마트미터, 스마트 플러그 서비스 등

2-2 사물인터넷 기본계획의 비전 및 목표, 추진전략

학습 목표	2-2. 사물인터넷 기본계획의 비전 및 목표, 추진전략을 이해할 수 있다.

필요지식

1. 비전 : 초연결 디지털 혁명의 선도국가 실현

국민/기업/정부가 세계에서 가장 활발하게 IoT 서비스를 개발 · 이용

2. 목표(2013년 → 2020년)

〈표 2-3〉

구 분	2013년	2020년
국내시장규모* 확대	2.3조원	30조원
중소 / 중견 수출기업 수	70개	350개
중소 / 중견기업 고용인원	2,700명	30,000명
이용기업의 생산성 / 효율성 향상	30% 향상	

* 시장규모 : 타 산업의 IoT적용에 따른 부가가치 효과는 미포함

3. 추진전략 1. 생태계(SPNDSe) 참여자 간 협업 강화

[그림 2-1] 사물인터넷 생태계 연계전략 개념도

참고 : 사물인터넷 기본계획 2015.5.8.

① 글로벌 · 대기업 · 통신사 등과 협력하여 개방형 플랫폼을 개발하고, 이를 기반으로 생태계 전반의 기업들이 참여하여 IoT 제품과 서비스의 개발에 협력한다.

② IoT 서비스가 전 산업 및 전국에 확산될 수 있도록 각 부처 · 지자체 및 수요기업 등 범부처 · 민간 협력을 추진한다.

4. 추진전략 2. 오픈 이노베이션 추진

① (As-Is : 폐쇄형 생태계) 이용기관 기업별 개별적 폐쇄적으로 응용 SW, 플랫폼, 서버 등을 각각 개발구축 → 성과확산 저조

② (To-Be : 개방형 생태계) 개방형 플랫폼을 활용하여 누구나 서비스를 개발 · 제공할 수 있는 오픈 이노베이션 생태계로 전환 → 아이디어가 서비스로 실현되어 국민 개개인의 잠재력이 극대화될 수 있는 환경제공

〈표 2-4〉

구 분	As-Is	To-Be
추진방식	Closed Innovation	Open Innovation
	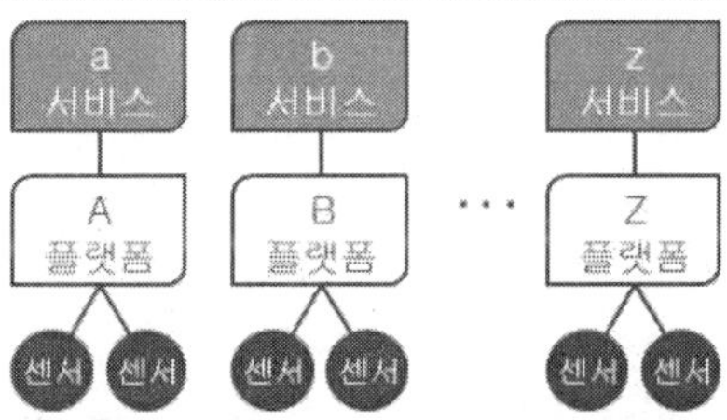	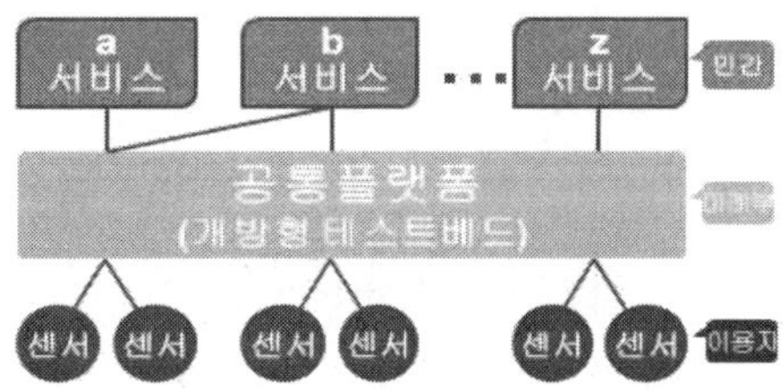
추진단계	• 정부 : 정부주도 시범서비스 선정 (요구사항, 기능, 방식 등 결정) → 예산확보 및 사업발주 ⇩ • 민간 : 개별사업 수주 (SI사업자 - 중소하청업체) → 정부 시범사업 요구사항에 맞춰서 개발 · 구축 ⇩ • 정부 : 각 기관별 개별적 구축 · 이용	• 정부 : 서비스 개발 · 제공할 수 있는 개방형 플랫폼 환경제공(글로벌 · 대기업, 통신사 등 협력) ⇩ • 민간 : 아이디어를 서비스로 개발 및 제공(중소벤처의 서비스 개발지원) ⇩ • 정부 : 민간 서비스 구매 · 이용
특징	• 개별 시스템 간 호환성 미흡 및 중복 개발 • 개발구축 및 운영비용 부담 • 환경변화 시 대응 곤란	• 호환성 제고 및 데이터 연계 · 활용 • 규모 · 범위의 경제실현으로 비용부담 최소화 • 환경변화 시 유연성 확보

5. 추진전략 3. 글로벌 시장을 겨냥한 서비스 개발 · 확산

① 우리나라는 ICT 인프라, 인적자원, 응용기술 · 제조역량, 국민들의 ICT 활용 경험 및 역량 등의 강점 보유

② 그러나 협소한 내수시장, 센서, 부품, SW 등 원천기술 취약, 국제표준 주도 경험 부족, 글로벌 마케팅 역량부족 등 약점 존재

- 글로벌 기업과 협력하여 공동으로 제품 서비스를 개발하고, 글로벌 시장에 동반진출하기 위한 파트너십 강화
- 우수한 제조업 기반 새로운 SW서비스를 접목하여 제품의 부가가치 혁신, 생산성 · 효율성 향상 → 전통산업 및 SW 서비스 신산업의 동반성장

6. 추진전략 4. 대 · 중소기업 · 스타트업별 맞춤형 전략

사물인터넷 시장은 ① 가전, 자동차, 웨어러블 등 글로벌 · 대기업 주도시장, ② 소규모 응용분야로 중소기업 주도시장, ③ 아이디어를 가진 스타트업 등이 주도하는 시장으로 구분 가능

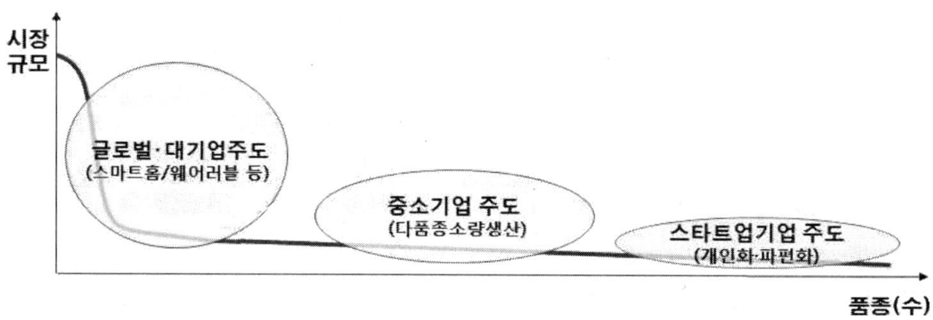

[그림 2-2] 사물인터넷 시장규모 · 특성

참고 : 사물인터넷 기본계획 2015.5.8.

〈표 2-5〉

구 분	주요 내용
글로벌 · 대기업	플랫폼 경쟁력 확보를 위한 Alliance 강화, 대 · 중소 기업 간 상생 · 협력의 개방형 파트너십 유도
중소기업	개발비용 · 기간 단축을 위한 공통 플랫폼 및 테스트베드 개발 · 보급, SW · 센서 · 디바이스 · 수요기업 등 다른 종류의 기업 간 협업 지원
스타트업	오픈소스 HW/SW, DIY(Do It Yourself : 이용자가 직접 제품개발) 등 아이디어의 제품 · 사업화 생태계 구축

수행 내용 사물인터넷 기본계획의 비전, 목표 및 추진전략 이해하기

재료 · 자료

- 사물인터넷 관련 자료, 사물인터넷 관련 시장전망, 개발동향 자료검색

기기(장비 · 공구)

- PC 및 자료검색 시스템

안전 · 유의사항

- 해당 자료를 사용 시 저작권 관련하여 명확히 출처를 밝히고 인용표시를 한다.
- 사물인터넷의 시장 및 응용 관련 자료를 분석 시 최신 자료를 근거로 분석해야 한다.

수행 순서

01 사물인터넷의 해외 적용사례를 분석한다.

1. 도하, 상파울로 등 스마트 워터 시스템

카타르 도하, 브라질 상파울로, 중국 베이징 등 주요 도시는 펌프와 상하수도 시스템에 센서를 설치하여 40~50%의 누수방지 가능

[그림 2-3]

2. 리우데자네이루, 지능형 운영센터 운영

① 기상 데이터 분석을 통해 구역별 폭우 가능성을 40시간 전에 90% 정확도로 예측함으로써 도로침수 등에 사전 대비

② 응급상황에 대한 대응시간 약 30% 개선, 사망자수 10% 감소

[그림 2-4]

3. 영국, 지능형 교통시스템으로 교통체증 해소

영국의 M42 고속도로에 지능형 교통시스템을 구축한 결과 통행시간 25% 단축 및 교통사고 50% 감소

[그림 2-5]

4. 신시내티, 쓰레기 관리시스템에 사물인터넷 적용

① 각 가정의 쓰레기 배출량을 모니터링하여 처리비용을 부과하는 쓰레기종량제 프로그램에 사물인터넷 적용

② 도시 내 쓰레기 배출량 17% 감소 및 재활용 49% 증가

[그림 2-6]

5. 바르셀로나, 스마트 가로등 설치로 에너지 절감

① 가로등에 센서를 설치하여 소음수준, 공기오염도 등을 통해 인구밀집도를 파악하여 자동으로 조명세기 조절

② 연간 최소한 30% 에너지 절감 가능

[그림 2-7]

6. GE, 산업용 인터넷으로 생산공장의 효율성 증대

① 생산라인을 즉각적으로 모니터링하여 품질을 저하시키는 원인을 발견하여 불량률 감소

② 주요 산업에서 효율성을 1%만 끌어올려도 향후 15년간 2,700억달러의 비용절감 가능

[그림 2-8]

7. 그레이트 리버 메디컬 센터, 센터 의료기기 네트워크로 연결

① 규제 약물 모니터링하는 마취 워크스테이션, 간호실 내 약물추적, 자동화 보안 캐비넷, 약국 내 재고관리 컨베이어 등에 적용

② 평균 90분이 소요되었던 약제 전달시간을 30분으로 67% 감소시키고, 제약비용 30만 달러, 재고비용 40만 달러 절감

Great River
Medical Center

[그림 2-9]

8. 탑콘(Topcon)사 트랙터, GPS와 센서를 활용한 농축산업 효율화

GPS를 활용해 파종한 라인은 다시 지나가지 않도록 제어함으로써 트랙터 작업효율을 20% 개선하고 수확량 증가

[그림 2-10]

9. 바이탈리티사 글로우캡(GlowCap), 스마트 약병 서비스

① 약뚜껑에 센서를 부착하여 투약시점에 불빛, 소리, SMS, 전화 등으로 관련 정보 제공

② 글로우캡 사용결과 98% 이상의 복약 이행률 발생

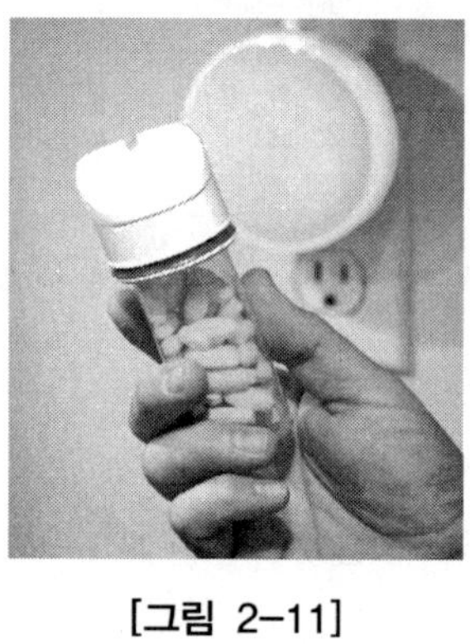

[그림 2-11]

2-3 사물인터넷 기본계획의 주요 추진과제

학습 목표	2-3. 사물인터넷 기본계획의 주요 추진과제을 이해할 수 있다.

필요지식

1. 창의적 IoT 서비스 시장창출 및 확산

1) 유망 IoT 플랫폼 개발 및 서비스 확산

① 범부처 · 민간 수요 기반의 사물인터넷 유망서비스* 발굴

② 글로벌 · 대기업 · 통신사 등 플랫폼 기업들과의 협력을 통한 개방형 플랫폼** 개발과 실증 테스트베드 구축 및 표준화 협력

③ 아이디어를 가진 중소벤처, 대학 등에 개방하여 서비스 개발지원

④ 각 부처 · 지자체 · 수요기업 등의 시범 서비스 및 창조경제혁신센터 등을 통해 플랫폼 · 서비스의 전 산업과 전국에 확산 추진

2) ICBM*** 신융합서비스 발굴 · 확산

공공 · 민간의 정보와 사물로부터 수집된 정보 등을 융합한 신서비스 발굴 및 ICBM 서비스 개발 인프라**** 연계 · 활용 플랫폼 구축

- ICBM 예시 : 소비패턴 분석을 위한 스마트 매장관리 서비스 등

3) 이용자 중심의 창의적 서비스 발굴

① DIY 오픈 Lab의 단계별 구축 · 확산(IoT 혁신센터, 창조경제혁신센터) 및 이용자 참여형 실증사업 등을 통해 신제품 · 서비스의 발굴 및 확산

② 이용자 참여형 '(가칭)초연결사회 포럼'을 운영하여 다양한 사회적 이슈(규제,

* 건강관리, 스마트 홈 · 시티, 교통 · 물류, 에너지, 생활안전 등

** 사물을 인터넷에 연결하고 사물로부터 수집된 정보를 처리하는데 필요한 공통 SW(미들웨어 등)와 개발도구의 집합

*** ICBM : 사물인터넷(IoT), 클라우드(Cloud), 빅데이터(BigData), 모바일(Mobile)

**** 클라우드 지원센터(NIPA), 빅데이터 분석 활용센터(NIA), 국제연구망(NIA) 등

프라이버시 등)를 논의하고, 이용자 삶의 질 지수를 개발 · 측정

2. 글로벌 IoT 전문기업 육성

1) 개방형 글로벌 파트너십 추진

① SW, 디바이스, 수요기업 등 이종기업 및 대 · 중소기업 간 파트너십 강화를 위해 'IoT 글로벌 민 · 관 협의체' 및 'IoT 혁신센터' 설립(2014년 5월)

② 창의적 기업가 교육, 글로벌 · 대기업과 중소기업간 팀 프로젝트 수행을 통한 최정예 IoT 강소기업 육성 및 글로벌 동반성장 협력

〈표 2-6〉

구 분	주요 내용	방 식
창의적 IoT 기업가 양성	팀 단위 교육 · 훈련 및 실습 등을 통해 최정예 IoT 기업가 양성	정부 주도
전문 중소기업 육성	글로벌 · 대기업과 IoT 유망기업 간 프로젝트팀을 구성, 제품과 서비스 개발지원	정부 - 민간 공동
글로벌 동반성장 협력	국내외 기업 간 자발적 파트너십 구성 → 공동 기술 · 서비스 개발, 투자 → 글로벌 동반성장	민간주도
글로벌 협력 네트워크 구축	세계 주요국과 온 · 오프라인 협력 네트워크를 통해 글로벌 협력강화	국제협력

2) 스마트 디바이스 산업육성

① 오픈소스 HW* 개발로 낮은 비용으로 디바이스 시장에 진입토록 하고, 신규 IoT 서비스 개발 시 디바이스 · 부품기업 협업으로 동반성장 유도

② 웨어러블, 헬스케어, 초소형 · 초전력화 등 차세대 스마트 기기 · 부품의 기술개발을 추진하여 IoT 기기 · 부품의 전문기업 육성

- IoT 신기술 · 신제품에 대한 체계적 시험인증 · 필드테스트 지원

③ 창의 디바이스 Lab을 설치하여 디바이스 특화된 생태계를 연구하고 우수 아이디어의 발굴부터 제품화 사업화 글로벌 마케팅까지 지원

* 오픈소스 하드웨어 : HW제작에 필요한 회로도, 기판도면, 설명서 등이 개방 · 공유된 것으로 기기 · 부품시장 접근성 제고

3) 스마트 센서 산업육성

스마트 센서 R&D와 실증 · 시범사업 연계를 통해 스마트 센서 핵심기반 기술 및 상용화 기술확보 추진(미래부 - 산업부 협업)

① 산업부는 센서산업 발전계획(2012년 12월)에 따라 2015년부터 주력산업 등에 적용되는 첨단센서 응용 · 상용화 기술개발 등 추진 예정

② 미래부는 사물인터넷에 적용되는 스마트 센서의 기술개발, 제품화 및 시범 · 확산사업, 상용화 기술확보 등을 추진

4) 전통산업과 SW 신산업 동반성장 지원

전통산업의 국제경쟁력 강화를 위해 IoT 기술지원을 통해 생산성 · 효율성 30% 향상 프로젝트 추진(표 2-7)

〈표 2-7〉

미래부	각 부처 · 지자체	민간기업
전문컨설팅 · IoT 기업지원	수요 기업지원	시범 · 확산사업 참여

5) 생애 전 주기 종합지원

① 국내 R&D 결과물을 시범 · 확산사업 등에 활용하여 사업화하는 'IoT 사업화 지원'(R&D→실증→시범 · 확산) 강화

② 중소 · 벤처기업 대상 아이디어 → 시제품 제작 → 창업 · 사업화 → 글로벌 시장진출과 시험인증지원 등 산업체 전 주기 종합지원 추진

- 국내외 다양한 지원센터들과 온 · 오프라인 협력체계를 마련하여 시너지 제고

3. 안전하고 역동적인 IoT 발전 인프라 조성

1) 정보보호 인프라 강화

① '사물인터넷 정보보호 로드맵'을 개발하고(2014년 중), 사고발생 시 신속한 대응 · 분석을 위한 정보공유 등 국가(미국, 일본, EU 등) 간 협력체계 마련

② IoT 혁신센터에 보안기능 · 성능을 검증하는 테스트베드 환경을 조성하여 기획단계부터 IoT 제품 · 서비스에 보안 내재화 추진

- 헬스케어, 가전 등 IoT 보안분야 시범사업 추진

③ IoT 제품에 탑재되는 보안 임베디드 OS 등 IoT 보안기술 개발을 확대하고, 보안기술 문제해결 전문가인 IoT 정보보호 코디네이터 양성 추진

④ 기획 단계부터 프라이버시 중심 디자인(Privacy by Design) 개념 도입 및 프라이버시 보호기술(Privacy Enhancement Technology, PET) 개발

2) 유무선 인프라 확충

① 사물인터넷 확산을 위해 5세대 이동통신 및 기가인터넷 등 유무선 인프라(5G : 2020년까지 상용화, 기가인터넷 : 2017년까지 커버리지 90%달성) 확충

② 트래픽 급증에 대응하여 1GHz 폭 이상의 추가 주파수 확보(~2023년)하고, 무제한 주소자원(IPv6) 인프라 확충(2017년까지 주요 가입자망 구축완료)

③ 원격지 사물연결을 위한 저전력 · 장거리 · 비면허대역 통신기술 개발추진(차량통신(V2V/V2I), 저전력 WiFi, TVWS, 디지털 무전기 등)

3) 핵심기술 개발, 인력양성

① 기존 단위형 R & D 과제에서 사물인터넷 생태계(SPNDSe) 전반을 연계한 'IoT 중장기 R &D 계획' 수립(2014년)

② 군* 선진화에 기여할 수 있는 민 · 군 R & D 협력 및 EU 등 주요국과 국제공동연구 등을 통한 국제표준 리더십 강화

- 유럽 34개국, 아시아 19개국을 연결하는 국제연구망(TEIN)을 활용한 공동연구 및 실증사업 추진

③ 실태조사, 인력수급 분석 등을 통해 IoT 전문 커리큘럼 개발(2014년) → ITRC, 재직자 · 구직자, 취업연계 등 다양한 인력양성 프로그램 운영

4) 규제없는 산업환경 조성

① 다양한 IoT 응용분야에서 창의적 IoT 제품 · 서비스가 출현함에 따라 기존 규제와 충돌하거나 새로운 제도가 필요한 분야도 등장할 것으로 전망

- 기존 규제와 충돌되는 영역은 ICT 특별법에 따른 '정보통신전략위원회'를 중심으로 법 · 제도를 개선하고, 정보통신전략위원회는 ICT 융합 활성화에 걸림돌이 되는 규제를 발굴, 관계 장관에 개선조치 요구가 가능(ICT 특별법 제10조)

---

* 국방부 - 미래부 협력을 통해 국방분야 IT 융합기술개발 추진 중(2012년 4월 MOU 체결)

- 신제품 · 서비스의 경우 신속처리 및 임시허가제*(ICT 특별법 제36조, 제37조)를 활용하여 신융합 서비스의 신속한 시장출시를 지원

② 규제 프리존(Regulation Free Zone)으로서의 사물인터넷 '실증단지' 조성 등 법 · 제도기반 정비

* ICT 특별법의 네거티브 규제원칙(제3조)에 따른 지원절차

수행 내용 사물인터넷 기본계획의 주요 추진과제 이해하기

재료 · 자료

- 사물인터넷 관련 자료, 사물인터넷 관련 시장전망, 개발동향 자료검색

기기(장비 · 공구)

- PC 및 자료검색 시스템

안전 · 유의사항

- 해당 자료를 사용 시 저작권 관련하여 명확히 출처를 밝히고 인용표시를 한다.
- 사물인터넷의 시장 및 응용 관련 자료를 분석 시 최신 자료를 근거로 분석해야 한다.

수행 순서

01 사물인터넷의 주요 IoT 제품 및 서비스 동향을 분석한다.

1. 무선 혈압 모니터

[그림 2-12] 무선 혈압 모니터

① 실시간 혈압 모니터링

② 제조사 : 미국, iHealth Lab

③ 블루투스를 통해 스마트폰 앱과 연동되어 실시간으로 혈압을 모니터링

2. 해피포크(HAPIfork)

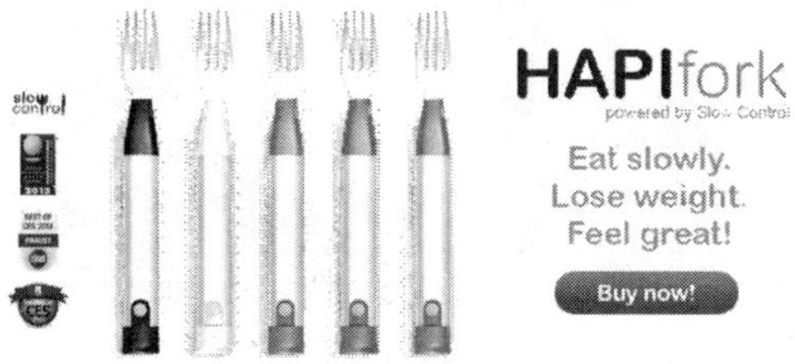

[그림 2-13] 해피포크

① 음식 투입속도 및 포크 이용횟수 등 측정

② 제조사 : 홍콩, HapiLabs

③ 사용자가 음식을 먹는 데 투입하는 속도와 포크질 횟수 등을 측정해 다이어트에 필요한 식습관을 제안할 수 있음

④ 측정된 기록은 블루투스를 이용해 스마트폰이나 컴퓨터로 바로 동기화할 수 있음

3. 유린케어(UrinCare)

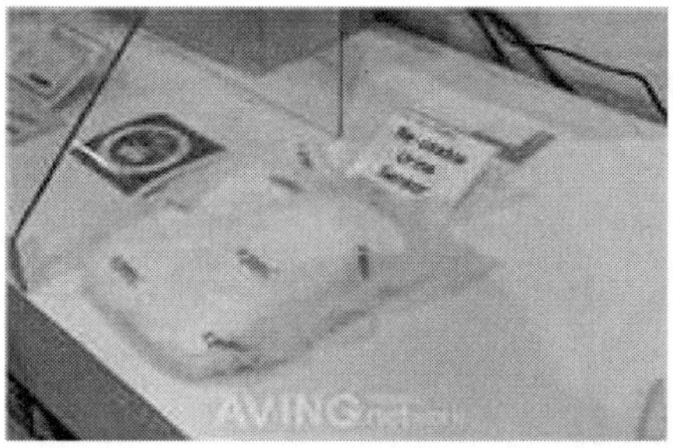

[그림 2-14] 유린케어

① 스마트폰 기반의 대 · 소변 관리시스템

② 제조사 : 한국, 아이티헬스

③ 스마트폰 기반의 대소변 관리 시스템, 지그비(ZigBee) 기반의 센서를 내장한 기저귀와 감지시스템으로 구성

④ 스스로 대소변을 처리하기 힘든 고령층 및 환자가 대소변 시 보호자 혹은 요양사에게 자동으로 정보를 전송

4. 커넥티드 자전거

[그림 2-15] 커넥티드 자전거

① 자전거의 주행속도, 운행거리 및 자신의 운동량 등 파악

② 제조사 : 한국, 삼성

③ 미국의 자전거 제조업체 트렉(Trek)사와 협업해 갤럭시 노트3와 연동된 '커넥티드 자전거'를 개발

④ 자전거에 설치된 센서가 실시간으로 주행속도, 운행거리 등을 측정하여 자전거는 핸들 중앙에 거치되어 있는 스마트폰으로 자신의 운동량이나 주행거리 등을 파악

5. 라이프밴드 터치

[그림 2-16] 라이프밴드 터치

① 사용자의 신체활동량을 측정하는 손목밴드

② 제조사 : 한국, LG전자

③ 사용자의 움직임을 추적해 칼로리 소모량, 걸음수, 이동거리 등 신체활동량을 측정하는 손목밴드 형태의 웨어러블 기기

④ OLED 화면을 터치하면 시간, 스마트폰의 수신전화 정보 등을 확인할 수 있고, 가방 속 스마트폰 음악도 원격 재생가능

⑤ iOS와 안드로이드 기반의 스마트 기기와 연동되며 블루투스 4.0을 지원

6. 스마트 밴드

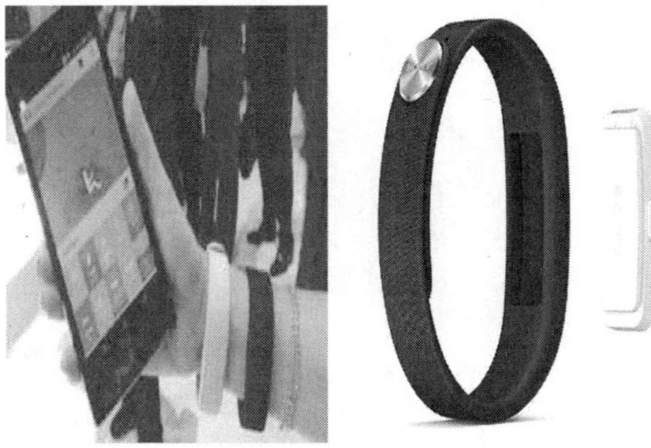

[그림 2-17] 스마트 밴드

① 스마트폰과 연동해 건강, 운동 관련 정보를 제공

② 제조사 : 일본, 소니

③ 스마트폰과 연동해 건강, 운동 등 정보를 제공

④ '라이프 로그' 앱을 통해 몇 시간 걷고 얼마나 잤는지 등 특정 날짜, 특정 시간에 활동한 데이터를 보여줌

7. 에이스캔(A-Scan)

[그림 2-18] 에이스캔

① 입김만으로 알코올 농도파악

② 제조사 : 한국, 에이스앤

③ 사용자의 입김 속 알코올 농도를 측정 관리할 수 있는 제품

④ 앱으로 다양한 음주 및 건강에 대한 유익한 정보를 받을 수 있으며, 사용자에게 음주운전 위험성을 담은 메시지를 지속적으로 알려주는 등 음주운전 예방에 도움

8. i-Limb

[그림 2-19] i-Limb

① 세계 최초의 의수

② 제조사 : 영국, Touch Bionics

③ 상업용으로 출시된 세계 최초의 의수로 2008년 타임지가 선정한 최고의 발명품 중의 하나

④ CeBIT 2014(정보통신기술전시회, 독일 하노버)에 출범되어 영국 카메룬 총리와 독일 메르켈 총기가 함께 참관하여 주목받음

9. 테니스 센서

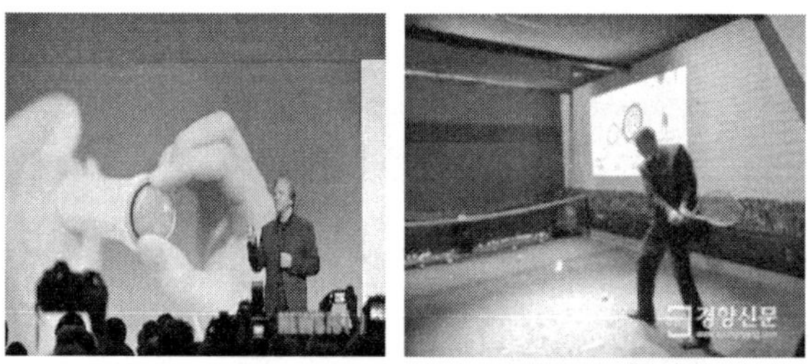

[그림 2-20] 테니스 센서

① 테니스 칠 때 움직임 분석

② 제조사 : 일본, 소니

③ 테니스 라켓의 손잡이 끝에 붙이는 센서를 탑재하여 테니스를 칠 때 스윙 속도와 공의 움직임 등을 분석

10. Babble

① 청각장애 부모의 아이돌봄장치(Baby care communicator)

② 제조사 : 한국, ㈜모뉴엘

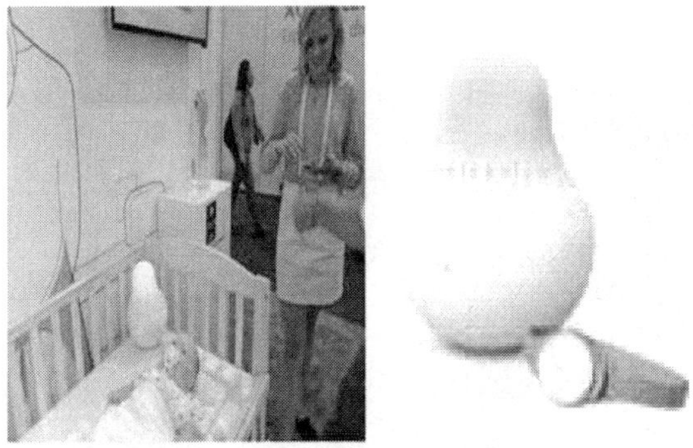

[그림 2-21] Babble

③ 본체에 해당하는 스테이션(Station)과 손목에 차는 뱅글(Bangle, Wearable Watch)로 이루어진 시스템

④ 스테이션에 장착된 센서를 통해 아기울음, 온도, 습도 등을 감지하여 블루투스(Bluetooth) 네트워크를 이용하여 Wearable Watch인 뱅글 및 스마트폰에 연결하여 부모에게 아기상태에 따른 진동과 불빛으로 알려주는 기능

⑤ 센서 검색 및 연결, 센싱 정보처리 등을 위해 ETRI에서 개발한 센서 가상화 머신(SVM : Sensor Virtual Machine) 기술적용

11. i리모트 애플리케이션

[그림 2-22] i리모트 애플리케이션

① 차량상태 확인 및 잠금 등 원격제어

② 제조사 : 독일, BMW

③ 갤럭시 기어를 이용 BMW i3의 전기충전량, 차량의 관리상태, 썬루프와 문잠김, 창문 개폐여부 등을 한 눈에 확인

④ 또한 S 보이스 기능을 탑재하여 음성으로 내비게이션에 주소지 입력, 차량제어도 가능

12. Pebble

[그림 2-23] Pebble

① 차량의 주차위치나 도어 잠김 여부, 주유상태 등을 파악

② 제조사 : 독일, 벤츠

③ 차량의 주차위치나 도어 잠김 여부, 주유상태 등을 파악할 수 있는 손목시계 형태의 웨어러블 디바이스

④ 자동차 제어 및 각종 정보제공 등 운전자가 계기판을 보지 않고도 주행에 필요한 대부분의 정보를 얻을 수 있음

13. Planty

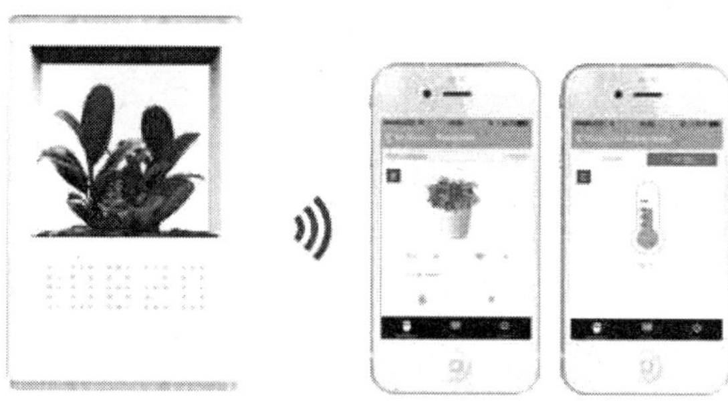

[그림 2-24] Planty

① 스마트 화분

② 제조사 : 한국, 벤처기업 nThing(출시예정)

③ 스마트 화분에서 물, 빛 등이 식물성장에 필요한 내용을 스마트폰으로 전송하여 관리

④ KETI에서 개발한 개방형 플랫폼(Mobius 1.0) 기술적용

14. RGB Lamp

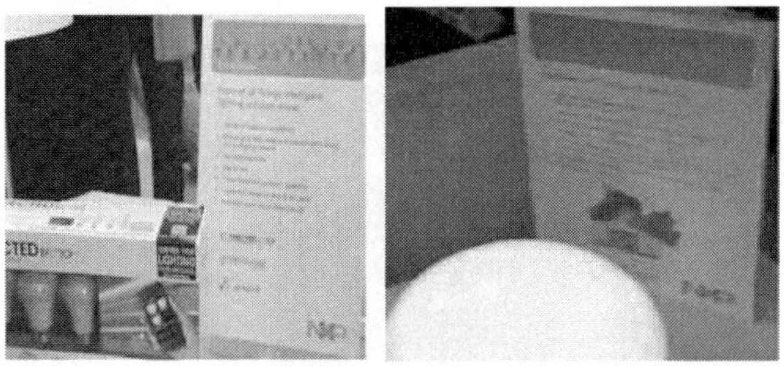

[그림 2-25] RGB Lamp

① 컬러 제어와 빛 출력제어 RGB 조명

② 제조사 : 유럽, NXP

③ NXP JN5168 마이크로프로세서와 SSL5001 SSL 드라이버를 이용하며 ZigBee와 JenNet-IP를 통해 통신

15. 올조인

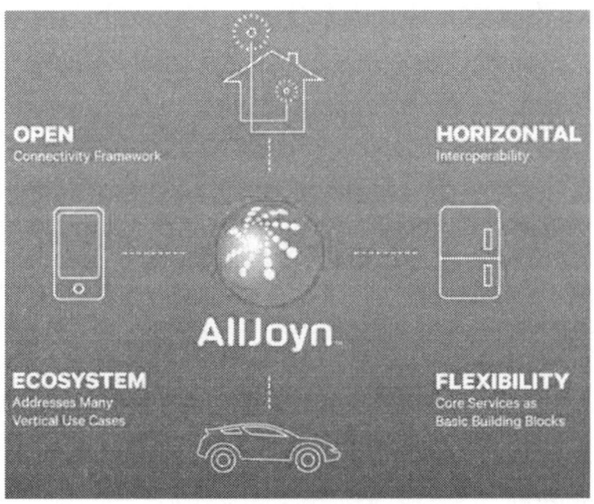

[그림 2-26] 올조인

① 기기간 직접 통신할 수 있도록 도와주는 오픈소스 네트워킹 플랫폼

② 제조사 : 미국, 퀄컴

③ 올조인(Alljoyn) 오픈소스 플랫폼은 제품, 기기 및 서비스는 생산업체나 운영체계와 관계없이 기기간 소통이 되도록 사물간 연결 지향

16. 트래커(TRACK.r)

[그림 2-27] 트래커

① 스마트폰서 제품등록, 관리지원 제조사 : 한국, 아이티원
② 스마트폰 전용 앱으로 손쉽게 제품을 등록 관리
③ 스마트폰에 등록한 제품이 일정 거리를 벗어나면 스마트폰과 제품에서 1차 경고, 2차 제한거리를 넘어서면 2차 경고를 하고 추가 등록한 다른 연락처에 위치를 전송

17. 에피(Epi)

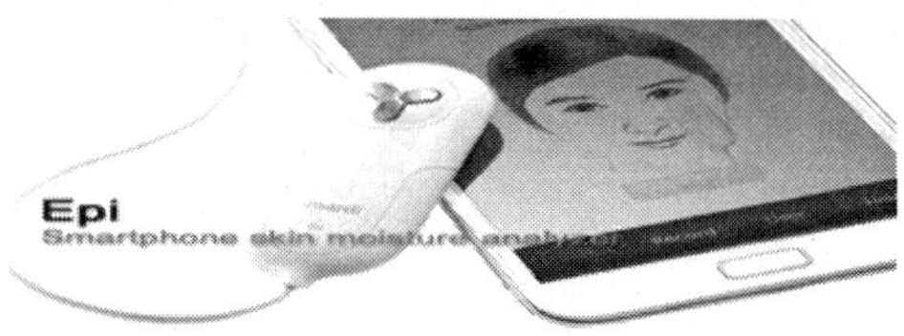

[그림 2-28] 에피

① 피부수분을 측정해 SNS로 정보교환
② 제조사 : 한국, 아롱엘텍
③ 3극으로 이루어진 센서로 피부수분 정도를 측정해 알려줌
④ 앱을 활용해 다른 사람과 비교가 가능
⑤ SNS로 사용자들끼리 의견을 공유할 수 있으며, 연령별, 상황별, 부위별로 개인에 맞는 정보와 피드백을 받을 수 있음

18. Bag2Go

① 도난, 훼손 사실을 알려주는 가방
② 제조사 : T-Mobile, 에어버스, 리보바

[그림 그림 2-29] Bag2Go

③ 무선 네트워크와 GPS 기술을 갖춘 여행 가방으로서 누군가가 가방을 훔치거나 훼손한 경우 그 사실을 사용자에게 즉시 통보

④ CeBIT 2014년(정보통신기술전시회, 독일 하노버)에 출범되어 영국 카메룬 총리와 독일 메르켈 총기가 함께 참관하여 주목받음

학습활동.2 교수 · 학습 방법

교수 방법

- 사물인터넷의 기술구성에 대한 관련 용어, 구성, 방식이해 정도를 파악한 후 수업을 진행한다.
- 교수자의 주도로 사물인터넷의 기술구성 등의 내용을 PPT 자료로 제시한 후 설명한다.
- 가능하면 사전에 개인별 학습자료를 준비하여 모든 학생이 참여할 수 있는 문제해결식 수업, 협력 수업이 가능하도록 한다.
- 사물인터넷의 기술구성 전 과정을 작업의 순서에 따라 단계적으로 실습이 이루어질 수 있도록 지도한다.
- 교재를 통해 수업을 준비하는데 있어서 필요한 모든 정보나 팁, 힌트 등 도움이 될 만한 내용들을 확인할 수 있다.
- 학생들이 만들게 될 각 모델들은 수업시간에 중점적으로 다뤄질 부분과 어휘, 질문, 답을 포함하고 있으며 또한 탐구할만한 추가적인 아이디어들도 포함하고 있다.

학습 방법

- 사물인터넷의 기술구성에 대한 관련 용어를 숙지하고, 사물인터넷의 기초 단계에 대해 이해한다.
- 사물인터넷의 기술구성의 각 단계별 중점 사항을 체계적으로 학습한다.
- 사물인터넷의 기술구성의 수행순서의 전 과정을 실습한다.
- 사물인터넷의 기술구성의 내용을 이해한다.
- 사물인터넷의 기술구성을 이해하고 숙달이 될 때까지 학습한다.

학습활동.2 평가 및 피드백

평가 준거

- 평가자는 피평가자가 수행 준거 및 평가 내용에 제시되어 있는 내용을 성공적으로 수행할 수 있는지를 평가해야 한다.
- 평가자는 다음 사항을 평가해야 한다.

학습내용	평가항목	성취수준		
		상	중	하
사물인터넷의 기본계획 추진배경	사물인터넷의 기본계획 추진배경을 이해할 수 있다.			
사물인터넷의 기본계획의 비전 및 목표, 추진전략	사물인터넷의 기본계획의 비전 및 목표, 추진전략을 이해할 수 있다.			
사물인터넷의 기본계획의 주요 추진과제	사물인터넷의 기본계획의 주요 추진과제를 이해할 수 있다.			

평가 방법

- 작업 포트폴리오

학습내용	평가항목	성취수준		
		상	중	하
사물인터넷의 기본계획 추진배경	사물인터넷의 기본계획 추진배경을 이해할 수 있다.			
사물인터넷의 기본계획의 비전 및 목표, 추진전략	사물인터넷의 기본계획의 비전 및 목표, 추진전략을 이해할 수 있다.			
사물인터넷의 기본계획의 주요 추진과제	사물인터넷의 기본계획의 주요 추진과제를 이해할 수 있다.			

• 필기시험

학습내용	평가항목	성취수준		
		상	중	하
사물인터넷의 기본계획 추진배경	사물인터넷의 기본계획 추진배경을 이해할 수 있다.			
사물인터넷의 기본계획의 비전 및 목표, 추진전략	사물인터넷의 기본계획의 비전 및 목표, 추진전략을 이해할 수 있다.			
사물인터넷의 기본계획의 주요 추진과제	사물인터넷의 기본계획의 주요 추진과제를 이해할 수 있다.			

• 체크리스트를 통한 관찰

학습내용	평가항목	성취수준		
		상	중	하
사물인터넷의 기본계획 추진배경	사물인터넷의 기본계획 추진배경을 이해할 수 있다.			
사물인터넷의 기본계획의 비전 및 목표, 추진전략	사물인터넷의 기본계획의 비전 및 목표, 추진전략을 이해할 수 있다.			
사물인터넷의 기본계획의 주요 추진과제	사물인터넷의 기본계획의 주요 추진과제를 이해할 수 있다.			

피드백

1. 작업 포트폴리오
   - 제출한 보고서를 평가한 후 주요 사항에 대하여 표시하여 돌려준다.
2. 필기시험
   - 평가결과 성적이 저조한 학생은 보고서 제출기회를 부여한다.
3. 체크리스트를 통한 관찰
   - 실습과정에서 평가한 후 개선해야 할 사항 등을 정리하여 돌려둔다.

학습 1	사물인터넷의 정의
학습 2	사물인터넷 기본계획

학습 3	사물인터넷의 스마트 디바이스

학습 4	사물인터넷의 글로벌 동향
학습 5	사물인터넷의 기술
학습 6	사물인터넷의 빅데이터
학습 7	사물인터넷의 클라우딩 컴퓨터
학습 8	사물인터넷의 무선 네트워크
학습 9	사물인터넷의 스마트 센서
학습 10	사물인터넷의 표준
학습 11	사물인터넷의 보안
학습 12	사물인터넷의 스마트 홈

3-1 사물인터넷의 스마트 디바이스 개념

학습 목표	3-1. 사물인터넷의 스마트 디바이스 개념을 이해할 수 있다.

필요지식

1. 차세대 스마트 디바이스의 정의

1) 차세대 스마트 디바이스

① 사물인터넷(Internet of Things : IoT) 환경에서 정보통신 방송서비스를 이용자에게 전달하는 지능형 단말을 포함하는 정보기기이다.

- 웨어러블/ 플렉서블 기기, 디지털 사이니지, 커넥티드 Car/가전, 고실감 미디어 디바이스 등

② PC, 유선전화기 등 단순 연결 위주의 디바이스 1.0, 스마트폰 등 서비스에 대한 위치제약을 극복한 디바이스 2.0에서 다수의 디바이스와 주변환경이 상호연동

으로 통합(Integrated)되어 실감 · 지능 · 융합형 서비스를 제공하는 디바이스 3.0으로 발전한다.

[그림 3-1] 차세대 스마트 디바이스의 활용

출처 : 차세대 스마트 디바이스 코리아 2020. 미래창조과학부 2014.5.

2) 차세대 스마트 디바이스 발전을 위해서는 부품 기술확보가 필수적

① 플렉서블 · 웨어러블 등 다양한 형태의 차세대 스마트 디바이스 등장을 가능하게 하는 새로운 반도체 · 센서 부품 등의 핵심기술의 중요성이 배가된다.

② 소형화 · 저전력화 · 모듈화되는 기존 스마트 기기용 주요 범용부품 역시 차세대 스마트 디바이스의 성능향상의 중요한 요인으로 작용한다.

2. 스마트 디바이스 개발 추진배경

1) 다양한 역할을 하는 차세대 스마트 디바이스가 급증

① 사람과 사물이 네트워크에 연결되는 초연결사회의 도래에 따라 다양한 역할을 하는 차세대 스마트 디바이스가 급증할 것으로 전망한다.

② 디바이스는 개인 통신수단을 넘어 사물인터넷 · 5G 이동통신 등을 통한 단말 간 연동으로 이용자 · 사물 · 공간을 지능화하는 방향으로 발전한다.

2) 국내 중소 디바이스 기업들의 경쟁력은 지속 저하

① 디바이스 산업은 글로벌 기업을 중심으로 사물인터넷 시장선점 경쟁이 치열한 가운데 국내 중소 디바이스 기업들의 경쟁력은 지속 저하된다.

② 스마트폰 시장의 고도화로 대기업이 소형화·모듈화된 부품을 직접 생산·공급함에 따라 많은 중소기업이 어려움을 겪거나 시장에서 퇴출한다.

- 전자부품 통신장비 제조업체수(중기청, 중소기업 실태조사, 개) : (2007년) 5,739 → (2011년) 2,587

  * 2018년까지 IoT 솔루션의 50%는 3년 이하의 스타트업에서 나올 것으로 전망 (가트너)

3) 2차 디바이스 혁명에 선제 대응

스마트폰 이후의 '2차 디바이스 혁명'에 선제 대응하고, 디바이스 강국의 성과를 중소·중견기업도 공유하기 위한 국가전략이 필요하다.

① 스마트폰의 성장세가 둔화됨에 따라 새로운 패러다임을 주도할 디바이스의 미래 먹거리 발굴과 핵심기술 경쟁력 제고가 시급하다.

② 우리 중소·중견기업들이 경쟁력을 갖고 세계시장에서 성장할 수 있도록 종합 지원함으로써 지속가능한 성장기반을 강화한다.

4) 창조경제와 차세대 스마트 디바이스 산업

① 창조경제타운 및 창조경제혁신센터의 주요 추진 분야로써 차세대 스마트 디바이스 산업이 부상할 것으로 기대된다.

② 실감·지능·융합형 서비스 패러다임을 이끌어 갈 미래 디바이스분야 중소·중견 글로벌 전문기업을 육성하여 창조경제 실현에 기여한다.

3. 차세대 스마트 디바이스 산업발전 방향

1) IoT 환경으로 진화

디바이스 산업은 앱세서리 → 웨어러블 → IoT 환경으로 진화된다.

① 향후 차세대 스마트 디바이스 산업은 초기 스마트폰을 보조하는 앱세서리 형태에서 인체에 착용하는 웨어러블 디바이스로 발전한다.

② 궁극적으로 다양한 디바이스가 사물·환경으로 연결·융합되는 IoT 환경으로 진화하여 디바이스 개념이 전산업 영역으로 확대될 전망이다.

2) Mass 마켓과 Long Tail 마켓이 공존

차세대 스마트 디바이스 시장은 글로벌 대기업이 주도하는 Mass 마켓과 창의적 중소 · 벤처 중심의 Long Tail 마켓이 공존할 전망이다.

① 대기업은 소품종 대량생산이 가능한 분야에 집중하거나, 핵심부품 · 모듈의 공급을 통해 규모의 경제를 실현한다.

② 중소 · 벤처기업은 참신한 아이디어 및 민첩한 트렌드 반영을 통해 자본력과 기술력의 한계를 극복하여 새로운 틈새시장을 형성한다.

- Pebble사의 스마트 시계, DIY 드론 사례와 같이 클라우드 펀딩, 집단지성을 활용한 빠른 혁신 등으로 최소의 비용으로 창업 · 생산하는 롱테일 비즈니스 모델이 부상한다.

3) 개방형 디바이스 생태계 구축

① 아이디어의 지속 유입을 위한 개방형 디바이스 생태계 구축이 관건이다.

② 새로운 중소 · 벤처들이 창의적인 아이디어로 도전할 수 있도록 기술 · 자금 · 생산 등에 대한 진입장벽을 낮추는 정책적 노력이 필요하다.

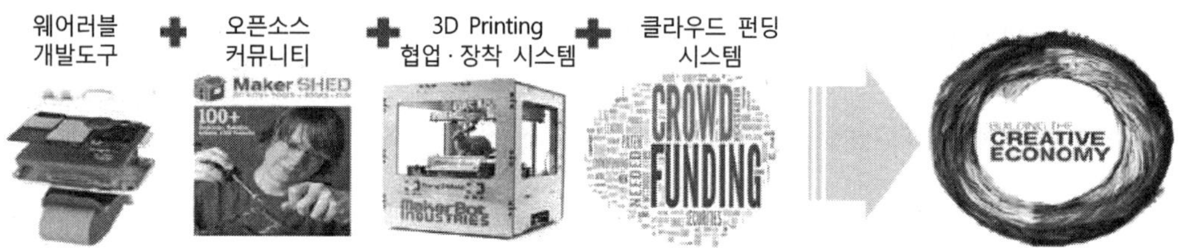

[그림 3-2] 개방형 차세대 스마트 디바이스의 생산방식

출처 : KT경제경영연구소, 2014.1.

수행 내용 사물인터넷의 스마트 디바이스 개념 이해하기

재료 · 자료

- 사물인터넷 관련 자료, 사물인터넷 관련 시장전망, 개발동향 자료검색

기기(장비 · 공구)

- PC 및 자료검색 시스템

안전 · 유의사항

- 해당 자료를 사용 시 저작권 관련하여 명확히 출처를 밝히고 인용표시를 한다.
- 사물인터넷의 시장 및 응용 관련 자료를 분석 시 최신 자료를 근거로 분석해야 한다.

수행 순서

01 사물인터넷의 스마트 디바이스의 시장동향을 분석한다.

1. 디바이스 시장현황과 전망

1) 세계 디바이스 시장

① 세계 디바이스(PC 노트북 태블릿 피처/스마트폰) 시장은 2013년 6,655억불에서 2017년 8,065억불(ICT 전체의 18.9%)까지 매년 3.9%씩 성장할 전망이다.

- 전세계 ICT 시장규모(IDC 2013년, $) : (2013년) 3조 6,364억 → (2017년) 4조 2,601억

② PC 피처폰 등 1세대 디바이스가 차지하는 비중은 점차 감소하고, 스마트폰 태블릿 PC 등 스마트 디바이스(2세대)가 확산 중이다.

- 중국, 인도 등을 중심으로 확대되는 중저가형 스마트 디바이스도 2017년까지 성장세가 급격히 둔화될 것으로 전망
- 세계 스마트폰 시장성장률(IDC 13, %) : (2011년) 51.7 → (2013년) 21.3 → (2015년) 8.9 → (2017년) 5.1

2) 국내 디바이스 시장

① 국내 디바이스 시장은 2013년 214억불(ICT시장의 31.6%)에서 2017년 180억불로 감소, ICT 시장 내의 비중도 20.8%로 하락 전망이다.

- 국내 ICT 시장규모(IDC 2013년, $) : (2013년) 672억 → (2017년) 866억

② 이는 국내 디바이스 시장의 약 80%인 스마트폰 시장이 점진적으로 포화됨에 따라 2013년 이후 하락세로 전환됨에 기인한다.

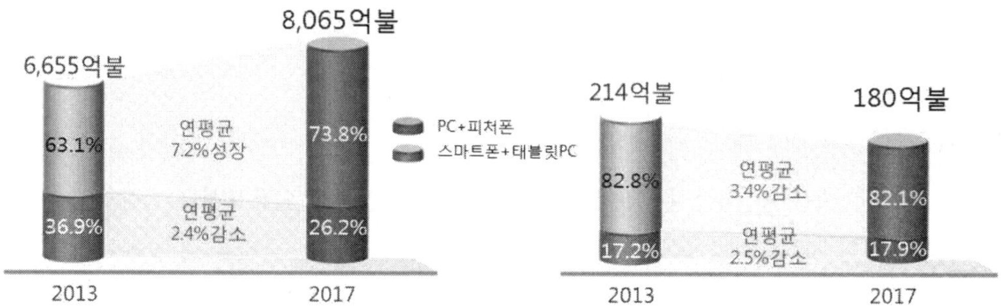

[그림 3-3] 글로벌 디바이스 시장전망과 국내 디바이스 시장전망

자료출처 : IDC, 2013.6 재구성

2. 차세대 스마트 디바이스 관련 산업동향

1) 새로운 혁신가치를 제공하는 서비스

웨어러블 디바이스, IoT 등 새로운 혁신가치를 제공하는 서비스와 디바이스에 대한 관심이 고조되면서 시장선점 경쟁에 돌입한다.

① 시계, 안경, 의복 등 신체착용형 웨어러블(Wearable) 디바이스가 Post - 스마트폰으로 기대되나 현재는 기술개발과 상품출시의 초기 단계이다.

- 웨어러블 디바이스 시장전망(IMS Research 2013, $) : (2013년) 14억 → (2016년) 60억

② 주변환경(차량 가전 등)과 디바이스 간 연동이 확대되는 IoT 환경에서는 디바이스가 핵심 분야로 부각될 전망(GSMA)이다.

- IoT 기술보급으로 네트워크에 접속되는 기기가 늘어나면서 IoT 디바이스 시장의 빠른 성장을 예상된다.
- 네트워크 중심(67%)의 기존 모바일(휴대폰 태블릿) 시장과는 달리 IoT 시장에서는 디바이스가 중심역할을 수행할 것으로 예측한다.

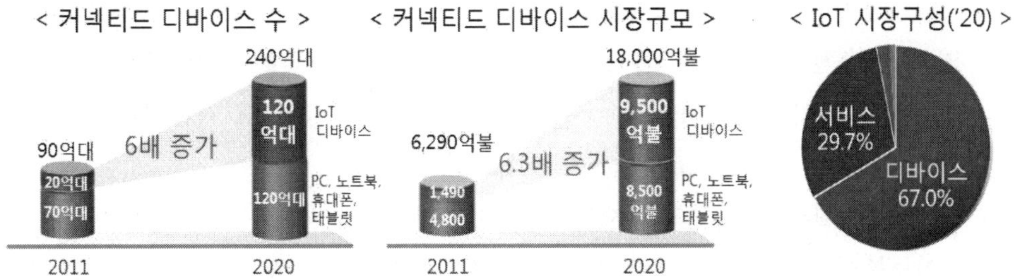

[그림 3-4] 차세데 스마트 디바이스 산업동향

자료출처 : GSMA & Machina Research(2011), KT경영경제연구소(2013.8) 재구성

2) 주요 글로벌 기업 미래 차세대 스마트 디바이스 추진동향

① (구글) 2012년 구글 글래스 출시 이후 시장을 선도하고 있으며, 모토로라를 통해 모듈형 스마트폰 개발 프로젝트를 시작하는 등 다양한 방안 추진하고 있다.

② (애플) iWatch, iTV 등 다양한 분야의 디바이스를 개발 중으로 알려져 있으며, 2014년부터 iOS를 차량에 탑재할 것을 발표한다.

③ (삼성) 스마트 시계(갤럭시 기어), 플랙서블 디스플레이(갤럭시 라운드) 등을 출시하며 기술 및 시장선점을 위한 노력을 강화한다.

3. 부품 및 앱세서리 산업동향

1) 새로운 디바이스 등장

새로운 디바이스 등장과 중저가 스마트 디바이스 시장확대로 핵심부품에 대한 수요가 증대되고 범용 부품시장 성장세도 유지한다.

① 2012년 약 760억불인 디바이스 부품시장*은 디바이스의 성장세를 고려하면 2020년까지 최소 2배 이상 성장할 전망(전자부품연구원(KETI))이다.

② 센서의 역할이 더욱 중요해지는 가운데 물리 · 화학 · 바이오센서가 주목받고 있으며, 센싱 데이터를 통합 처리하는 센서허브가 탑재되는 추세이다.

- 스마트 기기 센서 시장전망(Gartner 2013년, $) : (2012년) 22.5억 → (2017년) 45.6억
- 센서허브는 전력소모 감소 및 센싱능력 향상을 위한 별도의 프로세서로 2013년부터 갤럭시S4, 아이폰5S 등에 탑재되기 시작하며 빠르게 확산될 전망이다.

③ 차세대 스마트 디바이스 핵심기술로 부상하고 있는 플렉서블 소재 · 부품(디스플레이 배터리 등), 무선 충전 등에 대한 기술개발에 투자 중이다.

* 고주파(RF 칩셋, PA 등), 데이터 처리(모뎀, AP, PMIC 등)과 입출력(디스플레이, 터치패널), 센서(가속도, 자이로 센서, 지자기 센서 등), 기타(배터리 모듈)

- (美) 국방부 중심으로 플렉서블 디스플레이 센터 설립, 10년간 9,370만불 투자(삼성전기)무선 충전사업 강화를 위해 뉴질랜드 PowerbyProxi에 400만불 투자

④ 웨어러블 디바이스의 활용성을 극대화하기 위한 새로운 UI/UX 기술개발과 관련 핵심 서비스 발굴을 적극적으로 추진 중이다.

- Sony 스마일셔터 : 인체의 미세동작(웃음)을 감지하여 셔터가 자동으로 작동

⑤ 5G 이동통신, 밀리미터파 근거리 무선 통신 등 미래 초고속 이동통신 서비스의 등장이 예상되어 관련 핵심부품 시장이 새롭게 형성된다.

2) 스마트 디바이스 연계형 제품군 확산

스마트 디바이스 연계형 제품군 확산으로 중소기업의 성장기회가 확대된다.

① 스마트 기기와 결합하여 특정 추가기능을 수행하는 다양한 종류의 디바이스(앱세서리 : App+Accessary)* 의 확산이 두드러질 것으로 전망이다.

- 앱세서리는 스마트 기기의 기능을 단순 확장(카메라 펜 등)하는 주변기기 수준에서 고유의 가치를 지닌 디바이스 수준으로 진화 중이다.
- 세계 앱세서리 출하량(Juniper, 2013.8, 대) : (2013년) 1,800만 → (2018년) 1억 7,000만

결제 : 스퀘어(Square)	건강 : 조본업(Jawbone Up)
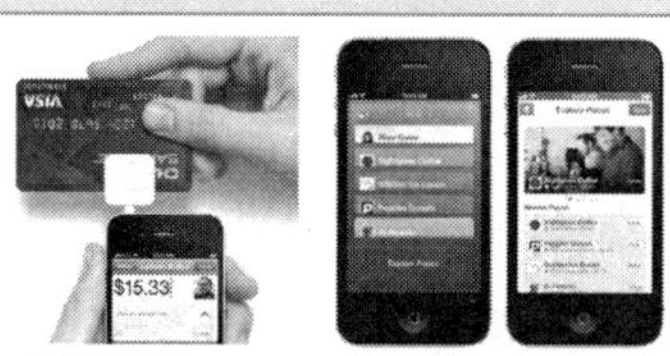 ※ 출처: 구글 이미지	
• 이어폰 단자에 꽂아서 사용하는 신용카드리더기 • 수수료를 받는 수익 모델	• 손목착용형 '삶의 질 향상' 제품 • 수면 패턴, 활동, 음식 등을 추적 · 기록 · 분석

[그림 3-5] 주요 앱세서리 사례

출처 : 차세대 스마트 디바이스 코리아 2020, 미래창조과학부 2014.5.

② 중소기업을 위한 개방형 HW 생태계의 조성을 통해 시장주도권을 확보한다.

- 오픈소스 HW 기반의 디바이스 제작이 활성화됨에 따라 주요 기업들도 혁신의 수단으로 오픈소스 HW의 가치와 활용성에 주목한다.
- 구글은 2011년부터 오픈소스 HW 플랫폼인 아두이노(Arduino)를 기반으로 표준 액세서리 개발 킷(ADK)을 발표, HW 생태계육성 추진 중이다.

* 앱 기반의 서비스를 통한 추가기능 제공을 위해 스마트 기기에 연결되는 주변장치

- 텍사스 인스트루먼트(TI)의 비글보드, ARM의 mbed 등 주요 반도체 기업들도 오픈소스 HW 플랫폼 개발 및 개발자 생태계에 대한 지원을 강화한다.

3) 오픈소스 하드웨어(OSHW)

① 정의 : 각종 HW 제작에 필요한 회로도, 관련 설명서, 인쇄회로기판 도면 등을 개방하여 누구나 이를 활용한 제품을 개발할 수 있도록 지원하는 HW이다.

② 특징 : 부품을 직접 구매해 조립하기 때문에 완성형 제품에 비해 가격이 저렴하며, 새로운 형태로 변경한 전혀 다른 디바이스로도 제조가 가능하다.

③ 효과 : HW 제품제조에 대한 접근성 확대로 많은 사람들이 창의적이고 다양한 방식으로 참여하게 함으로써 산업에 새로운 아이디어 유입이 활성화한다.

3-2 사물인터넷의 스마트 디바이스 추진과제

학습 목표	3-2. 사물인터넷의 스마트 디바이스 추진과제를 이해할 수 있다.

필요지식

1. 스마트 디바이스의 비전, 및 목표, 추진전략

1) 비전과 목표

[그림 3-6] 스마트 디바이스의 추진 비전과 목표

출처 : 차세대 스마트 디바이스 코리아 2020, 미래창조과학부 2014.5.

2) 추진전략

(1) 시장중심의 지속가능한 성장체계 구축으로 정책효과 민간역량 동시 제고

정부는 원천기술개발과 인력 등 산업기반 조성을 선도하고 범용 기술부품, 중소기업 사업화 판로 등을 지원하여 시장기능을 보완한다.

Post-스마트폰, 플랫폼 등 글로벌기업 경쟁분야는 최대한 시장기능 발현한다.

(2) 글로벌 지향 스타트업과 강소기업 육성으로 새로운 성장동력 확보

처음부터 국내보다는 글로벌 공급체인의 우선 공략을 유도 지원한다.

글로벌화를 목표로 다양한 장(창조경제타운, 제품사업화 등)을 통한 맞춤 지원으로 아이디어 발굴부터 사업화까지 도전 도약의 발판을 마련한다.

(3) 범정부간 정책 연계와 결집을 통해 디바이스 산업지원 최적화

미래부의 ICT · 창조경제 정책뿐 아니라 다양한 부처의 창업 · 유통 · 수출 · 홍보 등의 지원정책을 활용 · 연계한 협업에 집중한다.

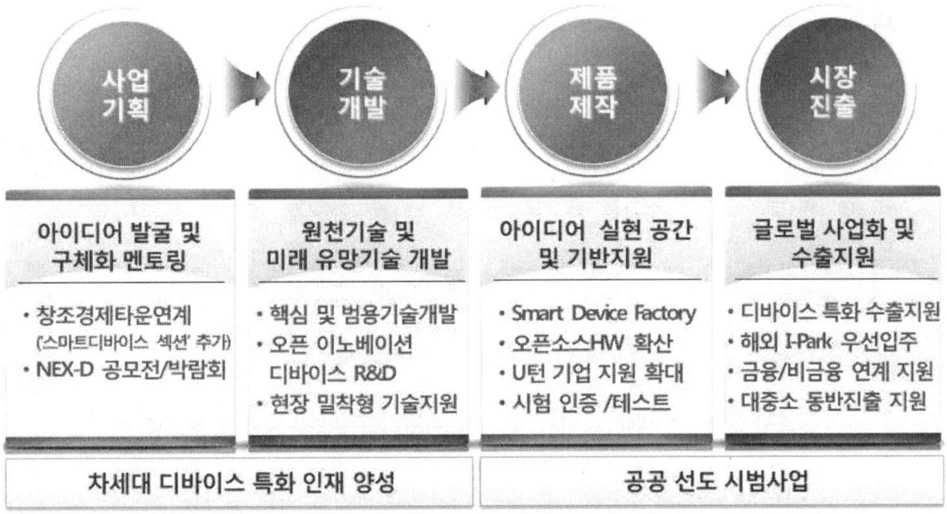

[그림 3-7] 차세대 스마트 디바이스 코리아 2020 전주기 지원체계

출처 : 차세대 스마트 디바이스 코리아 2020, 미래창조과학부 2014.5.

2. 차세대 스마트 디바이스의 주요 추진과제

1) 차세대 스마트 디바이스 기술개발

(1) 차세대 스마트 디바이스 World-Best 기술수준 확보

① 기술수준 중요도, CPND 간의 연계강화 등을 다각적으로 고려하여 창조경제를

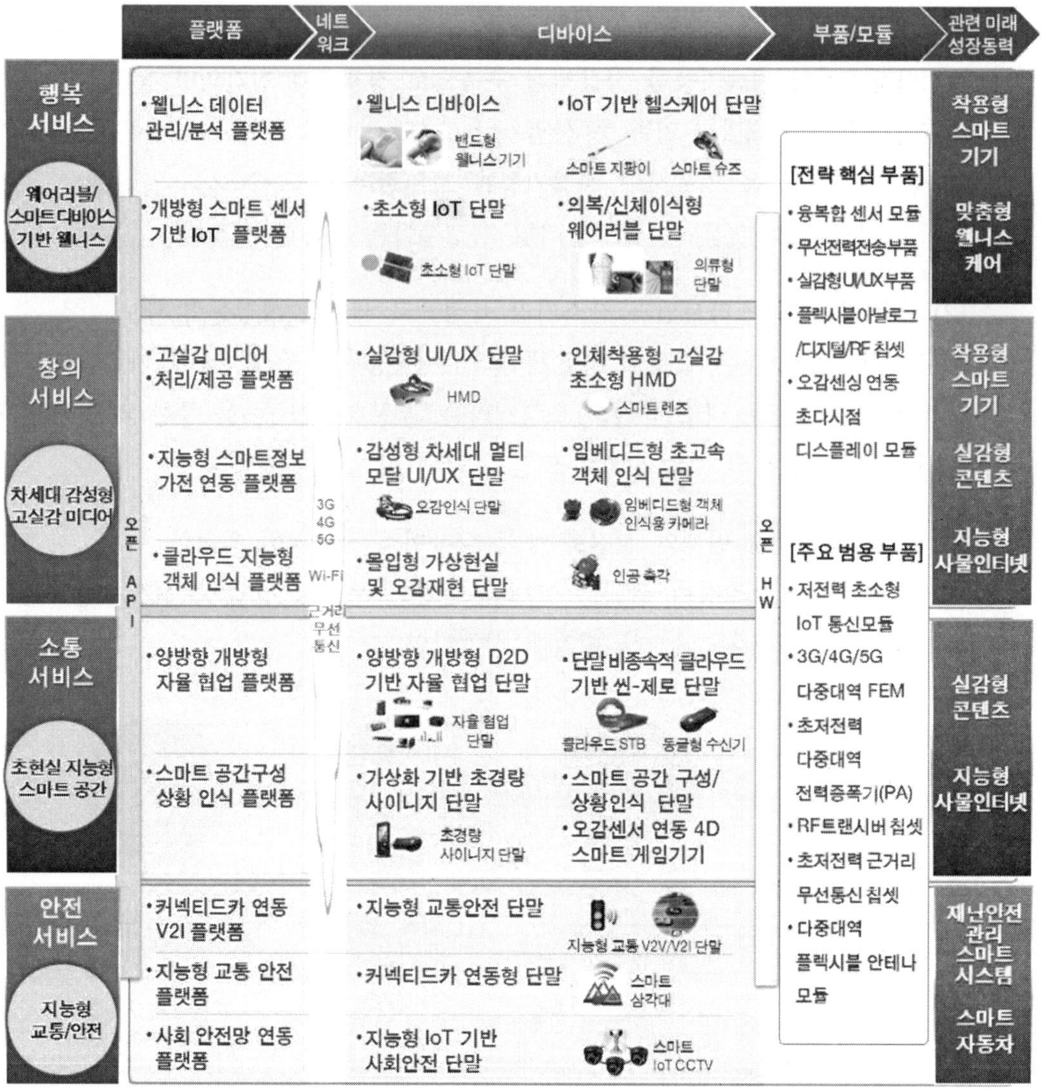

[그림 3-8] 차세대 스마트 디바이스 코리아 2020 R & D 로드맵

출처 : 차세대 스마트 디바이스 코리아 2020, 미래창조과학부 2014.5.

실현할 수 있도록 부품 디바이스 플랫폼 R & D를 추진한다.

② 현재는 초기 단계이나 유망 서비스를 분석하여 미래 디바이스 핵심기술로 부각될 분야를 '전략 원천기술'로 개발한다.

- 국민을 위한 4대 서비스(행복, 창의, 소통, 안전)를 2020년까지 제공하기 위해 주요 서비스 분야별 2단계(Phase 1 : 2015~2017년, Phase 2 : 2018~2019년) 전략을 추진한다.
  - 웰니스 : 착용/거치용 웨어러블 단말 등(Phase 1), 스마트 반지 등(Phase 2)

– 고실감 미디어 : HMD, 동글형 수신기(Phase1), 렌즈형 오감인식 단말 등 (Phase2)

– 스마트 공간 : 클라우드 STB 등(Phase1), 플렉서블 사이니지 등(Phase2)

– 지능형 교통안전 : 차량 간 통신단말 등(Phase1)

– 차량 : 교통인프라(도로, 신호 등)의 효율적 연동을 위한 플랫폼, 지능형 IoT CCTV 등(Phase2)

② 시장은 크나 국산화율이 낮거나 국산화가 되었지만 경쟁력확보가 필요한 부품 분야를 '주요 범용기술' 개발한다.

- 전략 수입 중인 고주파 부품의 핵심기술인 다중대역 FEM(Front-End Module), 초저전력 전력증폭기(PA), RF칩셋(Mixed Signal Analog IC 포함) 등의 분야에 중점 지원
- 현재의 디바이스에도 공통 활용되는 부품군으로 2017년까지 1단계로 추진하여 개발 완료하여 조속한 수입대체 효과 극대화

(2) 창의 디바이스 개발을 위한 개방형 R & D 추진

① 기술발전 방향이 불확실한 미지의 디바이스 분야를 '오픈 이노베이션 미래 디바이스 기술'로 개발한다.

- 창의성 제한 우려가 있는 기존 R & D 기획방식에서 벗어나 '제기된 문제에 대한 해결방안 제시' 또는 '유망 서비스 예측과 이에 따른 디바이스 개발방안을 제시'하는 방식으로 2원화하여 추진한다.
  – 특정 문제(예 : 디바이스 전력소모를 획기적으로 낮추는 방안)를 해결하기 위한 아이디어 공모를 통해 해결책을 제시한 주체에게 R & D 자금을 지원한다.

- 2009년 소형 무인비행 로봇인 드론(Drone)을 집에서 제작하는 DIY커뮤니티를 중심으로 3D로보틱스를 설립
- 5만명의 회원이 참여해 관련한 기술과 아이디어를 연간 10만건 이상 제시하는 드론 아이디어 뱅크로 성장

[그림 3–9] 3DRobotics사의 DIY 드론 사례

출처 : 차세대 스마트 디바이스 코리아 2020, 미래창조과학부 2014.5.

수행 내용 사물인터넷의 스마트 디바이스의 추진과제 이해하기

재료 · 자료

- 사물인터넷 관련 자료, 사물인터넷 관련 시장전망, 개발동향 자료검색

기기(장비 · 공구)

- PC 및 자료검색 시스템

안전 · 유의사항

- 해당 자료를 사용 시 저작권 관련하여 명확히 출처를 밝히고 인용표시를 한다.
- 사물인터넷의 시장 및 응용 관련 자료를 분석 시 최신 자료를 근거로 분석해야 한다.

수행 순서

01 사물인터넷의 스마트 디바이스의 요소기술을 분석한다.

1. 스마트 디바이스 요소기술

1) 스마트 TV

〈표 3-1〉 스마트 TV 관련 요소기술

항 목	분 류	요소기술
스마트 TV	게임, 이터렉티브 쇼핑 등 다양한 앱실행이 가능한 TV	스마트 TV용 OS : 스마트 TV 전용 앱에 최적화된 Graphic acceleration, OS kernel 등 지원
	초대형 저전력 디스플레이 TV	Ultra-HD, OLED 및 Flexible display 구동기술
	음성/동작 인식을 통한 스마트 리모콘 서비스 제공 TV	음성, 동작, 안구의 움직임, 음성 소스의 이동 등을 인식하여 제어할 수 있는 기술
	대화형 UI TV	사람과 대화하며 이터렉티브하게 콘텐츠를 제공할 수 있는 Context 인식, UI 기술
	주변장치들과의 연동하는 IoT TV	다양한 장치들과 통신을 최적화하는 Ubiquitous communication interface optimization 기술

출처 : 미래창조과학부 차세대 스마트 디바이스 코리아 2020.

스마트 TV는 게임, 이터렉티브 쇼핑 등 다양한 앱실행이 가능한 TV, 초대형 저전력 디스플레이 TV, 음성·동작 인식을 통한 스마트 리모콘 서비스 제공 TV, 대화형 UI TV, 주변 장치들과의 연동하는 IoT TV 등으로 구분한다.

2) 제로클라이언트 단말

〈표 3-2〉 제로클라이언트 단말 관련 요소기술

항 목	분 류	요소기술
제로 클라이언트 단말	손목덮개형, 손바닥형 등 플렉서블 디스플레이 단말	휴대용 대화면 디스플레이에 적합한 접기형, 두루마리형 등 플렉서블 디스플레이 기술
	IoT-oriented communication 인터페이스 최적화 단말	다양한 Communication interface들을 최적화하여 언제나 어디서나 통신할 수 있는 Ubiquitous communication interface optimization 기술
	초저전력, 초소형 소자 및 디스플레이 단말	Skin형 Interface 등을 가능하게 초저전력, 초소형, Processor, 배터리, 디스플레이 기술 등
	무선 전력전송 가능 단말	배터리 소형화에 의한 사용시간 감소를 최소화할 수 있는 무선 전력전송 기술
	그래픽 가상화 기술	멀티유저 GPU 가상화 기술
	클라이언트 기술	고속전송 기술, 콘텐츠 동기화 기술, 저지연 접속 기술

출처 : 미래창조과학부 차세대 스마트 디바이스 코리아 2020.

3) 투명 디스플레이

〈표 3-3〉 투명 디스플레이 관련 요소기술

항 목	분 류	요소기술
투명 디스플레이	자동차/항공기 전면 유리에 투영 가능한 투명 디스플레이	디스플레이를 투명 유리창으로 전환하는 기술로 산화물 박막트랜지스터(TFT-Thin Film Transistor)를 이용하는 기술
	건물 외벽, 상가 유리벽 등에 사용 가능한 초저전력, 초대형화, 시인성 개선 디스플레이	초저전력, 초대형화가 가능한 산화물 TFT 기술, 시인성 향상을 위한 고휘도 기술
	냉장고 등을 위한 3차원 투명 디스플레이	투명 냉장고 등이 가능한 큐브형 등 다양한 모양으로 성형 가능하도록 만드는 기술

출처 : 미래창조과학부 차세대 스마트 디바이스 코리아 2020.

사물인터넷(IoT) 개론

4) 상황인식, 3D 디스플레이가 가능한 스마트 단말

〈표 3-4〉 상황인식, 3D 디스플레이가 가능한 스마트 단말 관련 요소기술

항 목	분 류	요소기술
상황인식, 3D 디스플레이가 가능한 스마트 단말	목걸이형/안경형 통합 단말	• 음성인식 기술 : 음성인식을 통한 제어가 가능한 기술 • 3D 영상인식 기술 : 3차원 영상인식을 통한 Gesture 인식, 패턴 매칭 기술 • 환경인식 초소형, 초저녁 프로젝션 기술 : 어디서나 디스플레이가 가능한 3D 환경인식 디스플레이 기술 • 이터렉티브 프로젝션과 영상인식 기술

출처 : 미래창조과학부 차세대 스마트 디바이스 코리아 2020.

5) 실감지원 스마트 단말

〈표 3-5〉 실감지원 스마트 단말 관련 요소기술

항 목	분 류	요소기술
실감지원 스마트 단말	실감 증강형실 서비스를 위한 영상 입출력 일체형 디스플레이 UI / UX 기술	영상 입출력 일체형 디스플레이 기술, 상호 협력작업을 위한 협업 플레임워크 기술, 영상 입출력 일체형 UI 지원기술
	3D 상호작용 지원 홀로그래픽 디스플레이	홀로그램 환경사용자 입력인식 기술, 실감햅틱 표현장치 기술, 홀로그래픽 디스플레이 3D 인터랙션 기술
	스마트 증강교육 단말 플랫폼 및 UI / UX 기술	증강교육용 스마트 단말기술, 증강교육 UI/UX 기술
	형태변형 기반 차세대 UI / UX 기술	플렉시블 디스플레이 기반 형태변형 가능·인식 단말기술, 형태변형 기반 상호작용 기술

출처 : 미래창조과학부 차세대 스마트 디바이스 코리아 2020.

6) 디지털 사이니지 단말

〈표 3-6〉 디지털 사이니지 단말 관련 요소기술

항 목	분 류	요소기술
디지털 사이니지 단말	인터렉티브 사이니지 단말	사용자 교감형 사이니지 단말, 사용자 인식기술, 추천 광고기술, 사용자 이동성 기반 광고
	복합 상황인지 기술	다중 객체 영상인식 기반 상황판단 기술 센서 기반 상황인지 기술 다중 그룹 통신 기반 상황인지 기술
	가상화 기반 초경량 사이니지 단말기술	적응형 어댑터블 스크린 사이즈 적용기술 모바일 연계 에이전트 기술

출처 : 미래창조과학부 차세대 스마트 디바이스 코리아 2020.

7) 실감 미디어용 단말

〈표 3-7〉 실감 미디어용 단말 관련 요소기술

항 목	분 류	요소기술
실감 미디어용 단말	3D 실감 영상 단말	안구모방 3D영상 캡쳐 기술, 홀로그래피용 · 3DTV용 부품기술, 패널 기술 등
	차세대 디스플레이	스트레쳐블 디스플레이, 웨어러블 디스플레이, 양자점 디스플레이 기술 등

출처 : 미래창조과학부 차세대 스마트 디바이스 코리아 2020.

8) 스마트 STB

〈표 3-8〉 스마트 STB 관련 요소기술

항 목	분 류	요소기술
스마트 STB	I/O 고속 무선 전송제어	다중(10개) 비디오/오디오 I/O 고속 무선 전송 제어기술
	부가장치 자원 브리지	UPuP 타입 부가장치(예 : 카메라, 터치패널) 자원 브리지 기술 등
	스크린 허브 제어 에이전트 기술	스크린 허브 제어 에이전트 기술 등
	초고속(1초 미만) 안면/인체 인식 기술	웹 카메라 기반 임베디드형 초고속(1초 미만) 안면/인체 인식 기술 등
	HEVC 디코더(4K, 8K) 기술	HEVC 디코더 기술
	방송 미들웨어 기술	서비스 탐색 및 선택기술
	실감형 UI/UX 기술	시선 추적, 세밀한 제스처 인식

출처 : 미래창조과학부 차세대 스마트 디바이스 코리아 2020.

2. 착용 디바이스 요소기술

1) 액세서리형 웨어러블 디바이스

〈표 3-9〉 액세서리형 웨어러블 디바이스 관련 요소기술

항 목	분 류	요소기술
액세서리형 웨어러블 디바이스	실감 증강정보 표현이 가능한 스마트 안경	초소형/정밀 비전 센서 기술, 박막형 See-through 디스플레이 기술, 시점·초점 기반 UI 기술, 디바이스 협업 및 UI/UX 기술, 초소형/고용량 배터리 기술, 저전력 SoC 기술, 소셜 기반 디바이스 협업을 통한 집단 지성증강 기술
	스마트 안경을 위한 박막형 See-through 디스플레이 기술	박막형 See-through 디스플레이 기술, 센서 일체형 디스플레이 기술
	작업환경지원 스마트 헬멧/글러브 기술개발	스마트 헬멧기술, 스마트 글러브 기술
	개인정보 기반 서비스 지원 스마트 워치	착용형 개인정보 인증기술, 손목시계형 단말 UI/UX 기술, 초경량/초박형 Thin 웨어러블 단말기술, 초소형/고용량 배터리 기술, 저전력 SoC 기술
	PAN 무선 접속기술	HMD/AP 무선 전송기술, HDMI over WiFi 기술
	형태변형에 따라 기능이 변하는 착용형 단말기술	형태변형 단말기술, 형태 변형인식기술, 형태변형 기반 UI/UX 기술

출처 : 미래창조과학부 차세대 스마트 디바이스 코리아 2020.

2) 신체부착형 디바이스

〈표 3-10〉 신체부착형 디바이스 관련 요소기술

항 목	분 류	요소기술
신체부착형 디바이스	무구속·무자각 신체부착형 웨어러블 플랫폼 기술	고분자 회로 Board 및 플랫폼 기술, 전자소자(MCU, 센서) 패키징 기술, 안테나 및 통신기술, 소재 및 탈부착 기술
	개인의료 라이프로깅을 통한 건강상태 모니터링 디바이스	정보수집을 위한 부착형 단말기술, 웨어러블 모바일 사용자 인지 보조기술, 개인정보 보장을 위한 퍼스널 데이터 단말기술, 개인의료 라이프로깅을 통한 건강상태 모니터링 및 예측기술

출처 : 미래창조과학부 차세대 스마트 디바이스 코리아 2020.

3) 스마트 의류

〈표 3-11〉 스마트 의류 관련 요소기술

항 목	분 류	요소기술
스마트 의류	직물형 시스템(System-on-Textile : SoT) 기반 스마트 의류	SoT 기술, 상황기반 색/무늬 변화 기술, 모션인식 의류기술, 의류 디스플레이
	전투수행 능력향상을 위한 웨어러블 군용 디바이스 기술	병사 생체신호 센싱 기술, 몸동작 센싱 기술, 부상부위 센싱 기술, 스마트 입출력 지원 군복기술

출처 : 미래창조과학부 차세대 스마트 디바이스 코리아 2020.

4) HMD

〈표 3-12〉 HMD 관련 요소기술

항 목	분 류	요소기술
HMD	PAN 무선 접속기술	HMD/AP 무선 전송기술, HDMI over WiFi 기술
	실감형 UI/UX 기술	시선추적 제스처 인식

출처 : 미래창조과학부 차세대 스마트 디바이스 코리아 2020.

3. 차세대 초고속 방송/통신 디바이스 요소기술

1) 대용량 무선통신 디바이스

〈표 3-13〉 대용량 무선통신 디바이스 관련 요소기술

항 목	분 류	요소기술
대용량 무선통신 디바이스	이종 무선망 접속기술	Multi-RAT 무선 접속 처리기술, 다중 주파수 처리기술
	무선 MBS 처리기술	다중 주파수 기반 무선 멀티캐스팅 기술, 콘텐츠 동기 기술

출처 : 미래창조과학부 차세대 스마트 디바이스 코리아 2020.

2) 방송 미들웨어

〈표 3-14〉 방송 미들웨어 관련 요소기술

항 목	분 류	요소기술
방송 미들웨어	모바일 방송기술	서비스 탐색 및 선택기술, 핸드오버 기술, 스트리밍 기술(VoD, Real RV)
	방송망 구성기술	트래픽 속성 기반 방송망 구성기술, SVC 레이어 트래픽 전송기술

출처 : 미래창조과학부 차세대 스마트 디바이스 코리아 2020.

사물인터넷(IoT) 개론

3) 비디오 압축전송

〈표 3-15〉 비디오 압축전송 관련 요소기술

항 목	분 류	요소기술
비디오 압축전송	HEVC 비디오 인코더, 무손실 비디오 압축장치	HEVC 기반 고효율·고압축 비디오 부호화 기술, HD/UHD 비디오 실시간 HEVC 부호화 기술, Scalabe HEVC 비디오 부호화 기술, 무손실 비디오 압축기술

출처 : 미래창조과학부 차세대 스마트 디바이스 코리아 2020.

4) 오디오 압축전송

〈표 3-16〉 오디오 압축전송 관련 요소기술

항 목	분 류	요소기술
오디오 압축전송	다채널/다객체 오디오 인코더	채널/객체, 음질 Scalable 부복호화 기술 채널/객체 하이브리드 부호화 기술 채널/객체 오디오 패킷화 기술

출처 : 미래창조과학부 차세대 스마트 디바이스 코리아 2020.

5) 촉각/후각처리

〈표 3-17〉 촉각/후각처리 관련 요소기술

항 목	분 류	요소기술
촉각/후각 처리	촉각 획득 및 재생장치, 후각 획득 및 재생장치	촉각 재현 디바이스 소형화 기술, 후각 획득(전자코) 기술, 후각 DB 분류기술, 복합형 재현기술, 후각 재생 디바이스 소형화 기술

출처 : 미래창조과학부 차세대 스마트 디바이스 코리아 2020.

6) 유무선 방송망 접속 디바이스

〈표 3-18〉 유무선 방송망 접속 디바이스 관련 요소기술

항 목	분 류	요소기술
유무선 방송망 접속 디바이스	지상파망 접속 디바이스	지상파방송 접속기술, 방송망 최적화용 고효율 변복조 기술, UHDTV 송중계 기술, 지상파 기반 재난방송 기술, 방통융합형 재난정보 전달기술
	케이블망 접속 디바이스	케이블 융합 접속기술, 케이블 통합 게이트웨이 기술, 고효율 변복조 기술, 광대역 신호 처리기술, 고속 병렬 처리기술
	이동방송망 접속 디바이스	방통융합 게이트웨이 기술, 방통융합 스케줄링 기술, 소프트웨어 기반 헤드엔드/전송 기술, 전송효율 고도화 기술, 적응형 방송망 기술, 저전력 소형 단말기술

출처 : 미래창조과학부 차세대 스마트 디바이스 코리아 2020.

7) 디지털 홀로그래피 단말

〈표 3-19〉 디지털 홀로그래피 단말 관련 요소기술

항 목	분 류	요소기술
디지털 홀로그래피 단말	디지털 홀로그래피 획득 및 생성장치, 수신 및 디스플레이 장치	홀로그래피 카메라, 고속 CGH 처리기술, 고효율 홀로그램 부호화, 홀로그램 데이터 전송 및 스트리밍 기술, 디지털 홀로그래피 수신 및 디스플레이 기술

출처 : 미래창조과학부 차세대 스마트 디바이스 코리아 2020.

8) 차세대 통신 단말

〈표 3-20〉 오디오 압축전송 관련 요소기술

항 목	분 류	요소기술
차세대 통신 단말	광전융합 디바이스	광집적 플랫폼 기술, 광전융합 반도체, 초고속 광인터커넥션, 고출력 레이저 등
	초고속 통신 디바이스	액세스망, 대용량 광통신부품, SDN 광부품
	광무선 디바이스	초고주파 RF부품, 광무선 소자기술
	차세대 패키지 디바이스	3차원 패키지 기술, 초저가/고집적 패키지 기술, 방열기술, 반도체 인터커넥션 기술 등

출처 : 미래창조과학부 차세대 스마트 디바이스 코리아 2020.

02 사물인터넷의 스마트 디바이스 주요 기술사례를 분석한다.

1. 동글형 수신기

메모리 스틱만한 작은 수신기로 디바이스의 기능을 확장시키는 역할(예 : 일반 TV의 HDMI 단자에 연결하여 스마트 TV로 확장 가능)

[그림 3-10] 구글 · 크롬캐스트

2. 지능형 스마트 정보가전 미들웨어

정보가전과 스마트폰이 서로 통신하여 이용자에게 정보를 제공(예 : 스마트폰이 냉장고와 연동되어 사용자가 냉장고 근처에 가면 건강상태 등을 체크하여 섭취하지 말아야 될 음식 등을 알려줌)

[그림 3-11] AT&T Digital Life

3. 임베디드형 초고속 객체인식 플랫폼

HMD, 스마트 글래스 등을 착용할 경우, 객체를 인식하여 정보제공(예 : 스마트 글래스 착용자가 어떠한 사물을 볼 경우 대상사물에 대한 정보(제조사, 가격, 판매처 등)을 제공)

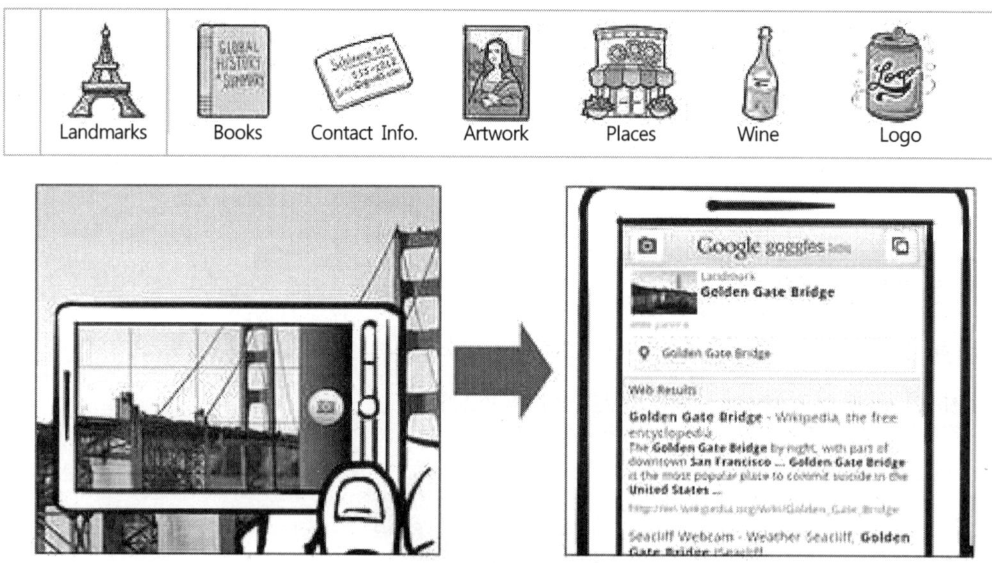

[그림 3-12] 구글 goggles

4. 월스크린 허브 단말(차세대 STB)

하나의 STB로 월스크린에 여러 가지 화면을 제공(예 : 스크린 앞의 대상자에 따라 필요한 정보, 또는 선호하는 채널 등을 제공)

[그림 3-13] Wall-sized tiled display

5. 자율협업 플랫폼

디바이스 간에 연동으로 서로 필요한 정보를 자율적 교환하여 디바이스 활용자에게 유용한 정보를 제공하도록 하기 위한 플랫폼

[그림 3-14] 디바이스간 자율협업 플랫폼

6. 씬-제로 클라이언트 단말

① 씬 : 필수장비만 구축하고 확장기능은 서버를 통하여 제공

② 제로 : 순수한 서버 자원만을 활용하여 디바이스를 구동(PC의 경우 CPU, 메모리 등이 불필요)

7. 상황인식 기반 콘텐츠 재구성 플랫폼

스마트 스페이스 내에서 사용자의 상황을 파악(건강, 날씨 등)하여 필요한 정보를 제공하는 기능을 위한 플랫폼

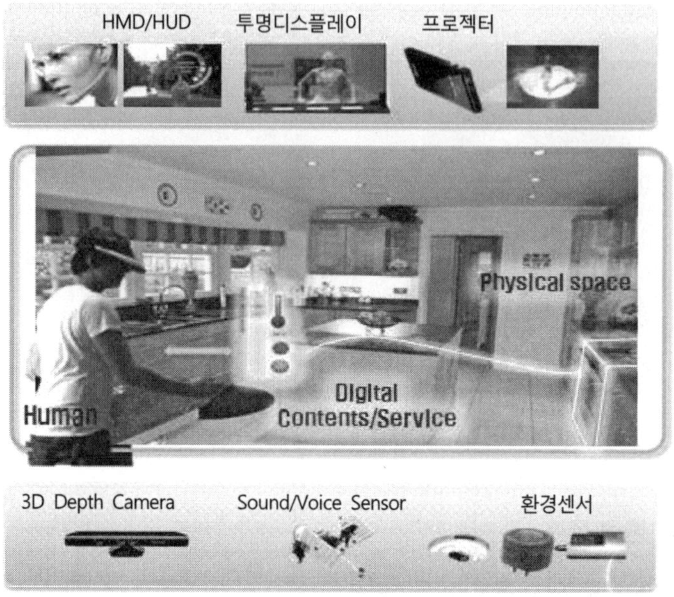

[그림 3-15] 스마트 스페이스의 예

8. 플렉서블 사이니지

종이처럼 휴대할 수 있는 광고전단지 같은 것으로 일정한 장소에 붙여 광고 등에 활용가능하며, 자율협업 플랫폼에 따라 스마트폰과 연동, 구매내역 등을 파악하여 의미있는 광고를 전달

[그림 3-16] 벽면의 곡선을 따르는 플렉서블 사이니지

9. 커넥티드카 연동형 단말(스마트 삼각대)

디바이스가 커넥티드카와 연동하여 일정한 상황에서 정보를 사용자, 도로관리자 등에 제공(예 : 고속도로에서 차량정지 시 스마트 삼각대를 펼쳐놓으면 자동적으로 후방차량, 도로공사 등 관계자에 정보제공)

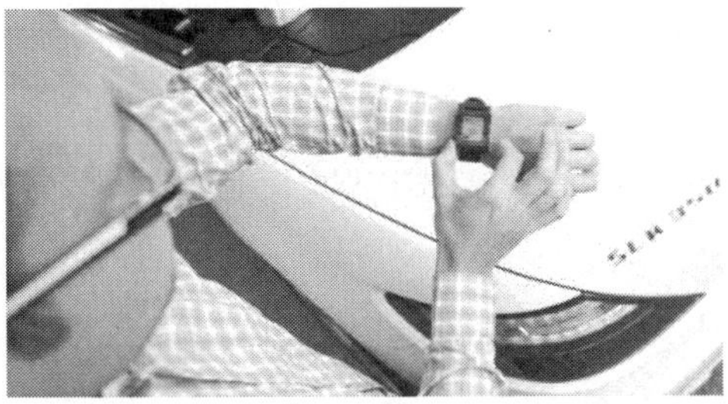

[그림 3–17] 자동 차량제어 시스템

10. 커넥티드카 연동 V2I/V2V 플랫폼

① Vehicle to Infrastructure : 커넥티드카와 도로 등이 상호 정보를 교환하여 교통의 효율성과 안전성을 확대시키기 위한 플랫폼

② Vehicle to Vehicle : 커넥티드카 간에 상호 정보를 교환, 정체구간에서 차간거리가 넓어지면 자동 출발을 통해 정체완화, 차간거리가 좁아지면 자동 감속 등으로 통행의 효율성과 안전성을 증대

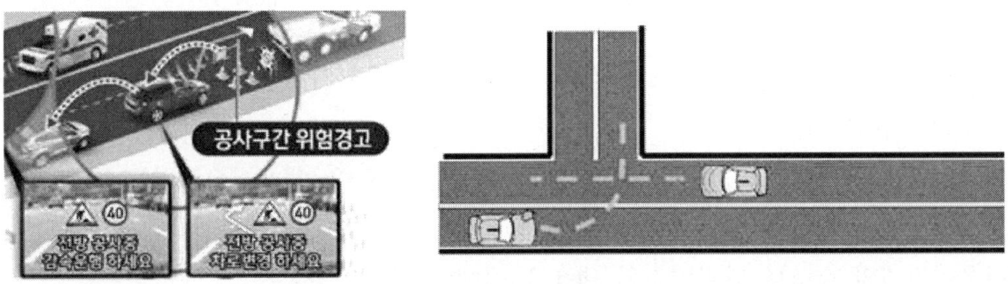

[그림 3–18] 도로상황 정보제공 서비스/교차로 내 차량 간 위험경보 서비스

수행 Tip

– 분야별 사물인터넷 활용방안

가전, 에너지, 의료/건강관리, 자동차, 기타 등으로 구분하여 활용방안을 검토가 필요하다.

학습활동.3 교수 · 학습 방법

교수 방법

- 사물인터넷의 스마트 디바이스에 대한 관련 용어, 구성, 방식이해 정도를 파악한 후 수업을 진행한다.
- 교수자의 주도로 사물인터넷의 스마트 디바이스 등의 내용을 PPT 자료로 제시한 후 설명한다.
- 가능하면 사전에 개인별 학습자료를 준비하여 모든 학생이 참여할 수 있는 문제해결식 수업, 협력 수업이 가능하도록 한다.
- 사물인터넷의 스마트 디바이스 전 과정을 작업의 순서에 따라 단계적으로 실습이 이루어질 수 있도록 지도한다.
- 교재를 통해 수업을 준비하는데 있어서 필요한 모든 정보나 팁, 힌트 등 도움이 될 만한 내용들을 확인할 수 있다.
- 학생들이 만들게 될 각 모델들은 수업시간에 중점적으로 다뤄질 부분과 어휘, 질문, 답을 포함하고 있으며 또한 탐구할만한 추가적인 아이디어들도 포함하고 있다.

학습 방법

- 사물인터넷의 스마트 디바이스에 대한 관련 용어를 숙지하고, 사물인터넷의 기초 단계에 대해 이해한다.
- 사물인터넷의 스마트 디바이스의 각 단계별 중점 사항을 체계적으로 학습한다.
- 사물인터넷의 스마트 디바이스의 수행순서의 전 과정을 실습한다.
- 사물인터넷의 스마트 디바이스의 내용을 이해한다.
- 사물인터넷의 스마트 디바이스를 이해하고 숙달이 될 때까지 학습한다.

학습활동.3 평가 및 피드백

평가 준거

- 평가자는 피평가자가 수행 준거 및 평가 내용에 제시되어 있는 내용을 성공적으로 수행할 수 있는지를 평가해야 한다.
- 평가자는 다음 사항을 평가해야 한다.

학습내용	평가항목	성취수준		
		상	중	하
사물인터넷의 스마트 디바이스 개념	사물인터넷의 스마트 디바이스 개념을 이해할 수 있다.			
사물인터넷의 스마트 디바이스 추진과제	사물인터넷의 스마트 디바이스 추진과제를 이해할 수 있다.			

평가 방법

- 작업 포트폴리오

학습내용	평가항목	성취수준		
		상	중	하
사물인터넷의 스마트 디바이스 개념	사물인터넷의 스마트 디바이스 개념을 이해할 수 있다.			
사물인터넷의 스마트 디바이스 추진과제	사물인터넷의 스마트 디바이스 추진과제를 이해할 수 있다.			

- 필기시험

학습내용	평가항목	성취수준		
		상	중	하
사물인터넷의 스마트 디바이스 개념	사물인터넷의 스마트 디바이스 개념을 이해할 수 있다.			
사물인터넷의 스마트 디바이스 추진과제	사물인터넷의 스마트 디바이스 추진과제를 이해할 수 있다.			

- 체크리스트를 통한 관찰

학습내용	평가항목	성취수준		
		상	중	하
사물인터넷의 스마트 디바이스 개념	사물인터넷의 스마트 디바이스 개념을 이해할 수 있다.			
사물인터넷의 스마트 디바이스 추진과제	사물인터넷의 스마트 디바이스 추진과제를 이해할 수 있다.			

피드백

1. 작업 포트폴리오
   - 제출한 보고서를 평가한 후 주요 사항에 대하여 표시하여 돌려준다.
2. 필기시험
   - 평가결과 성적이 저조한 학생은 보고서 제출기회를 부여한다.
3. 체크리스트를 통한 관찰
   - 실습과정에서 평가한 후 개선해야 할 사항 등을 정리하여 돌려둔다.

학습 1	사물인터넷의 정의
학습 2	사물인터넷 기본계획
학습 3	사물인터넷의 스마트 디바이스
학습 4	**사물인터넷의 글로벌 동향**
학습 5	사물인터넷의 기술
학습 6	사물인터넷의 빅데이터
학습 7	사물인터넷의 클라우딩 컴퓨터
학습 8	사물인터넷의 무선 네트워크
학습 9	사물인터넷의 스마트 센서
학습 10	사물인터넷의 표준
학습 11	사물인터넷의 보안
학습 12	사물인터넷의 스마트 홈

4-1 사물인터넷의 글로벌 시장규모 및 전망

학습 목표	4-1. 사물인터넷의 글로벌 시장규모 및 전망을 이해할 수 있다.

필요지식

1. 사물인터넷 시장규모와 전망

전세계 사물인터넷 시장규모는 〈표 4-1〉와 같이 2013년 2,000억 달러에서 2022년에는 1조 2,000억 달러 규모로 연평균 21.8%씩 성장할 것으로 전망되고 있다.

세계 사물인터넷 시장은 네트워크망, 단말기 등의 하드웨어, 특히 사물인터넷 관련 서비스 분야가 높은 성장세를 보이며 크게 확대될 것으로 예상된다.

사물인터넷 시장분야별로 보면 사물인터넷 디바이스 시장이 2013년 1,888억 달러에서 연평균 10%씩 성장하여 2022년에는 4,450억 달러로 성장하여 지속적으로 가장 큰 시장을 차지할 것으로 보고 있다. 그러나 실제로는 시스템 사업과 서비스 및 애플리케이션 분야가 각각 연평균 66.1%와 90%의 높은 성장률을 보이며 사물인터넷 생태계를 주도할 것으로 전망하고 있다.

다양한 서비스 및 솔루션을 통한 생태계 활성화가 기대되는 부분이며 현재 연결 디바이스가 약 20억개로 태블릿, PC 등 여타 IT 기기보다 비중이 낮지만, 2020년에는 6배 증가한 120억개에 이를 전망이고, 분야별로 보면 2020년에는 생활가전이 36%로 가장 큰 비중을 차지하고, 다음으로 지능형 빌딩, 유틸리티, 자동차, 헬스케어 등의 순으로 전망된다.

이동통신망 분야 또한 2013년 95억 달러에서 2022년에는 391억 달러로 연평균 17%의 비교적 고성장이 예상되고 있다.

〈표 4-1〉 전세계 사물인터넷 성장전망

구 분		2013(억 달러)	2022(억 달러)
제품기기 (Devices)	칩셋	58	281
	모듈	102	477
	단말기	1,728	3,692
	소계	1,888	4,450
이동통신망 (Networks)	GSM/HSPA	31	69
	CDMA	42	78
	LTE	14	201
	기타	8	43
	소계	95	391
시스템 사업자 (Solution Providers /System Integrators)	제품기기 제조사	12	694
	시스템 통합사업자	14	1,436
	특정 애플리케이션 임대사업자	8	904
	B2B/B2C 서비스 사업자	3	521
	소계	37	3,555
애플리케이션/서비스 (Application/Services)	자동차 텔레매틱스	5	1,492
	차량관제	1	186
	스마트 그리드 및 관리	2	215
	고정형 무선 통신	1	271
	생활가전	1	1,184
	기타	1	204
	소계	11	3,552
계		2,031	11,948

출처 : 산업연구원 2014.

[그림 4-1]과 같이 산업연구원에서 인용한 세계이동통신사업자협회(GSMA)의 자료에 의하면 사물인터넷에 연결되는 디바이스 수는 2012년 약 100억 개에서 2020년에는 250억 개에 달할 것으로 예상되고 있다.

2020년 사물인터넷에 연결되는 디바이스를 분야별로 살펴보면 가전제품(36%), 지능형 빌딩(27%), 유틸리티(12%), 자동차(11%), 헬스케어(6%), 스마트 시티(4%), 기타(4%)의 순으로 볼 수 있다.

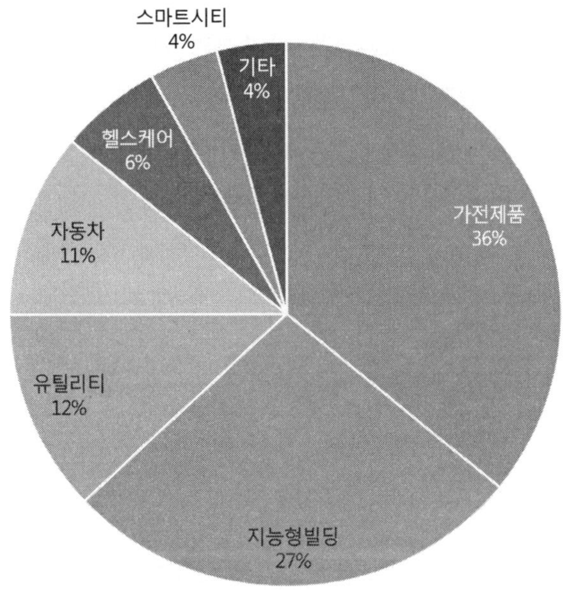

[그림 4-1] 2020년 분야별 사물인터넷 연결 디바이스 전망

출처 : 산업연구원 2014.

2. 세계 사물인터넷의 주요 분야별 전망 및 특징

세계 사물인터넷의 주요 분야별 전망 및 특징을 살펴보면 2020년 가전제품(Consumer electronics) 분야의 연결 디바이스 수는 현재보다 약 100배가 넘을 것으로 전망된다. 현재 가전제품 분야의 연결 디바이스는 PC 게임 콘솔, 셋톱박스, 카메라 등이 주를 이루고 있지만 2020년에는 이와 함께 TV, 프로젝터 등도 큰 비중을 차지할 전망이다.

지능형 빌딩(Intelligent buildings)의 경우 보안시설, 빌딩 자동화 장비 등을 관리하기 위해 유무선 연결이 확대될 것으로 전망하며, 매출액도 2011년 520억 달러에서 2020년에는 2,100억 달러를 상회할 전망이다. 유틸리티(Utility) 분야의 경우에는 현재 세계적으로 에너지 절약 및 탄소배출 규제 이슈 등으로 스마트 미터(Smart meter)

를 중심으로 크게 성장하여 전체 매출의 대부분(99%)을 차지할 것으로 전망되고 있다. 전기차 충전, 운송 · 물류관리, 홈 에너지 관리(Home Energy Management) 등이 나머지를 차지할 전망이다.

자동차(Automotive)는 스마트폰의 뒤를 잇는 주요 플랫폼으로 기대되고 있다. 때문에 도난 방지를 위한 보안 및 추적(Security, Tracking) 등의 기본 서비스 활성화와 함께 인포테인먼트나 무인자동차와 같은 자동차를 플랫폼(Vehicle platform)으로 하는 서비스 적용이 크게 늘어날 전망이다.

또한 긴급연락망(Emergency-call) 서비스의 확대와 함께 2020년에는 전체 트래픽의 약 80%가 엔터테인먼트 및 인터넷 접속에서 발생될 것으로 전망하고 있다.

수행 내용 사물인터넷의 글로벌 시장 및 동향 이해하기

재료 · 자료

- 사물인터넷 관련 자료, 사물인터넷 관련 시장전망, 개발동향 자료검색

기기(장비 · 공구)

- PC 및 자료검색 시스템

안전 · 유의사항

- 해당 자료를 사용 시 저작권 관련하여 명확히 출처를 밝히고 인용표시를 한다.
- 사물인터넷의 시장 및 응용 관련 자료를 분석 시 최신 자료를 근거로 분석해야 한다.

수행 순서

01 국내 사물인터넷 주요 현황과 경쟁력을 분석한다.

1. 국내 사물인터넷 시장현황과 전망

① 국내 사물인터넷 서비스는 초기 단계 수준으로 일부 기업 간 서비스 형태에 국한되고 선진국과 비교해 활성화 정도도 낮다.

- 국내 사물인터넷 서비스 시장은 이동통신사를 중심으로 소규모 센서 네트워크 서비스 예컨대, 물류추적, 원격검침 서비스, 공공 서비스 등이 주를 이루고 있으며, 소비자 시장으로는 크게 확산되지 못한 상황이다.
- 소비자 영역에서는 대표적으로 하이패스가 활성화되고 있으며, 이동통신사를 중심으로 한 단순 결재, 보안 서비스 외에 텔레매틱스, 헬스케어, 스마트팜 등 최근 기술이 적용된 서비스도 상용화되기 시작한다.

② 사물인터넷은 유망한 미래 신성장동력분야이자 창조융합의 핵심으로 주목되면서 최근 국내에서도 성장추세를 보이고 있다.

- 우리나라 사물인터넷 시장은 M2M 회선수 기준으로 2008년부터 연평균 약 24%씩 증가하여 2013년 현재 210만개를 넘어서고 있다.
- 이 중에서 3G 등 이동통신망 기반의 결제, 보안, 스마트 미터, 텔레매틱스, 모바일 포스(POS : 판매시점관리) 등의 비중이 높은 것으로 나타난다.
- 국내 M2M 회선수는 전체 유무선 통신시장에서 차지하는 비중은 낮지만, 최근 여타 통신 서비스와 비교해 높은 성장 추세를 보이고 있다.

③ Machina Research(2013년)에 의하면 국내 사물인터넷 시장규모는 2013년 2조 2,800억원에서 연평균 29.2%의 증가율을 나타내며, 2020년에는 22조 8,000억원을 상회할 것으로 전망된다.

- 분야별로 2022년까지 서비스 및 애플리케이션 시장이 매년 98%씩 큰 폭으로 성장하여 전체에서 33%의 높은 비중을 차지할 것으로 예상된다.

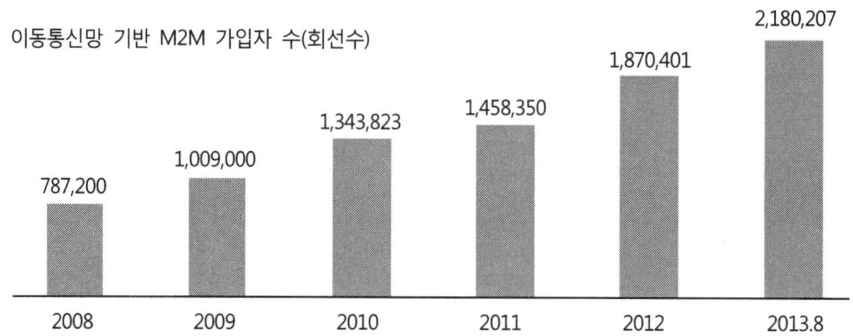

[그림 4-2] 국내 사물인터넷(M2M) 시장현황

자료출처 : 방송통신위원회, 2013. 10.

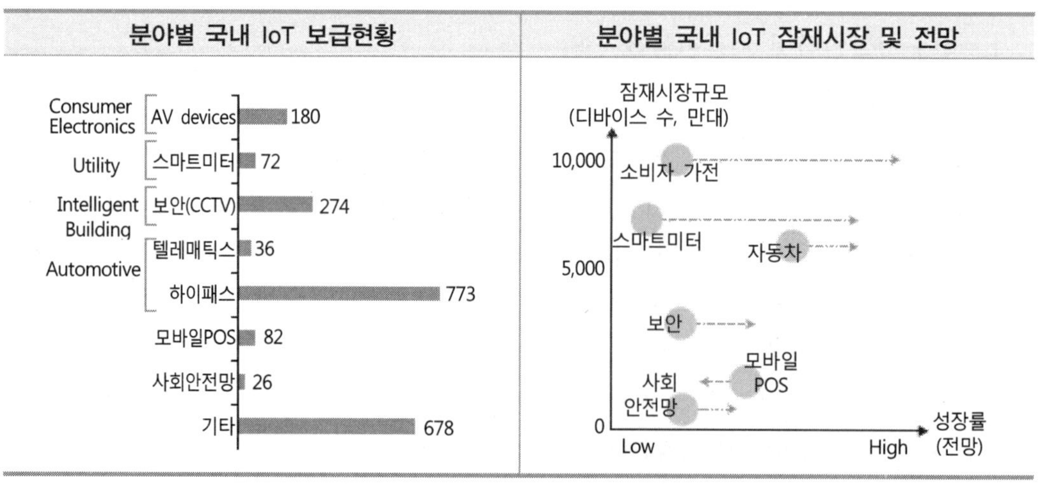

[그림 4-3] 국내 사물인터넷 분야별 보급현황(단위 : 만대)

자료출처 : KT경제경영연구소, M2M 시장현황과 국내외 성장전망 2013.

4-2 사물인터넷의 글로벌 서비스 동향

학습 목표	4-2. 사물인터넷의 글로벌 서비스 동향을 이해할 수 있다.

필요지식

1. 주요 국가별 사물인터넷 서비스 비교

주요 국가별(유럽, 미국, 중국)로 사물인터넷 서비스를 구분하는 영역의 종류를 살펴보고자 한다. 〈표 4-2〉에서 보는 바와 같이 주요 국가의 서비스 응용영역은 18가지가 된다. 각 서비스 영역을 살펴보면 다음과 같다.

〈표 4-2〉 주요 나라별 서비스 응용현황

서비스 응용영역	각 나라별 해당 사항		
	유 럽	미 국	중 국
공공 운송, 교통	○	○	○
지능형 가정, 홈, 빌딩	○	○	○
지능형 도시	○		
지능형 공장	○		
공급 체인, 자동화 제어	○		○
긴급상황	○		
건강관리, 의료	○	○	○
생활방식	○		
소매업, 물류	○		
농업, 농축산업	○		
문화와 관광산업	○		
사용자 상호작용	○		
환경, 기후	○	○	○
에너지, 스마트 그리드	○	○	○
국방			○
재해복구		○	
제조		○	
보안		○	○

〈표 4-2〉에서 보면 유럽, 미국, 중국 서비스 응용영역에서 공통적으로 사용하는 것은 5가지로 공공 운송, 교통, 지능형 가정, 홈, 빌딩, 건강관리, 의료, 환경, 기후, 에너지, 스마트 그리드가 이에 해당한다.

- 공공 운송, 교통 영역 : 사람과 물건의 이동과정에서 교통사고예방, 도시 교통상황 뷰, 생활경고 시스템 등을 지원하는 것으로 유럽, 미국, 중국에서 이용하는 서비스이다.
- 지능형 가정, 홈, 빌딩 영역 : 센서, 모니터 등 사물인터넷 장치의 상호작용을 통해 거주자들의 삶을 편리하고 더 안락하게 하는 것으로 유럽, 미국, 중국에서 응용하고 있다.
- 지능형 도시 : 유럽에서 응용하는 서비스 영역으로 디지털층을 넣음으로써 도시인과 정보와 데이터의 생산을 전달하는 것을 목적으로 한다.
- 지능형 공장 : 유럽에서 적용하는 서비스로 물건제작 시 사람과 기계를 돕기 위해 상황인지를 사용하는 서비스를 말한다.
- 공급 체인, 자동화 제어 : 실시간 제고 모니터링과 자동 물건생산 등의 서비스를 할 수 있는데 유럽과 중국에서 사용하는 서비스 영역이다.
- 긴급상황 서비스 영역 : 응급상황 시 긴급 인원들 사이의 협력을 향상시켜주는 것으로 유럽에서 사용하고 있다.
- 건강관리, 의료영역 : 사고나 건강의 관리, 빠른 진단과 의료 서비스 등 최적의 의료 서비스를 제공하기 위한 것으로 유럽, 미국, 중국 모두 적용하는 서비스 영역이다.
- 생활방식 : 유럽에서 적용하는 것으로 스포츠 영역 등 생활 속에서 사용자가 센서나 앱을 통해 자신의 실력을 상승하고 기록, 저장할 수 있는 서비스를 말한다.
- 소매업, 물류 : 유럽에서 적용하는 것으로 지능형 쇼핑을 위한 물건의 정보습득, 쇼핑객의 이득을 돕는 데 그 목적이 있다.
- 농업 : 유럽, 중국에서 사용하고 있는데 센서를 활용하여 작물의 상태, 강수량, 습도를 모니터하고 질병의 발생을 제어하는 데 목적이 있다.
- 문화와 관광산업 : 유럽에서 사용하고 있는데 방문객들이 선호하는 장소를 추천하고 최적의 환경을 구축할 수 있다.
- 사용자 상호작용 : 사용자가 주된 활동에 집중하는 것(세탁, 센서 감지의자 등)에 사물인터넷 서비스를 접목시킨 서비스를 말하며 유럽에서 사용하고 있다.
- 환경, 기후 : 유럽, 미국, 중국에서 사용하는 서비스 영역으로 오염등급 감시와

공장의 공기 센서 등 환경과 기후를 보호하기 위한 것이다.

- 에너지, 스마트 그리드 : 유럽, 미국, 중국에서 사용하고 있으며 스마트 그리드, 가정의 에너지 소모 조절, 기술의 안정성과 효율성을 극대화하기 위한 서비스이다.
- 국방 : 중국에서 적용하는 서비스로 사물인터넷 기술을 활용하여 나라의 국가 안전과 보안을 위함이다.
- 재해복구 : 미국의 적용 서비스로 재난 응급대응 시스템을 제공받아 재난을 예방하고 수습할 수 있도록 돕는다.
- 제조 : 미국의 서비스 영역으로 정체상태에 있는 제고 산업의 경쟁력을 향상시키고자 하는 것이다.
- 보안 : 미국, 중국의 서비스 영역으로 사이버 보안과 같이 전자 그리드의 통제, 보안, 건장함을 향상시키는 것을 말한다.

수행 내용 사물인터넷의 글로벌 서비스 동향 이해하기

재료 · 자료

- 사물인터넷 관련 자료, 사물인터넷 관련 시장전망, 개발동향 자료검색

기기(장비 · 공구)

- PC 및 자료검색 시스템

안전 · 유의사항

- 해당 자료를 사용 시 저작권 관련하여 명확히 출처를 밝히고 인용표시를 한다.
- 사물인터넷의 시장 및 응용 관련 자료를 분석 시 최신 자료를 근거로 분석해야 한다.

수행 순서

01 사물인터넷의 스마트 센서 시장동향을 분석한다.

1. 유럽 사물인터넷 서비스 현황

EU의 사물인터넷 관련 협의체인 카사그라스(CASAGRAS : Coardination and support action for global RFID-related activities and standardization)는 2009년 사물인터넷의 사회적 파급력을 분석하고, 사물인터넷 활성화를 위한 광범위한 내용을 담은 'Internet of Things : A 14-Point Action Plan'을 발표하고 이를 통해 14개의 사물인터넷 액션플랜을 제시하였다.

IoT-A 프로젝트를 통해서 사물인터넷 서비스를 제시한 것은 다음과 같다.

- 공공 운송은 사람과 물건의 이동을 제공하는 것으로 도로의 상태를 감시하는 생활경고 시스템, 실시간 도시 교통상황 뷰 등이 그 예이다.
- 지능형 가정은 센서, 구동체, 카메라, 모니터와 많은 장치의 상호작용을 이루어져 있으며 거주자들의 삶을 돕고 더 안락하게 해줄 것을 기대하는 서비스이다.

- 지능형 에너지 계량과 응용, 독거노인의 충분한 삶을 목표로 하고 있다.
- 지능형 도시는 도시에 디지털층을 넣음으로써 도시인과 접근이 가능한 다리가 되어 정보와 데이터의 생산을 전달하는 것을 목적으로 한다. 거리의 더러움 정도를 감시할 수 있으며 가장 가까운 주차공간을 안내하고 도시 주변에 의사소통 가능한 스크린을 안내하는 등 서비스를 제공할 수 있다.
- 지능형 공장은 물건제작 시 사람과 기계를 돕기 위해 상황인지를 사용하는 서비스를 말한다. 위치와 자동화 확인기술을 사용함으로써 물건과 컨테이너 등의 위치를 찾을 수 있도록 도와준다.
- 공급 체인은 실시간 재고 모니터링과 자동 물건생산 등을 서비스할 수 있으며, 소매상들은 RFID-장착 물건과 지능적 선반에서 이익을 볼 수 있고 재고가 부족해지기 전에 물건을 생산할 수 있는 서비스이다.
- 긴급상황은 긴급인원들 사이의 합동과 협력을 향상시켜주는 것으로 차량의 충동감지기가 자동으로 사고중앙본부에 알리고 GPS 위치가 가까운 응급차에 전달되는 등의 예를 들 수 있다.
- 건강관리는 사고나 건강의 관리 같은 부분에서 이득을 볼 수 있는데 의사소통 기술과 조합된 센서는 신체의 관리를 쉽게 해줄 것이며, 몸에 장착 가능한 무선장치는 개인의 건강관리 데이터를 저장할 수 있다. 가정, 병원, 원격 사회복귀 지원, 건강 데이터 저장 무선장치가 그 예이다.
- 생활방식은 스포츠 활동에 도움을 줄 것이다. 예를 들면 골프 클럽에서 골프 슈즈의 압력 센서에 의한 데이터 분석을 할 수 있는데 골프 앱을 통해 운동하는 사람들의 실력을 상승시켜 주도록 도움을 줄 수 있다.
- 소매업은 사물인터넷 기반 기술을 이용해 이득을 버는 것뿐만 아니라 쇼핑객 또한 이득을 볼 수 있다. 지능적 쇼핑을 위해 쇼핑객들이 물건의 정보를 얻을 수 있도록 도와주는 서비스이다.
- 농업에서는 센서가 농부에게 작물의 상태, 강수량, 습도를 모니터링 하도록 되어 있으며 농부는 이를 이용하여 효율성을 높일 수 있다. 작물과 동물의 추적 가능성은 더욱 강화되고 전염성 질병의 발생을 제어하는 목적을 둔다.
- 문화와 관광산업은 앱을 통해 흥미있는 장소를 추천해준다. 또한 호텔방은 방문객들의 인적 사항을 알고 있고 선호에 따라 빛과 온도가 조절되며 호텔의 등급을 매기는 대신 호텔 손님들이 특정한 방의 등급을 매길 수 있도록 설정되어 있다.
- 사용자 상호작용은 지능적 세탁 서비스, 센서 감지의자 등 사용자가 그들의 주된 활동에 집중하여 사물인터넷 서비스를 응용할 수 있다.

- 환경은 도시의 오염등급을 감시하고 공장에 사고가 있을 경우 위험한 물질이 퍼졌을 때 공기 센서가 이를 감지해 영향이 있는 지역에 경고 메시지를 방송할 수 있다. 에너지는 스마트 그리드, 가정의 에너지 소모 조절과 지능적 계량 서비스를 포함하고 있다.

2. 미국 사물인터넷 서비스 현황

미국은 지난 2013년 제2기 PIF(Presidential Innovation Fellow)의 주도로 SAC(SmartAmerica Challenge)라는 이름으로 새로운 가치와 일자리 창출을 위한 국민생활 밀착형 대규모 CPS 융합 프로그램을 추진 중이다. SmartAmerica Challenge 프로그램의 주요 동인은 전 국가 차원의 CPS 시스템 확대가 예상된다는 점이다. 따라서 각 영역에서 이루어지고 있는 CPS 연구개발 결과를 CPS 테스트베드를 통해 통합하여 미국인의 일상생활과 미국경제에 미치는 이득을 측정하고 체감할 수 있는 수준에서 검증, 제시하는 것이 SAC 프로그램의 목적이다. 이 프로그램에서 제시하는 IoT 서비스 응용 분야는 다음과 같다.

주택, 빌딩은 스마트 주택 그리고 빌딩 건축의 융합 등 안전관리 네트워크를 통한 서비스를 말한다.

- 기후, 환경 영역의 예는 향상된 미국 도시들의 배수 시스템이다.
- 재난감지는 스마트폰으로 재난 모드 응급대응 시스템을 제공받아 스마트 도시에 사건을 관리할 수 있도록 도와준다.
- 제조업은 산업경제에 커다란 비중을 차지하고 있는 제조산업의 패러다임을 변화시킬 기반 기술로써 현재 정체상태에 있는 제조산업의 경쟁력을 획기적으로 향상시킬 수 있도록 돕는 서비스이다. 미국은 제조업 부흥을 통하여 국정에 반영하는 것을 목적으로 한다.
- 운송은 교통사고 예방, 교통흐름 분산, 스마트 파킹과 같은 서비스 이외에도 전기자동차 운전자들이 충전소를 손쉽게 찾을 수 있는 사용자 중심의 다양한 서비스를 제공하고 있다. 미국 교통국(US Department of Transportation)에서는 SmartAmerica Challenge 프로젝트를 위해 다양한 통신방법(WiFi, Cellular)을 지원하는 오픈 아키텍처를 개발 중에 있다.

더불어, 건강은 빠른 진단과 의료 서비스, 환자의 행적, 그리고 발전된 개인화 환자관리를 통하여 최적의 의료 서비스를 제공하는 것으로 건강관리 시스템이 그 예이다. 보안은 사이버 보안과 같이 전자 그리드의 통제, 보안 그리고 견고함을 향상시키고자 하는 것으로 미국 시민을 사이버 공격으로부터 보호하고 정전으로부터 보호한다.

에너지는 스마트 그리드 시스템 및 관련 기술의 효율성, 안정성, 보안성, 상호 운용성 등 실제 운용에 필요한 핵심기능을 시뮬레이션을 통해 검증해 볼 수 있는 테스트베드를 제공하고 최종적으로 해당 기술의 사회, 경제적 효과를 가시적으로 입증하는 것을 주요한 목표로 하고 있다.

3. 중국 사물인터넷 서비스 현황

중국발전개혁위원회는 공정원(工程院)에 위탁하여 '사물망 발전 12차 5개년 계획'을 발전 전략으로 제시하였으며 그 중에서 스마트 그리드의 총 투자액은 10대 분야 중 최대 2조 위안에 달할 것으로 예상된다. 10대 분야를 살펴보면 스마트 그리드를 포함하여 스마트 교통, 스마트 홈, 공업 및 자동화 제어, 환경 및 보안테스트, 의료, 보건, 농축산업, 서비스업 및 금융업, 국방 등 10대 분야가 중점투자 대상으로 지정되었다.

1) 중국 사물인터넷 시장의 성장

2014년 6월 중국 공업정보화부(工业和信息化部) : Ministry of Industry and Information Technology, MIIT)가 발표한 '중국 사물인터넷 RFID 2013년도 보고서'에 따르면 2009년부터 2013년까지 중국 사물인터넷 시장은 연평균 30% 이상의 성장률(CAGR)을 기록했다.

① 2010년 중국 사물인터넷 시장의 규모는 2,000억 위안을 돌파했으며 2012년에는 3,650억 위안을 기록했다.

② 세계이동통신사업자협회(Groupe Speciale Mobile Association : GSMA)의 2014년 6월 보고서에 따르면 2013년 중국 사물인터넷 시장규모는 전세계시장의 25%를 차지하였다.

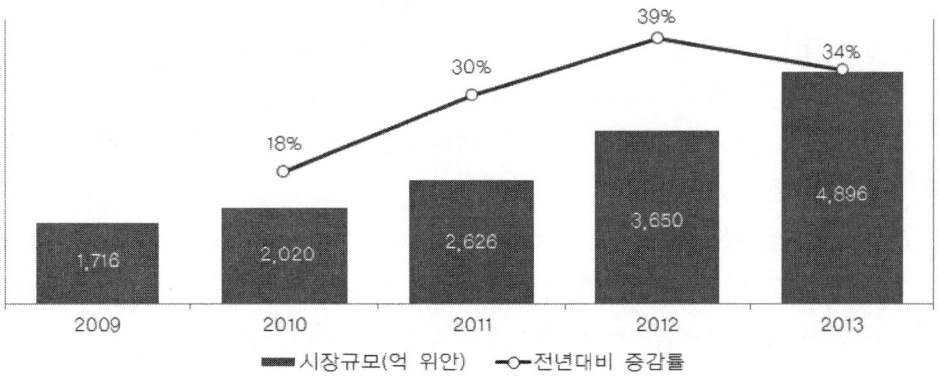

[그림 4-4] 중국 사물인터넷 시장규모 성장추이

출처 : 工业和信息化部(2014.6)

③ 공업정보화부는 중국 사물인터넷 시장규모가 2020년경에는 5조 위안을 넘어설 것으로 전망한다.

2) 중국 사물인터넷 시장의 성장배경

① ICT 전문매체 벤처비트(Venture Beat)는 'PC와 모바일 시대를 미국과 유럽이 주도했다면 사물인터넷 혁신의 진원지는 중국이 될 것'이라고 주장한다.

- 벤처비트는 글로벌 사물인터넷 시장의 새로운 격전지로 중국이 부상하고 있으며 그 이유로 국가 차원의 전폭적인 사물인터넷 산업육성 의지 등을 지목한다.
- 세계이동통신사업자협회 역시 정부의 적극적인 행보에 힘입어 중국이 전 세계 사물인터넷 시장의 주도권을 가져갈 수 있을 것으로 전망한다.

② 실제 2009년 원자바오(温家宝 ; Wen Jiabao) 전(前) 총리가 센서 네트워크와 사물인터넷의 개념을 언급할 만큼 중국 정부는 일찍부터 국가 차원의 사물인터넷 산업발전 전략을 구상하였다.

- 2010년 3월에는 제11차 전국인민대표대회(全國人民代表大會 : National People's Congress : NPC)를 통해 자국 ICT 산업발전을 위한 핵심영역으로 사물인터넷을 지목하며 관련 정책시행을 본격화하였다.

3) 중국 정부의 사물인터넷 진흥정책 동향

① 공업정보화부는 2012년부터 '사물인터넷 12차 5개년 계획(物联网十二五发展规划)'에 근거해 국가 차원의 사물인터넷 프로젝트 및 지원정책을 본격적으로 추진하고 있다.

- '사물인터넷 12차 5개년 계획'에 따라 공업정보화부는 사물인터넷 기술 R&D 및 응용 시범 사업전개 등을 위해 총 50억 위안의 투자기금을 조성하였다.
- 현재 해당 기금은
  - 사물인터넷 관련 기술영역에서 500개 이상의 주요 연구성과 취득
  - 200개 이상의 표준제정
  - 10개 산업특구 및 100개 이상의 핵심기업 육성 등의 목표달성을 위해 단계적으로 투입 중

② 2013년 2월 국무원(国务院 ; State Council of the People's Republic of China)은 향후 중국 정부의 사물인터넷 정책 방향성을 담은 '사물인터넷의 건강한 발전에 관한 지도방안(推进物联网有序健康发展的指导意见)'을 발표하였다.

- 본 지도방안을 통해 중국 정부는
  - 인프라 구축
  - 기술 R&D

- 애플리케이션 개발
- 표준 시스템 구축
- 산업 생태계 구성 등

• 사물인터넷 구성요소별 정책 주체 간 원활한 정보교환을 통해 시너지 효과를 창출할 것임을 명시하였다.

• 또한 사물인터넷 생태계의 최대 이슈로 부상하고 있는 보안 관련 R&D를 보다 강화할 것임을 강조하였다.

• 경제적 · 사회적으로 보다 대규모의 사물인터넷 시범 프로젝트를 추진하는 가운데 시장원리에 기반을 둔 민간 사물인터넷 영역 활성화 정책도 병행될 것임을 예고하였다.

③ 2014년 10월 공업정보화부의 먀오 웨이(苗圩 : Miao wei) 장관은 그 간 중국 정부가 추진해 온 사물인터넷 시범사업들이 성공적 결과를 내며 상용화 단계에 임박했다고 언급하였다.

• 신장생산건설병단(新疆生产建设兵团 : Xinjiang Production & Construction Corps, XPCC)이 전개 중인 사물인터넷 시범사업의 경우 8,000헥타르(ha) 규모의 경작지에 사용되는 경작수를 기존 대비 16% 절감하는 효과를 확보

• 장수(江苏省 : Jiangsu)성 타이호(太湖 : Taihu)에 투입된 센서 기반 하천 녹조관리 시스템은 효과적 수질관리 및 홍수 범람방지에 기여

• 상하이(上海 : Shanghai) 푸동국제공항(浦东国际机场 ; Pudong International Airport)에 설치된 3만여 개의 센서는 이착륙 지역의 보안강화 솔루션으로 활용되고 있으며 불법 침입 사례 다수를 적발

• 앞으로 80여 개 시범 프로젝트와 10개 지역 공동 프로젝트를 전개할 예정이며 2015년까지 사물인터넷 분야에서 연 매출 10억 위안 규모의 기업 35개를 육성할 예정이라고 언급하였다.

• 민간 사업자 진입을 통한 중국 사물인터넷 시장의 활성화

④ 중국 정부는 각종 시범사업의 전개와 더불어 시장 개방을 통한 사물인터넷 산업역량 강화를 도모하였다.

• 2014년 11월 중국 정부가 개최한 제 1회 '세계 인터넷 컨퍼런스(World Internet Conference)'에서는 사물인터넷이 주요 이슈로 부상하였다.

• 특히 '세계 인터넷 컨퍼런스'에서는 해외 사업자의 중국 사물인터넷 시장진출 전략이 다수 발표되어 주목하였다.

⑤ 사물인터넷 칩셋 벤더 퀄컴(Qualcomm)은 '세계 인터넷 컨퍼런스'에서 향후 저전력 서버 칩셋 생산을 위해 중국 업체와 제휴를 확대하겠다고 발표하였다.

• 퀄컴은 각종 사물에서 발생하는 데이터를 통합저장 및 관리하는 역할을 수행하는 서버

사업전개에 있어 중국과의 협력관계를 강화하겠다는 의지를 표명하였다.

- 이는 2013년부터 반독점 논란으로 악화된 중국 정부와의 관계를 개선함과 동시에 전체 매출의 40% 이상을 차지하고 있는 중국 내 수익원의 안정화를 도모하기 위한 행보로 평가
- 한편 퀄컴은 2014년 7월에도 중국 첨단 반도체 생산 업체 중 하나인 SMIC와 기술협력을 체결하는 등 현지 기업과의 파트너십을 통한 중국 사물인터넷 시장 저변 확대를 꾸준히 모색 중

⑥ 인텔(Intel)은 '세계 인터넷 컨퍼런스'를 통해 중국 사물인터넷 관련 스타트업 육성에 총 2,800만 달러를 투자한다고 발표하였다.

- 인텔은 투자 대상 스타트업으로
  - 모바일 단말용 홍채인식 하드웨어 개발사 아이스마트(EyeSmart)
  - 스마트워치 개발사 광동 앱스컴(Guangdong Appscomm)
  - 커넥티드 카 구현을 위한 위치기반 통신 서비스 및 텔레매틱스 하드웨어 개발 업체선전 피보컴(Shenzhen Fibocom) 등을 선정
- 특히 중국에서 생체 인식 기반 사용자 인증 솔루션으로 주목받고 있는 아이스마트는 향후 인텔이 중국 내 스마트홈, 웨어러블, 결제사업 등을 전개함에 있어 핵심적인 역할을 수행할 것으로 예상
- 한편 인텔은 2014년 2월에도 중국 선전(深圳 ; Shenzhen) 시에 사물인터넷 관련 R&D 수행을 위한 '인텔 스마트 디바이스 이노베이션 센터(Intel Smart Device Innovation Center)' 설립과 더불어 1억 달러 규모의 사물인터넷 펀딩 조성계획을 발표

⑦ IBM은 '세계 인터넷 컨퍼런스'를 통해 중국 내 스마트시티 조성에 주력하겠다고 언급

- IBM은 현재 자사에 추진 중인 '스마터 플래닛(Smarter Planet)' 캠페인을 중국에서도 적극적으로 추진할 예정
- 이미 IBM은 2014년 7월 중국 업체인 쓰촨 후아순 중싱 테크놀로지(Sichuan Huaxun Zhongxing Technologies)와 제휴를 체결하고 중국 남서부 쓰촨(Sichuan ; 四川)성에 스마트시티 R&D 센터 설립에 착수
- 2014년 10월에는 클라우드 서비스와 관련해 중국 인터넷 서비스 사업자 텐센트(Tencent)와 제휴를 체결
- IBM은 향후 텐센트와 공동으로 클라우드 기반의 각종 사물인터넷 서비스 및 관련 솔루션을 개발할 계획이며, 개발된 솔루션은 중국 각지에 구축된 텐센트의 데이터 센터를 통해 제공될 예정

⑧ 애플(Apple)은 중국 컨슈머 사물인터넷 시장 공략의 일환으로 로컬 업체와 함께 스마트홈 서비스 개발에 착수할 예정이다.

- 애플은 스마트홈 플랫폼 '홈킷(Homekit)'의 공급 업체로 중국 최대 가전업체 하이얼

(Haier)을 선정

- 하이얼은 2014년 7월 미국 최대 전기전자업체 GE의 가전 사업부 인수 후보로도 거론되는 등 높은 인지도를 확보하고 있어 향후 애플의 중국 스마트홈 시장진출에 핵심적인 역할을 수행할 것으로 예상

⑨ 해외 사업자의 중국 사물인터넷 시장선점을 위한 행보가 발 빠르게 전개되고 있는 가운데 중국 로컬 기업들의 움직임도 활발하다.

- 세계 인터넷 컨퍼런스에서는 해외 사업자 못지않게 중국 로컬 사업자의 사물인터넷 시장진출 계획이 다수 발표

⑩ 중국 전자상거래업체 알리바바(Alibaba)의 잭 마(马云 ; Jack Ma) 회장은 세계 인터넷 컨퍼런스를 통해 자사의 차세대 성장동력으로 사물인터넷을 지목하였다.

- 그 간 ICT 생태계의 성장원으로 지목받았던 스마트폰 시장은 포화상태에 이르렀으며 새로운 먹거리로 사물인터넷이 떠오르고 있음을 지적
- 실제 알리바바는 가정 내 자동화 환경구현을 목표로 2014년 10월 미국 모바일 앱 개발사 필(Peel)에 5,000만 달러를 투자하는 등 사물인터넷 원천기술 확보를 위한 공격적인 투자를 진행 중

⑪ 스마트폰 제조사 샤오미(Xiaomi)는 세계 인터넷 컨퍼런스를 통해 스마트폰을 벗어난 보다 다양한 단말을 개발할 것임을 언급하며 사물인터넷 시장진출 의지를 간접적으로 표명하였다.

- 이와 관련하여 샤오미는 2014년 10월 스마트 콘센트, 스마트 전구 등 사물인터넷 관련 단말 4종을 공개하고 해당 단말의 파일럿 테스트를 시행한다고 발표
- 샤오미가 공개한 스마트 콘센트 '미 스마트 파워 플러그(Mi Smart Power Plug)'는 스마트폰을 이용한 가정 내 전원공급 및 차단 서비스를 구현할 예정
- 또한 스마트 원격조정센터 '미 스마트 리모트 센터(Mi Smart Remote Centre)'를 통해 가정 내 설치된 TV나 오디오 기기, 에어컨 등을 제어할 수 있도록 할 계획
- 이외에도 스마트 웹캠 '앤츠 스마트 웹캠(Ants Smart Webcam)'은 720만 화소의 고해상도 양방향 영상통화 기능이 구현되는 것으로 알려져 있으며 '일라이트 스마트 라이트(Yeelight Smart Lights)'는 스마트폰에서 광도와 조도를 조절할 수 있는 스마트 전구를 표방
- IT 매체 테크인아시아(Tech In Asia)는 애플, 구글, 삼성의 각축장으로 여겨졌던 스마트홈 시장에 샤오미를 비롯한 중국 업체들이 진입하면서 경쟁이 보다 격화될 전망

4) 중국 사물인터넷 산업성장의 의의

성장일로 걷는 중국 사물인터넷 시장공략, 현지 사업자와의 협력 전략 요구

① 중국 정부는 사물인터넷 산업육성의 일환으로 대규모 R&D 자금을 투입하는 동시에 시장개방을 통한 경쟁 활성화를 모색하며 사물인터넷 관련 시장형성이 초기 단계인 만큼 아직 뚜렷한 수익모델이 제시되지 못하고 있는 상황에서 선진 기술력을 가진 해외 업체의 참여는 다양한 참고 사례를 생산해내며 중국 사물인터넷 산업 활성화에 밑거름이 될 전망이다.

② 그러나 여전히 존재하는 중국 정부의 폐쇄적 성향은 해외 업체의 진입을 어렵게 하는 요인이다.

- 일례로 퀄컴은 최근 실적 발표에서 중국 정부와의 반독점 논란으로 인해 매출에 큰 타격을 입었다고 발표
- 시스코(Cisco) 등 일부 사물인터넷 기업들의 경우 인도 등 타국 시장에 눈을 돌리고 있는 상황

③ 그러나 정부의 전폭적인 지원과 더불어 사물인터넷 관련 서비스가 가장 활성화될 수 있는 영역 중 하나인 제조업 부문에 강세를 보이고 있다는 점에서 중국 사물인터넷 시장을 완전히 배제하는 것은 어려울 전망이다.

- 센서를 이용해 공장 스스로 필요한 부품을 주문하고 생산하여 고객에게 전달하는 등 제조업은 사물인터넷이 즉시 구현될 수 있는 영역 중 하나로 평가되고 있으며 성장 가능성 또한 매우 높은 것으로 분석
- 실제 2014년 전 세계 산업 자동화 시장규모는 사물인터넷 등장 등에 힘입어 전년 대비 7% 증가한 1,853억 달러에 이르는 것으로 추정
- 한편 글로벌 컨설팅 업체 딜로이트(Deloitte)에 따르면 중국은 2013년 국가 제조업 경쟁력 지수 1위를 기록하는 등 제조업 대국의 입지를 확보 중이다.
- 결국 중국은 사물인터넷 생태계의 주요 수익 채널로 부상할 가능성이 높으며 글로벌 사업자들도 이를 외면할 수는 없는 상황이다.

④ 중국 사물인터넷 시장진출을 모색하는 글로벌 사업자들은 당분간 로컬 사업자와의 협력을 통해 위험부담을 최소화하는 전략을 구사할 전망이다.

- 세계 인터넷 컨퍼런스에서도 확인할 수 있듯이 해외업체들은 R&D 센터 공동 설립 등 현지 기업과의 합작 형태로 중국 내 사물인터넷 사업을 전개해 나갈 것으로 예상이다.
- 중국 현지 사업자들의 경우 해외 사업자의 파트너십 전략에 따른 기술이전 등에 힘입어 사물인터넷 역량을 빠르게 확보해 나갈 수 있을 전망이다.

4. 일본 제조업분야 사물인터넷 활용사례와 정부의 대응 동향

1) 사물인터넷 활용을 위한 일본 제조업계의 행보

① 현재 일본 제조업계는 고령화에 따른 노동력 부족과 생산성 하락 등의 문제를 해결할 수 있는 방안으로 사물인터넷을 상정

미쓰비시(Mitsubishi)의 경우 이미 2003년부터 제조업 대상의 사물인터넷 솔루션 'e-팩토리(e-Factory)'를 개발하여 보급하고 있으며 후지쯔(Fujitsu) 역시 2015년 5월 비콘(Beacon) 기반의 플랫폼을 공개하는 등 사물인터넷과 제조업의 융합을 추진

② 단순 센서 기반의 사물인터넷 솔루션 접목에 더해 웨어러블 등 첨단 ICT를 제조업 분야에 접목하는 사례도 속속 등장 중

- 일본 웨어러블 단말 개발사인 웨스트유니티(ウェストユニティス)가 개발한 인포링커 (インフォリンカ; InfoLinker)는 제조업을 비롯한 산업용 웨어러블 단말을 표방
- 일본 자동차 벤더인 도요타(Toyota)의 경우 자사 제품 생산현장에 지능형 통신 로봇을 도입하기 위해 관련 기술개발을 추진

2) 일본 제조업의 사물인터넷 접목 대비 위한 정책추진 본격화

일본 민간 제조업계를 중심으로 사물인터넷을 도입하기 위한 다양한 노력들이 전개되고 있으나 파괴적인 혁신으로 일컬을 만한 사례는 아직까지 부재이다.

① 일본 경제산업성(経済産業省) 등은 제조업의 사물인터넷 도입을 통한 새로운 가치창출을 위해서는 보다 다양한 분야에 걸쳐있는 사물 간 연결이 전제되어야 하나 이를 위한 기초작업으로서 각 산업 주체 간 교류가 부족한 실정이라고 지적했다.

② 이에 일본은 정부 차원에서 산업 횡단적인 기업 간 제휴의 핵심거점으로서 'CPS 추진 협의회(Cyber Physical System 推進協議会, 가칭)'의 연내 창설 등을 추진 중이다.

3) 일본의 첨단 제조업 활성화를 위한 사물인터넷 활용추진 배경

(1) 사물인터넷을 활용한 제조업분야의 경쟁력 강화 시도 확산

① 제조업분야와 사물인터넷(Internet of Things) 간의 융합은 현재 전 세계적으로 확산되고 있는 추세

- 독일은 이미 2011년부터 정부 주도로 제품의 개발-제조-유통 프로세스를 사물인터넷을 통해 최적화하는 '인더스트리 4.0(Industry 4.0)' 이니셔티브를 추진 중
- 미국 역시 2011년 6월 미국 대통령 과학기술자문위원회(President's Council of Advisors on Science and Technology, PCAST)의 권고로 첨단 제조 파트너십(Advanced Manufacturing Partnership) 프로그램을 발족하는 등 제조 역량 강화 수단으로 사물인

터넷을 적극 활용한다.

- 중국은 2015년 5월 제조 강국 실현을 위한 로드맵인 '중국제조 2025(Made in China 2025)'를 공식 발표하며 사물인터넷을 포함한 ICT 기반의 첨단 제조업을 중점적으로 육성할 계획이다.
- 2014년 100여개 이상의 제조 및 ICT 관련 사업자들이 '산업 인터넷 컨소시엄(Industrial Internet Consortium)'을 구성하는 등 정부는 물론 민간 차원에서의 제조업과 사물인터넷 간 융합 시도도 활발히 전개 중이다.

② 사물인터넷과 제조업 간의 융합에 대해 각 국이 지대한 관심을 보이는 이유는 생산성의 향상과 더불어 새로운 부가가치의 창출이 가능하기 때문이다.

- 사물인터넷 전문매체 IoT 애널리틱스(IoT Analytics)가 주요 시장조사기관의 전망 자료를 비교한 결과에 따르면 2020년 사물인터넷 시장에서 가장 큰 비중을 차지하는 산업 분야는 제조업인 것으로 조사되었다.
- 이는 사물인터넷이 원자재 조달부터 생산과 판매, 유통, 고객 피드백에 이르기까지 제조 사슬의 모든 영역에 대한 데이터를 실시간으로 수집 및 제공함으로써 생산성 향상, 비용 절감 등 여타 산업분야 대비보다 광범위한 파급효과를 가져올 수 있기 때문이다.

(2) 일본 사물인터넷과의 융합 통한 제조업의 스마트화 추진

① 일본 역시 제조업 분야에 대한 사물인터넷의 파급력에 주목하며 관련 활용을 위한 논의를 정부 차원에서 전개한다.

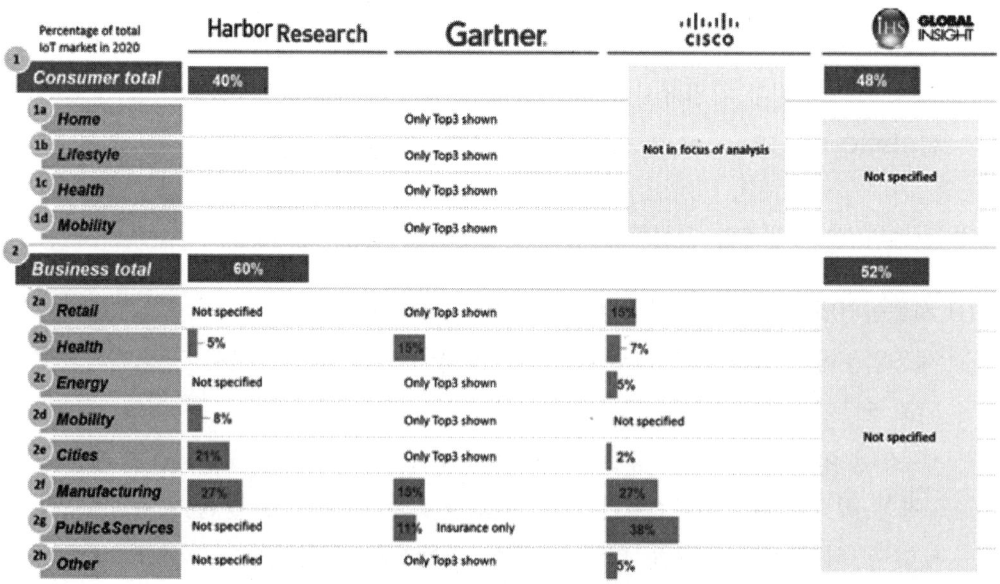

[그림 4-5] 주요 시장조사기관이 전망하는 2020년 사물인터넷 시장 내 산업별 비중

출처 : IoT Analytics 2014. 10.

- 현재 일본은 고령화에 따른 노동력 부족과 생산성 하락 등 자국 제조업이 직면한 문제를 해결할 수 있는 방안으로서 사물인터넷을 상정한다.
- 또한 제조업과 사물인터넷의 결합 과정에서 발생할 수 있는 표준화 이슈, 보안위험 등을 해결함에 있어 정부의 역할이 중요하다고 판단한다.
- 이에 일본 경제산업성(經濟産業省)은 2014년 12월 제조업과 사물인터넷의 결합에 대비하기 위한 전담 부처인 정보경제소위원회(情報経済小委員会)를 발족하였다.

4) 일본 제조업의 사물인터넷 활용현황

(1) 일본, 민간 기업 중심으로 생산현장의 효율화를 위한 사물인터넷 도입

① 정부 차원에서 일본 제조업 분야의 사물인터넷 활용 촉진을 모색하고 있는 가운데 이미 민간 대형 제조사업자들은 생산효율성 강화를 목적으로 사물인터넷을 적극 도입·활용 중이다.

② 미쓰비시(Mitsubishi)의 경우 2003년부터 제조업 대상의 사물인터넷 솔루션 'e-팩토리(e-Factory)'를 개발하여 보급하고 있다.

- 'e-팩토리'는 공장 전체와 개별 기계들로부터 데이터를 수집하여 가시화하고 분석함으로써 생산효율과 품질향상을 도모하는 솔루션으로 생산현장과 기업의 정보시스템을 실시간으로 연계하는 미쓰비시의 독자 기술이 접목하였다.
- 독일의 SAP, 미국의 IBM 등 300여개의 기업 솔루션 및 ICT 제공 사업자와 파트너십을 체결한 미쓰비시는 일본 주요 자동차 벤더를 필두로 전 세계 100개 사에 5,000건의 'e-팩토리' 솔루션 도입 사례를 보유하였다.
- 2014년 9월에는 인텔(Intel)과 차세대 공장 자동화 시스템 개발을 위한 협력 추진을 발표하는 등 'e-팩토리'는 글로벌 입지를 보유한 대표적인 제조업 분야의 사물인터넷 솔루션으로 자리매김하였다.

③ 후지쯔(Fujitsu) 역시 2015년 5월 비콘(Beacon) 기반의 산업용 플랫폼을 공개하며 사물인터넷과 제조업의 융합을 추진한다.

- 동 플랫폼은 제품생산 중 검사 탈락 제품에 비콘을 부착한 후 위치정보, 제품 체류 시간 등의 정보를 수집해 클라우드 서버로 전송하는 방식으로 작동한다.
- 후지쯔는 해당 플랫폼이 불량제품에 대한 수리 진척 상황을 실시간으로 파악함으로써 재출하 프로세스의 개선에 기여할 수 있음을 강조한다.
- 현재 후지쯔는 동 사물인터넷 플랫폼의 효과 입증을 위해 시마네현(島根縣)에 위치한 자사 PC 생산공장에서 실증실험을 진행 중이며 향후 타 제조거점으로도 도입할 확대할 예정이다.

(2) 웨어러블 등 최신 ICT 기술 접목으로 사물인터넷 제조 솔루션의 진화 모색

① 센서 데이터 수집형태의 단순한 사물인터넷 기반 제조업 활용사례를 뛰어넘어 보다 최신의 ICT를 접목한 스마트 제조 솔루션을 창출하기 위한 움직임도 일본 산업계 내에서 감지

- 미쓰비시, 후지쯔 등이 사실상 기존에도 존재했던 M2M(Machine to Machine) 기술을 확장하는 수준인 가운데 일각에서는 사물인터넷과 더불어 로봇, 웨어러블 단말 등 첨단 ICT를 통해 제조업의 근본적인 변화를 추구한다.

② 일본 웨어러블 단말 개발사인 웨스트유니티(ウェストユニティス)가 보급을 추진 중인 인포링커(インフォリンカ：InfoLinker)는 산업용 웨어러블 단말을 표방하고 있어 주목하고 있다.

- 인포링커는 안경형 웨어러블 단말임에도 불구하고 시각에 투영되는 영상의 크기 및 투명도 조정과 헤드 부분의 유연한 조정을 통해 사용자의 시야를 최대한 확보한다.
- 따라서 일반적인 안경형 웨어러블 단말과 달리 제조현장에서의 작업 및 정비 데이터 확인 등에 원활히 적용 가능하다.
- 또한 인포링커는 제조업뿐만 아니라 여타 산업에서도 활용될 수 있도록 각 분야에 최적화된 소프트웨어를 별도 제공하며 지자기 및 가속도 센서, 카메라, 마이크 등이 장착되어 있어 사용자의 편의성을 극대화한다.
- 인포링커가 완전히 상용화 될 경우 제조현장에서 발생하는 각종 데이터에 대한 보다 원활한 모니터링 및 실시간 대응이 가능해질 것으로 예상한다.

③ 일본 자동차 벤더인 도요타(Toyota)의 경우 자사 제품 생산 현장에 지능형 통신 로봇을 도입하기 위해 관련 기술개발을 추진 중이다.

- 도요타는 2015년 5월 자사 생산현장에 투입되는 로봇 개발을 위해 벤처 사업자 3D 미디어(3D Media)의 지분 7.1%를 구입했다고 발표하였다.
- 도요타는 3D 미디어가 보유한 이미지 인식 및 인공지능 기술을 이용해 제품의 불량 여부 등을 실시간으로 파악하고 이에 대한 대처를 로봇 스스로 처리할 수 있도록 할 예정이다.

[그림 4-6] 웨스트유니티가 개발한 산업용 웨어러블 단말 인포링커

출처：ウェストユニティス 2015. 6.

• 도요타와 3D 미디어가 개발할 제조용 로봇은 고정된 센서를 통해 데이터를 수집하는 일반적인 제조현장의 사물인터넷 솔루션의 한계를 벗어나 보다 유연한 작업환경을 조성하는 데 일조할 수 있을 것으로 예상한다.

5) 일본 제조업의 사물인터넷 활용 한계와 정부의 대응 방향

(1) 일본 제조업계, 이종 산업과의 적극적인 교류 부재로 성과창출에 난항

① 일본 민간 제조업계를 중심으로 사물인터넷을 도입하기 위한 다양한 노력들이 전개되고 있는 가운데 일본 경제 산업성은 관련 사업자들에 대한 사례 연구보고서를 발표

• 2015년 3월 발표된 사물인터넷 산업육성 방안에 관한 조사보고서를 통해 현재 자국 제조업계의 사물인터넷 도입현황과 문제점을 진단

② 보고서에 따르면 일본 제조업계는 사물인터넷 활용과 관련하여 높은 잠재력을 보유하고 있으나 시장 전반에 파급력을 끼칠만한 성공 사례는 창출해내지 못하고 있는 실정

• 이에 대해 경제산업성은 중소기업의 경우

• 인재 및 기술부족

• 자금부족 등 태생적인 한계에 시달리고 있으며 산업계 전반에 제조업 분야의 사물인터넷 접목에 관한 아이디어의 결여

• 제조업과 이종 산업과의 교류 부재 등의 문제가 공통적으로 확인되고 있다고 설명한다.

③ 2015년 5월 정보경제소위원회가 발표한 활동결과 중간보고서에서도 동일한 문제점이 지적

• 정보경제소위원회는 사물인터넷을 통해 발생하는 데이터를 기반으로 새로운 부가가치를 창출하는 산업사회를 'CPS(Cyber Physical System)에 의한 데이터 구동형 사회'로 정의

• 또한 CPS에 의한 산업사회가 구현되기 위해서는 보다 다양한 분야에 걸쳐있는 사물간 연결이 전제되어야 하며 이를 위해서는 기초작업으로서 각 산업 주체 간 정보교류 등의 연계 활동이 보다 활발해져야 한다고 강조

(2) 일본 정부, 사물인터넷과 제조업 간 융합 조력자로서의 역할 강화

① 정보경제소위원회는 사물인터넷 도입과정에서 일본 제조업이 직면한 문제를 해결하기 위해서는 정부 차원의 중개자 역할이 필요함을 지적

• 이와 관련하여 정보경제소위원회는 산업 횡단적인 기업 간 제휴의 핵심거점으로서 'CPS 추진협의회(CPS 推進協議会, 가칭)'를 2015년 내에 창설할 것을 제안

• 추진 협의회의 주요 역할로는

– 기업 간 데이터 공유를 촉진하기 위한 표준 계약모델 책정

- 빅데이터 및 사물인터넷 관련 국제 표준화 대응 등이 제시

- 또한 사물인터넷과 제조업의 접목에 관한 구체적인 산업모델을 기획하는 동시에 실제 사업화 과정에서 요구되는 각종 규제 및 제도개혁의 필요성을 특구 활용 등을 통해 검증할 것을 요구
- 제조기업의 ICT 관련 투자를 비용절감 중심의 '수비형 투자'에서 부가가치 창조를 위한 '공격형 투자'로 변모시키도록 장려하는 것도 CPS 추진협의회에 부여된 역할
- 이 외에도 정보경제소위원회는 스타트업이 보다 과감하게 CPS 산업사회 구현에 기여할 수 있도록
  - 창업 인재발굴 및 육성
  - 창업지원
  - 대기업과의 연계에 의한 성장궤도 진입지원 등 단계별로 적절한 시책을 실시해야 한다고 강조

② 제조업계가 사물인터넷을 보다 적극적으로 도입할 수 있도록 제반 환경을 조성하는 것 역시 일본 정부의 역할이다.

- 신기술을 이용한 새로운 비즈니스 모델에 대한 적합한 규제 방식의 개발
- 데이터 독점 문제에 대한 경쟁법상의 취급 등 제조업과 사물인터넷 도입으로 나타날 수 있는 각종 이슈에 대한 대응체제 마련이 필요
- 보안 및 프라이버시 침해에 대한 우려로 인해 기업들이 데이터 활용에 소극적이 될 가능성에 대비하고자 공공성 및 신규성이 높은 R&D 등에 있어서 관계자 간의 데이터 공유를 촉진하기 위한 가이드라인을 제공하는 것 역시 일본 정부의 역할

③ 스마트 제조업에 관한 글로벌 경쟁력 확보하기 위해서는 원천기술인 사물인터넷 역량을 확보하는 것 역시 주요 이슈

- 인공지능의 개발
- 데이터의 집중·분산처리의 고도화 및 저전력화
- 센서와 메모리 등 디바이스 고성능화
- 고도의 생산기술 확립 등 제조업 분야에 사물인터넷 기술을 접목시키기 위한 정부차원의 각종 R&D 추진이 필요

④ 이와 관련하여 정보경제소위원회는 이미 2015년 1월, 인공지능의 실용화 등 기초연구 진전을 위한 '인공지능연구센터(人工知能研究センター)'를 설치

5. 영국의 사물인터넷

최근 들어 사물인터넷(Internet of Things : IoT)이란 용어가 여러 매체를 통해 우리 생활

속에 자주 오르내리고 있다. 사물인터넷의 개념은 1999년 미국 MIT(Massachusetts Institute of Technology) 산하연구소인 오토 아이디 센터(Auto-ID Centre)에 재직 중이던 영국의 엔지니어 케빈 애쉬튼(Kevin Ashton)이 최초로 사용한 것을 계기로 활발하게 연구되기 시작되었으며, 이는 광범위한 사물에 탑재된 센서들이 인터넷을 통해 실제 세계와 연결되는 시스템을 기술하기 위한 용어로 사물인터넷이 고안되었다.

따라서 사물인터넷은 크게 유무선 통신망으로 연결된 기기들이 사람의 개입없이 센서 등을 통해 수집한 정보를 서로 주고받아 스스로 일을 처리하는 것을 의미한다.

영국은 이러한 사물인터넷 및 응용기술과 네트워크 등의 진화에 따라 보다 발전된 기술개발을 위한 혁신적인 정부정책 마련이 필요하다고 판단하여 세계적으로 주목받고 있는 Ofcom사에서 개발하고 있는 사물인터넷에 전폭적인 투자 및 혁신을 주도하기 위해 해당분야 이해관계자들의 의견수렴을 추진하고 있다.

특히 최근 데이비드 캐머런 총리가 오는 2025년까지 사물인터넷에 1000억파운드(약 172조원)의 기술투자를 확대할 방침이라고 밝혔으며, 사물인터넷은 생산성을 증가시키고 운송분야에 접목해 에너지를 절약하며 환경보호에 도움이 된다고 언급했다.

6. 독일 사물인터넷의 현주소

1) 도 입

앞서 독일에서 관념하는 일반적인 사물인터넷의 정의는 무엇이며, 이러한 사물인터넷은 어떠한 기술적 속성에 의해서 뒷받침되어야 하는지에 대해서 알아보았다. 독일에서 실제로 운영되고 있는 사물인터넷의 활용사례에 대해서 살펴보도록 하겠다.

독일은 분명 산업과 공학, 자연과학분야에서 선진국에 해당할지는 모르지만, 기술의 발전과 이를 실생활에 접목하는 것은 분명히 다른 것이며, 독일은 우리에 비해 더욱 신중한 방법에 의해 기술이 생활에 접목되도록 하고 있다. 이러한 점에서 여기서 소개하는 독일의 사례가 독일 사물인터넷의 현주소를 그대로 보여주는 것이 아님은 비교적 자명하다.

2) 독일 정부의 Industry 4.0 프로젝트

Industry 4.0은 독일 연방정부 등에 의해서 추진되고 있는 이른바 공장의 스마트화 프로젝트이다. 적용성과 효율성, 인간공학적 접근, 고객과 사업 파트너 간의 연계성 등을 표방하는 이 프로젝트는 3차 산업혁명으로 평가되는 이른바 정보혁명을 넘어 4차 혁명으로서 생산의 개별화/최적화라는 목적을 가지고 추진된다. 이러한 목적을 달성하려면 생산공정에서의 유연화와 자가 최적화, 자가설정, 자가진단, 지능적 인식 등이 전제되어야 한다고 강조되고 있다. 2013년 하노버 기술전시회를 통해 첫 선을 보인 이 개념은 여러 산업분야와 연방과 주정부로부터 호응을 얻어 현재 여러 가지 세부사업을 기획하는 단계에 와 있다.

3) DHL의 팩스테이션

DHL이 독일 우편 주식회사(Deutsche Post AG)에 의해 인수된 이후 배송과 물류 합리화와 선진화는 독일 우편 서비스의 키워드가 되어 가고 있다. 독일에서 사물인터넷이 실생활에 적용된 사례 중 하나로 팩스테이션(Packstation)을 들 수 있다. 이는 공공장소에 설치되어 우편물을 보관할 수 있는 무인 우편물 보관 시스템을 의미한다. 우리나라 아파트 단지 등에 설치되고 있는 무인 우편물 보관함 등과 비슷한 원리지만, 활용과 운영면에서 우리와 차이가 있다.

이 서비스를 이용하려면 이용자는 서비스 운영업체인 DHL로부터 이용자 카드를 신청해야 한다. 신청접수 후 수령한 카드에는 개인에게 부여된 고유번호가 새겨져 있는데, 이는 개인을 식별하기 위한 ID 역할을 한다. 온라인 쇼핑을 통해 물건을 구입하고자 하는 경우에 이용자는 본인의 주소가 아닌 팩스테이션의 위치를 주소 란에 기입하고, 개인의 성명 옆에 고유번호를 입력한다. 쇼핑업체가 입력된 팩스테이션 주소로 물품을 배송하도록 의뢰하면, DHL은 지정된 팩스테이션에서 우편물을 찾아갈 수 있도록 보관한다.

해당 우편물이 보관함에 보존되고 있다는 사실은 이용자가 미리 등록한 이메일 혹은 핸드폰으로 통보되고, 우편물을 찾을 때 입력해야 하는 PIN이 SMS를 통해 전달된다. 이용자는 보관일로부터 영업일이 경과하기 전에 우편물이 보관된 팩스테이션에 가서 카드를 삽입하고, 스크린의 지시에 따라 PIN 번호를 입력하면 보관함의 문이 열리고 우편물을 찾아갈 수 있다.

팩스테이션의 기능은 단지 부재중일 때를 대비한 보관기능만을 담당하는 것은 아니다. 즉, 우편물을 보내고자 하는 사람은 팩스테이션을 통해 우편요금을 지불하고 우편물 규격에 맞는 송장을 구입할 수 있고, 이러한 송장을 부착한 우편물을 팩스테이션에 넣어 다른 사람에게 우편물을 보낼 수도 있다. 우편물을 팩스테이션에 넣으면 송장번호가 적힌 영수증이 출력되고, 이 영수증을 가지고 보낸 우편물에 대한 배송추적도 할 수 있다.

팩스테이션으로 주고받는 우편물의 정보는 팩스테이션을 위해 마련된 특별 페이지에서 한꺼번에 조회할 수 있다. 자신에게 보내진 우편물이 언제쯤 도착할 것인지, 보낸 우편물은 언제쯤 수신자에게 도달할 것인지에 대한 정보를 상세하게 열람할 수 있다.

이러한 시스템의 구축은 24시간 운영되는 편의점이 부재하고, 공동주택이 보편화되어 있지 않은 독일에서 우편물의 2차, 3차 배달로 인한 비용부담을 줄이고, 이용자 입장에서도 우편물을 받는 것에서 오는 어려움을 해소시켜주는 장점이 있다. 더 나아가 우편물을 단순히 받는 것뿐 아니라 보낼 수도 있도록 함으로써 배송업체 직원은 한 차례의 팩스테이션에 대한 방문으로 우편물 접수와 배송을 동시에 할 수 있고, 우편물에 부착된 바코드를 기계에 인식시킴으로써 배송업무를 개시하거나 종료할 수 있다는 점에서 업무의 효율성을 높일 수 있다.

이러한 무인 보존 시스템이 정상적으로 가동되려면 인터넷과 팩스테이션 간에 긴밀한 네트워킹이 수반되어야 할 것이다. 특히 팩스테이션이 고장 등으로 일시적으로 사용될 수 없을 때, 이용자가 이를 미리 인지하고 대응할 수 있도록 통보하는 일이 중요한데, 기계의 정상적 운영상태는 인터넷에 의해 모니터링되어 이상 시 이용자에게 SMS로 통보되고, 문제가 해결된 후에 다시 SMS를 발송하도록 되어 있어 편리하게 이용할 수 있다.

DHL은 이러한 팩스테이션 서비스와 함께 우편물의 배송날짜를 미리 통보해주고, 수수료를 지불하면 배송날짜를 바꿀 수 있도록 하는 서비스, 미리 우편물을 받아줄 이웃을 설정해 둘 수 있는 서비스, 우편물이 자동으로 다른 주소로 배송될 수 있도록 하는 서비스 등을 추가로 운영한다. 2014년부터는 공용으로 사용되는 팩스테이션을 대체하는 '개인용 우편물 보관함(Paketkasten)' 서비스 역시 시행하고 있다. 이는 개인이 집에 붙박이로 설치하는 큰 규모의 우편함으로 이용자는 이러한 우편함을 대여하거나 구입할 수 있다. 이 개인 우편함에는 개인이 열쇠를 가지고 열 수 있고, 우편물을 배달하는 사람 역시 마스터키로 우편함을 열 수 있도록 되어 있다. 집으로 배달되는 부피가 큰 우편물을 수령할 수 있음은 물론, 동 우편함에 우편물을 넣어두면 택배기사에 의해 수거되어 배송된다.

4) 독일 철도의 기차 레이더(Zungrader) 및 Touch & Travel 서비스

아울러 독일 철도주식회사(Deutsche Bahn AG)는 기차의 현 위치를 파악할 수 있는 서비스를 시행하고 있다. 이는 GPS를 이용하는 것으로서 이러한 위치추적 자체를 사물인터넷의 예로 보기에는 부족한 면이 있다. 다만, 이 서비스는 여러 가지 서비스와 연계되어 있다는 점에서 사물인터넷으로 평가할 수 있다.

우선 기차의 현 위치는 독일 철도에서 제공하는 앱이나 웹 서비스를 통해 승객이 실시간으로 조회할 수 있도록 서비스된다. 만약 기차가 연착하거나 기차에 문제가 발생한 경우에 지정된 이메일이나 휴대폰 번호로 안내 메시지가 전송된다. 더 나아가 연착이 심각해지는 경우에는 대체 기차편과 대응요령 등이 안내된다. 승객은 안내된 바에 따라 앱을 통해 대체 기차편에 대한 예매를 할 수 있고, 스마트폰에 저장되는 QR 코드를 가지고 기차에 탑승할 수 있다.

이러한 위치 서비스와 함께 독일 철도는 이른바 Touch & Travel이라는 서비스를 통해서 GPS와 기차에 부착된 인식기기를 기반으로 하는 운임을 자동 계산하고 지불하는 시스템을 운영하고 있다. 이 서비스는 미리 지정해둔 개인정보와 결제정보를 바탕으로 이용자로 하여금 이용하는 각 열차에 대한 기차표를 일일이 구입하지 않더라도 기차탑승 시 탑승구 주변에 설치된 인식기에 본인의 스마트폰을 인식시키고, GPS를 활성화함으로써 이동거리를 토대로 운임을 자동으로 지불할 수 있도록 하는 것이다. 기차에 부착되어 있는 인식 시스템과 스마트폰의 앱 및 GPS가 중앙 시스템과 연동되어 있다는 점에서 사물인터넷의 대표적 예로 설명할 수 있다.

5) 전자지갑 서비스

전자지갑 서비스 역시 엄밀하게 말해 인터넷 거래와 스마트폰 혹은 칩 카드가 결합된 사물인터넷이라고 평가할 수 있다. 전자적 지불수단은 독일만의 고유한 것은 아니며, 우리나라에서는 전자결제 서비스에 은행과 카드업체가 주로 참여하고 있는 것과 달리 독일에서는 주로 이동통신업체들에 의해 전자지갑 서비스가 주도되고 있다. 따라서 가입자를 유치하기 위한 노력이 한창 진행되고 있다.

이렇듯 통신사업자에 의해 전자지갑 사업이 이루어질 수 있는 이유는 EU에서 활동하는 다국적 금융기업들과의 협력관계 때문인데, 이들은 독일 금융권이 갖는 엄격하고 보수적인 입장과는 달리 공격적이고, 소비자 친화적인 서비스를 제공하고 있다. 이들과의 협력으로 통신사가 기존 금융권보다 시장을 선점할 수 있었던 것으로 보인다.

독일 통신시장 역시 과점 형태로 되어 있는데, 독일에서 가장 많은 이용자를 가지고 있고 시장점유율이 가장 높은 텔레포니카 독일 홀딩 주식회사("Telefo'nica Deutschland Holding AG")는 mPass 서비스를 론칭한 바 있고, 2위와 3위인 T-Mobile과 Vodafone 역시 My Wallet, Vodafone Wallet이라는 서비스를 각각 론칭하여 운영하고 있다.

아직까지 독일 모바일 결제시장은 걸음마 단계에 머물러 있는데, 모바일 결제가 가능한 단말기를 보유한 사업체가 많지 않을 뿐만 아니라 직불카드가 보편적으로 이용되고 있는 독일의 실정을 고려해볼 때, 이보다 가맹수수료 등이 높은 모바일 결제는 아직까지 주요 결제수단으로 자리잡지 못하고 있다. 다만, 전자지갑 제공자들은 다양한 체인을 둔 회사들과의 협력을 통해 결제환경이 정착할 수 있도록 하고 있으며, 공격적인 마케팅으로 고객을 유인하고 있다.

모바일 결제를 위해서는 각 통신사가 제공하는 NFC 기능이 내장된 SIM 카드를 탑재한 스마트폰을 전자지갑 애플리케이션을 통해 구동시키거나 별도로 발급받은 스티커형 카드를 스마트폰 뒷면 부착하여 작동시키도록 하고 있다. 일정금액이 넘는 거래에 대해서는 이용자가 암호를 입력하도록 하고 있으며, 결제는 계좌에서 출금되도록 하거나 모바일 카드를 충전하여 사용할 수 있도록 하였다. 이들 모바일 카드는 VISA나 Master 브랜드와 제휴되어 있는데, 따라서 동 모바일 카드의 정보를 입력함으로써 온라인에서는 체크/신용카드와 동일한 방법으로 이용할 수 있다.

이러한 전자지갑을 통해 무인계산대나 무인발권기가 점차 확산되어 가고 있으며, 자전거 대여 및 카 쉐어링 등에서 차량과 자전거에 설치된 단말기에 전자지갑으로 결제할 수 있는 방법이 도입됨에 따라 앞으로 이러한 유형의 서비스는 더욱 확산될 것으로 보인다.

6. 호주의 사물인터넷 동향 및 관련 정책

1) 소비자로서 정부의 역할 : 초기 수요 제공

사물의 인터넷 접속은 기술적으로 가능하다. 다만, 이 기술을 활용하여 어떤 서비스를 창출하여 제공할지에 대한 시장의 탐색이 지속되고 있는 중이다. 호주 정부는 탐색기간을 단축하고, 사물인터넷에 대한 자원의 유입을 촉진하기 위해 선두 역할을 자임하고 있다.

호주 정부는 공공 서비스 중에서 사물인터넷 도입이 가능하고, 이를 통해 서비스 품질을 높일 수 있는 분야를 찾아 관련 투자를 늘리고 있다. 2000년대 초·중반의 극심한 가뭄으로 수자원 보호가 호주의 핵심 쟁점으로 부각되었다. 호주 정부는 수자원의 효율적 사용과 낭비를 줄이기 위해 사물인터넷을 적극 도입했다. 즉, 스마트 수도계량기(smart water meter)를 설치하여 5초마다 수도사용량을 측정하고 있으며, 이 정보는 소비자에게 제공됨으로써 수자원의 과다 사용을 자제하는 효과를 이끌어내고 있다.

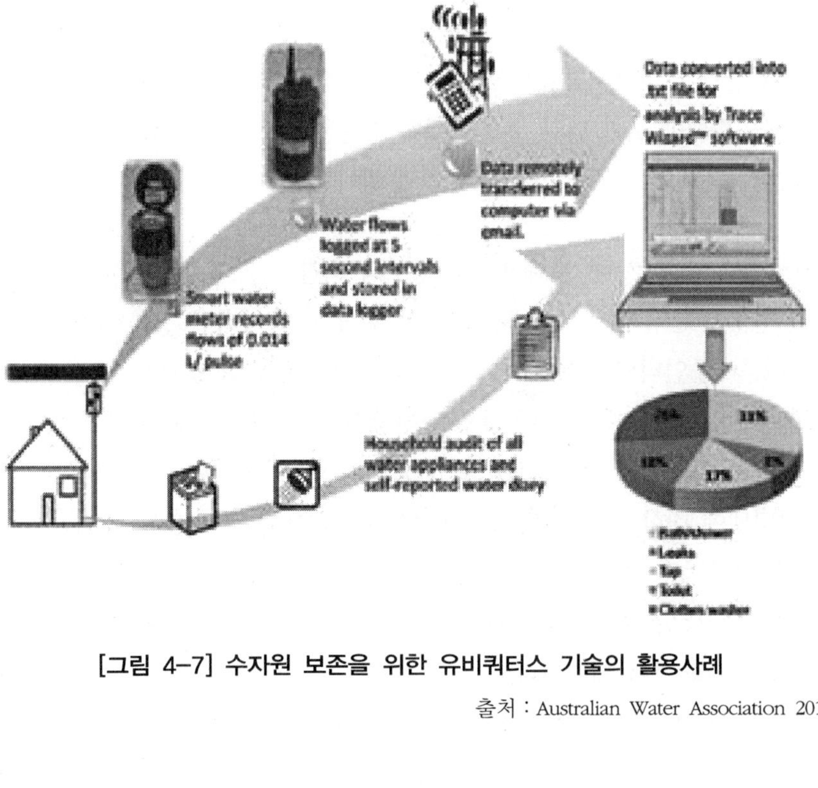

[그림 4-7] 수자원 보존을 위한 유비쿼터스 기술의 활용사례

출처 : Australian Water Association 2012.

뿐만 아니라 [그림 4-5]의 파이 차트에서 볼 수 있듯이 호주의 경우, 전체 수자원 중 대략 8%가 누수(Leak)로 낭비되고 있다. 이에 따라 호주 정부는 스마트 수도계량기를 세분화된 구간에 설치함으로써 누수의 시점과 지점을 정확히 파악하여 낭비를 줄이고 있다. 이 외에도 호주는 '스마트 에너지 시스템(Smart Energy System)'을 도입하여 에너지, 특히 전기를 절약하기 위한 방법으로써 사물인터넷을 적극적으로 활용한다.

스마트 수도계량기와 마찬가지로 스마트 전기계량기를 설치하여 실시간 전력사용량을 측정하고 이를 소비자에게 제공함으로써 에너지 과소비를 줄일 수 있다. 또한, 검침원에 의한 전력검침을 대체하는 등 전력 생산비용을 줄이는 효과도 누릴 수 있다.

이처럼 호주 정부는 공공 서비스에 사물인터넷 도입을 통해 긍정적 효과를 얻을 수 있는 분야를 확인하고, 적극적으로 투자하고 있다. 이러한 호주 정부의 선두 역할은 공공서비스의 효율성을 제고하는 한편, 장기적으로는 사물인터넷의 성숙과정을 단축시키는 데 큰 역할을 하고 있다.

첫째, 사물인터넷의 효용성을 확인할 수 있는 사례를 직접 제공함으로써 민간시장에서의 관심과 수요를 자극할 수 있다.

둘째, 사물인터넷 단말기에 대한 정부 수요는 관련 제조업체의 기술력 및 자본을 확충시킬 수 있는 시드 머니(Seed money)로 활용될 수 있다. 즉, 향후 민간시장에서 창출된 사물인터넷 아이디어 및 서비스를 즉각 구현할 수 있는 제조업 기반을 미리 구축할 수 있다.

요컨대, 호주 정부는 소비자로서 사물인터넷의 성공적 도입을 통해 공공 서비스의 효율성을 높이고, 향후 민간시장에서 사물인터넷 확산을 촉진시킬 선행 사례를 제공하고 있다. 또한, 사물인터넷에 관한 민간 수요가 부족한 상황에서 정부 수요를 통해 관련 업체의 성장과 기술발전을 자극하는 역할을 수행하고 있다.

2) 산업계에 대한 지원, 촉매제로서 정부의 역할

사물인터넷이 본격화된 시점에서 기대할 수 있는 즉각적인 경제효과는 산업 경쟁력의 제고이다. 즉, 사물인터넷을 통해 생산되는 다양하고 방대한 정보는 기존 산업의 생산방식의 효율성을 높이는 데 크게 기여할 것으로 예상된다. 이러한 예측은 전 세계 국가들이 공유하고 있으며, 이에 따라 사물인터넷 도입을 위한 치열한 각축전이 벌어지고 있다.

사물인터넷에 대한 민간의 관심이 고조되고 있으며, 실제 많은 기업들이 사물인터넷 도입에 매우 적극적인 자세를 취하고 있다. 그러나 사물인터넷의 도입을 본격화하려면 민간기업의 수요만으로는 부족하다. 이에 따라 정부의 재정지원을 통해 사물인터넷의 도입 시기를 앞당길 필요성이 제기된다.

무엇보다 글로벌 경쟁이 치열해진 상황에서 외국의 기업보다 늦게 사물인터넷을 도입하면 이는 곧 경쟁력의 저하로 이어지기 때문이다. 따라서 호주 정부는 자국 산업의 사물인터넷 도입을 촉진하기 위한 정부지원을 서두르고 있다.

그러나 사물인터넷이 도입되는 단계는 각 산업별로 조금씩 차이를 보인다. 호주 정부는 조사를 통해 주요 산업계에서 사물인터넷이 도입된 수준을 확인하고, 관심 정도를 파악하고 있다. 이러한 조사는 산업별 맞춤 지원방안을 수립하기 위한 기초자료로 활용된다. 비록 이 조사가 호주에서 이뤄진 것이지만, 사물인터넷의 도입을 모색하는 현시점에서는 한국에도 적용될 가능성이 있다.

사물인터넷의 도입이 진척된 분야는 교통 및 운수분야(Transportation and Logistics)이다. 44%의 기업이 사물인터넷(Machine-to-Machine : M2M) 관련 기술을 활용하고 있으며, 22%는 도입에 관심을 갖고 있다. 반면에, 사물인터넷 자체를 모른다고 응답한 비율이 가장 높은 분야도 교통 및 운수분야이다(약 22%). 즉, 초기 사물인터넷의 기술과 서비스만으로도 경제효과를 창출할 수 있으며, 높은 활용비율을 보이고 있지만, 동시에 기술도입의 양극화가 발생할 수 있는 분야 역시 교통 및 운수분야이다. 따라서 이 분야에서는 후발 주자 및 무관심 기업에 대한 지원이 이뤄져야 할 것으로 예상된다.

둘째, 사물인터넷의 기술적 진보가 의료시장의 혁신과 성장을 가져올 것이라는 예상은 전 세계 공통이다. 실제로 의료산업에서 사물인터넷에 관심을 갖고 있는 기업의 비율은 33%, 실제 관련 기술을 개발하여 시도(trialling and rolling out) 중인 기업의 비율이 약 27%에 이른다.

그러나 사물인터넷을 실제 활용하고 있는 기업은 약 7%에 불과하다. 뿐만 아니라 관심이 없다고 응답한 비율도 27%이다. 비록 사물 간 네트워킹이 기술적으로 가능하지만 매우 복잡하고 전문적인 지식을 필요로 하는 의료분야에서는 추가적인 기술발전이 필요하다.

예를 들어, 육안을 대체할 만한 모바일 관측장비가 개발되어야 하며, 개인 의료정보를 송수신하기 때문에 고도화된 수준의 보안기술이 필요하다. 뿐만 아니라 원격 의료에 대한 법적·제도적 기반도 조성되어야 한다. 다행스러운 것은 사물인터넷에 대한 관심이 매우 높다는 점이다. 따라서 이 분야에서는 벤처 기업의 육성을 통해 사물인터넷에 기반을 둔 새로운 서비스의 창출을 독려하고, 이를 현실화하기 위해 필요한 기술개발과 제도정비에 정부지원의 초점을 두고 있다.

셋째, 제조업 및 에너지 분야는 전체적으로 사물인터넷 도입에 매우 큰 관심을 보이고 있으며, 이를 활용하기 위한 테스트 단계(trialling and rolling out)에 접어든 기업의 비율이 매우 높다. 그러나 실제 활용비율은 매우 저조한 편이다. 특히, 에너지 분야에서는 2014년 조사 당시 사물인터넷을 실제 기업운용에 활용하고 있다고 응답한 기업이 전무하다. 대개 이들 기업은 규모가 크며 따라서 기술전환에 필요한 비용이 높고 이로 인해 기술전환에 매우 신중한 편이다.

호주는 내수시장이 크지 않기 때문에 사물인터넷의 도입을 촉진시킬 수준의 관심과 수요를 축적하려면 시간이 필요하다. 그러한 시간을 방치한다면 외국과의 사물인터넷 도입 경쟁에서 뒤처질 것이 불가피하기 때문에, 호주는 정부지원을 통해 인위적으로 도입속도를 높이려고 한다. 그러나 각 산업별로 도입 단계가 차이를 보이기 때문에 단일한 정책지원은 비효율적일 수밖에 없다.

따라서 호주는 산업별 도입현황을 파악하여 맞춤 지원방안을 모색하고 있다. 이를 통해 정부지원의 효율성을 높이고, 궁극적으로 사물인터넷의 도입 시기를 앞당김으로써 자국의 산업 경쟁력을 높이고자 한다. 창의성 경쟁유도, 조정자로서 정부의 역할 향후 5년간 사물인터넷이 비약 성장할 것으로 예상된다.

그러나 세부 성장내역을 살펴보면, 네트워크 및 유지 보수(Managed connectivity) 등 장비분야의 성장은 미미하다. 이미 네트워크 관련 인프라가 성숙된 상황에서 기술의 발전이 양적 성장으로 이어지지는 않을 것으로 예상된다. 대신에, 사물과 사물, 또는 개인과 사물 간의 네트워크 통합을 지원하는 서비스 분야(Integration service) 및 활용기술(Application)의 성장이 두드러질 것으로 예상된다. 즉, 사물인터넷 기술을 어떻게 활용할지에 대한 고민과 탐색이 대부분인 것처럼 향후 성장은 대부분 사물인터넷 서비스 측면에서 이뤄질 것으로 예상된다.

따라서 각국의 사물인터넷 경쟁력은 서비스에서 판가름이 날 것이다. 결국 더 유용한 서비스를 일찍 개발하여 시장을 선점하는 것이 매우 중요하다. 호주는 자국의 사물인터넷 산업의 창의성을 촉진하기 위해 법적·제도적 정비를 서두르고 있다.

첫째, 사물인터넷의 플랫폼을 표준화하고 공개한다. 플랫폼 독점에 따른 진입장벽을 제거하고, 이를 통해 규모의 경쟁은 지양하고 대신에 제품개발 및 서비스 경쟁을 촉진한다.

둘째, 자국의 사물인터넷 플랫폼을 타 국가의 플랫폼과 연동시킴으로써 '갈라파고스 신드롬'은 피하고 글로벌 경쟁력을 확보하기 위한 경쟁에 노출시킨다. 세계화의 시대에서 자국 기업과 산업을 배타적으로 보호할 수 있는 제도적 장치는 극히 미약하다. 오히려, 그런 보호주의가 때로는 갈라파고스 신드롬을 낳기도 한다.

셋째, 시장에서 창의성을 보호하고 이를 적절히 보상하는 제도를 강화한다. 이를 통해 인력과 자원을 사물인터넷 분야로 참여하도록 적극 유도한다. 사물인터넷에 기반을 둔 신규 서비스의 경우 지적 재산권을 인정하고, 선점 효과를 통해 보상받을 수 있도록 배타적 사용기간을 인정하는 것이다.

학습활동.4 교수 · 학습 방법

교수 방법

- 사물인터넷의 글로벌 동향에 대한 관련 용어, 구성, 방식이해 정도를 파악한 후 수업을 진행한다.
- 교수자의 주도로 사물인터넷의 글로벌 동향 등의 내용을 PPT 자료로 제시한 후 설명한다.
- 가능하면 사전에 개인별 학습자료를 준비하여 모든 학생이 참여할 수 있는 문제해결식 수업, 협력 수업이 가능하도록 한다.
- 사물인터넷의 글로벌 동향 전 과정을 작업의 순서에 따라 단계적으로 실습이 이루어질 수 있도록 지도한다.
- 교재를 통해 수업을 준비하는데 있어서 필요한 모든 정보나 팁, 힌트 등 도움이 될 만한 내용들을 확인할 수 있다.
- 학생들이 만들게 될 각 모델들은 수업시간에 중점적으로 다뤄질 부분과 어휘, 질문, 답을 포함하고 있으며 또한 탐구할만한 추가적인 아이디어들도 포함하고 있다.

학습 방법

- 사물인터넷의 글로벌 동향에 대한 관련 용어를 숙지하고, 사물인터넷의 기초 단계에 대해 이해한다.
- 사물인터넷의 글로벌 동향의 각 단계별 중점 사항을 체계적으로 학습한다.
- 사물인터넷의 글로벌 동향의 수행순서의 전 과정을 실습한다.
- 사물인터넷의 글로벌 동향의 내용을 이해한다.
- 사물인터넷의 글로벌 동향의 구성을 이해하고 숙달이 될 때까지 학습한다.

학습활동.4 평가 및 피드백

평가 준거

- 평가자는 피평가자가 수행 준거 및 평가 내용에 제시되어 있는 내용을 성공적으로 수행할 수 있는지를 평가해야 한다.
- 평가자는 다음 사항을 평가해야 한다.

학습내용	평가항목	성취수준		
		상	중	하
사물인터넷의 글로벌 시장규모 및 전망	사물인터넷의 글로벌 시장규모 및 전망을 이해할 수 있다.			
사물인터넷의 글로벌 서비스 동향	사물인터넷의 글로벌 서비스 동향을 이해할 수 있다.			

평가 방법

- 작업 포트폴리오

학습내용	평가항목	성취수준		
		상	중	하
사물인터넷의 글로벌 시장규모 및 전망	사물인터넷의 글로벌 시장규모 및 전망을 이해할 수 있다.			
사물인터넷의 글로벌 서비스 동향	사물인터넷의 글로벌 서비스 동향을 이해할 수 있다.			

- 필기시험

학습내용	평가항목	성취수준		
		상	중	하
사물인터넷의 글로벌 시장규모 및 전망	사물인터넷의 글로벌 시장규모 및 전망을 이해할 수 있다.			
사물인터넷의 글로벌 서비스 동향	사물인터넷의 글로벌 서비스 동향을 이해할 수 있다.			

• 체크리스트를 통한 관찰

학습내용	평가항목	성취수준		
		상	중	하
사물인터넷의 글로벌 시장규모 및 전망	사물인터넷의 글로벌 시장규모 및 전망을 이해할 수 있다.			
사물인터넷의 글로벌 서비스 동향	사물인터넷의 글로벌 서비스 동향을 이해할 수 있다.			

피드백

1. 작업 포트폴리오
   – 제출한 보고서를 평가한 후 주요 사항에 대하여 표시하여 돌려준다.
2. 필기시험
   – 평가결과 성적이 저조한 학생은 보고서 제출기회를 부여한다.
3. 체크리스트를 통한 관찰
   – 실습과정에서 평가한 후 개선해야 할 사항 등을 정리하여 돌려둔다.

참고자료

[1] "2014年版ものづくり白書", 2014.6.6.

[2] "Industrie 4.0"(2014), Wikipedia.

[3] "Internet der Dinge"(2014), Wikipedia.

[4] "IoT/IoEのビジネス環境とその発想を促す試行的ワークショップによる産業育成方策に関する調査報告書", 2015.3.27.

[5] All Connected Korea 국가 전략 - 사물인터넷 활성화 종합계획 -(2012). 방송통신위원회.

[6] Australian Water Association(2012). What are Smart Meters?: Fact Sheet.

[7] Bloomberg, "Qualcomm Having 'Difficult Discussions' With Chinese Government", 2014.11.20.

[8] Bullinger, Hans-Jo″rg(2007), Internet der Dinge, Springer.

[9] China Daily, "Made in China 2025' plan unveiled", 2015.5.19.

[10] China Topic, "Intel Invests US$28 million in China for the 'Internet of Things'", 2014.10.29.

[11] Deloitte, "Global Manufacturing Competitiveness Index 2013", 2012.11.15.

[12] der Dinge, kollaboratives Gemeingut und der Ru″ ckzug des Kapitalismus, Campus.

[13] GSMA, "How China is Set for Global M2M Leadership", 2014.6.

[14] http://eprints.usq.edu.au/21068/1/Aravinthan_Ho_Gray_Butler_Connell_FactSheet_PV.pdf(Dec. 5, 2013).

[15] http://www.pewinternet.org/files/2014/05/PIP_Internet-of-things_0514142.pdf(Nov.28, 2014).

[16] http://www.vodafone.com.au/doc/Vodafone_Connected_ Nation_M2M_in_Australia.pdf (Dec. 5, 2014).

[17] IHS, "Industrial Automation Equipment to See Stronger Growth in 2014 after Two Mediocre Years", 2014.4.9.

[18] International Business Times, "Cisco To Invest $1.7B In India To Capture More Government Contracts: Report", 2014.11.17.

[19] IoT Analytics, "IoT market segments – Biggest opportunities in industrial manufacturing", 2014.10.31.

[20] MONOist, "製造現場のIoT基盤構築を容易に´ 富士通とインテルが協業-PC工場で実証 実験", 2015.5.13.

[21] Pew Research Center(2014), Digital Life in 2025: The Internet of Things Will Thrive by 2015.

[22] Putclub, "IBM全球智慧城市联合研发中心落户成都", 2014.7.15.

[23] Response, "豊田通商´ ロボットベンチャーの三次元メディアに資本参加 … 生産現場の自動化を促進", 2015.5.6.

[24] Reuters, "Qualcomm to pay $975 million to resolve China antitrust dispute", 2015.2.9.

[25] Rifkin, Jeremy(2014), Die Null-Grenzkosten-Gesellschaft das Internet

[26] Tech In Asia, "After success with phones, Xiaomi now wants to make your home smarter", 2014.10.10.

[27] Tech News, "Xiaomi boasts about becoming world's largest smartphone vendor within decade", 2014.11.23.

[28] The Motley Fool, "This Country is Leading the Internet of Things Revolution", 2014.11.21.

[29] Venture Beat, "Why China will leapfrog the world in Internet of Things", 2014.10.4.

[30] VINNOVA, "Industry 4.0 – the German vision for advanced manufacturing", 2013.12.6.

[31] Vodafone Hutchison Australia(2014). Connected Nation: M2M in Australia 2014-2019.

[32] Water Services Association of Australia(2010), Intelligent Networks: Urban Water Industry Requirements of Communications. https://www. wsaa.asn.au/Policy/Positions/Intelligent%20Networks%20Urban%20Water%20Industry%20Requirements%20of%20NBN.pdf(Dec. 5, 2014).

[33] Wearable Technologies, "China Is Adapting To The Internet of Things Like It Adapted To Mobile, With Rapidity And Enthusiasm", 2014.11.5.

[34] White House, "FACT SHEET: White House Advanced Manufacturing Initiatives to Drive Innovation and Encourage Companies to Invest in the United States", 2012.7.17.

[35] Your Development-Creating Sustainable Neighbourhoods. "Smart Metering fact sheet." http://yourdevelopment.org/factsheet/view/id/56(October 9, 2011).

[36] 経済産業省, "中間取りまとめ～ＣＰＳによるデータ駆動型社会の到来を見据えた変革～", 2015.5.21.

[37] 工业和信息化部, "国务院关于推进物联网有序健康发展的指导意见", 2013.3.14.

[38] 김경옥, "호주의 사물인터넷 동향 및 관련 정책", Local Informatization magazine, World

Inside 세상 속으로, 2015.2
[39] 김원태 외(2014), SmartAmerica Challenge 기술동향, Electronics and Telecommunications Trends
[40] 김재호 · 윤재석 · 최성찬 · 류민우(2013), IoT 플랫폼 개발 동향 및 발전방향, 정보와 통신, Vol. 30 No.8.
[41] 사물인터넷 인프라 구축 및 산업육성을 위한 사물인터넷 기본계획(안)(2013).
[42] 사물인터넷 중장기 R & D 전략 수립안 (2014). 사물인터넷(IoE) 중잔기 R & D 전략(안).
[43] 신동희(2013), 사물인터넷 동향과 전망, 인터넷정보학회지, Vol. 14 No. 2.
[44] 이일호, "독일의 사물인터넷 그 현실과 미래" 월드인사이드 세상 속으로 2015.2
[45] 日経ビジネス, "ドイツより '10年' 先を行く: FA大手' 三菱電機の自信と懸念", 2015.1.6.
[46] 일본 제조업분야 사물인터넷 활용사례와 정부의 대응동향, 정보통신기술진흥센터 동향보고서 해외 ICT 정책동향 2015.03호
[47] 전황수, 사물인터넷 시장 및 국내외 개발동향
[48] 정보통신기술진흥센터, "주요 ICT 분야의 중국 R & D 정책 현황 및 성과와 향후 전망", 2014.10.
[49] 조한벽 · 김말희(2014), 정보 속으로 : IT 이슈 : IoT 기술과 국내외 서비스 개발 현황, 지역정보화Vol. 84 No. -.
[50] 주대영 · 김종기(2014). 초연결시대 사물인터넷(IoT)의 창조적 융합 활성화 방안, 산업연구원
[51] 중국의 사물인터넷 산업 활성화 정책과 시장경쟁 구도, 정보통신기술진흥센터 동향보고서 해외 ICT 정책동향 2015.01호
[52] 최성찬 · 류민우 · 진남 · 김대호(2014), 사물인터넷 플랫폼 및 서비스 동향, 정보와 통신, Vol. 31 No.4.
[53] 표철식 · 강호용 · 김내수 · 방효찬(2013), IoT(M2M) 기술동향 및 발전전망, 정보와 통신, Vol. 30 No.8.
[54] 한국무역협회, "China Internet of Things Market Focus", 2014.11.11.
[55] 한국전산원(2005), USN 기술동향 분석 연구
[56] 허진(2014), 사물인터넷(IoT) 융합서비스 촉진전략에 대한 연구, 한성대학교 석사학위논문
[57] 홍미선 · 김도현 · 이윤정 · 허재두(2014), 주요 구가별 사물인터넷 서비스 현황, 2014년 대한전자공학회 추계학술대회 논문집. pp.683~686.

학습 1	사물인터넷의 정의
학습 2	사물인터넷의 기본계획
학습 3	사물인터넷의 스마트 디바이스
학습 4	사물인터넷의 글로벌 동향
학습 5	**사물인터넷의 기술**
학습 6	사물인터넷의 빅데이터
학습 7	사물인터넷의 클라우딩 컴퓨터
학습 8	사물인터넷의 무선 네트워크
학습 9	사물인터넷의 스마트 센서
학습 10	사물인터넷의 표준
학습 11	사물인터넷의 보안
학습 12	사물인터넷의 스마트 홈

5-1 사물인터넷의 기술구성

학습 목표	5-1. 사물인터넷의 기술구성을 이해할 수 있다.

필요지식

1. 사물인터넷의 기술

사물인터넷의 주요 기술로는 정보의 생성과 통신기술로 나누어 볼 수 있다. 예를 들어, 인터넷이 가능한 기기에 각종 센서(Sensor) 및 응용 소프트웨어들을 탑재하고, 이들로부터 생성되는 데이터들을 디바이스(Devices)들 간의 통신이 가능하도록 하는 것을 의미한다.

그리고 사물인터넷의 기반 기술은 구현을 위한 기술들로 M2M(Machine to Machine)과 MTC(Machine Type Communication), D2D(Device to Device) 등이 있다.

이러한 주요 기술들은 기기들 간 연결이나 사람의 조작을 필요로 하지 않는 개체들 간의 연결, 디바이스들 간의 연결들을 구현하는데 사용된다.

이와 같이 사물인터넷 기술은 사물들 간의 통신과 정보·수집을 위한 기술들을 전제할 때, 특정 기술을 지칭하는 용어라 하기 보다는 여러 기술들의 종합체라고 볼 수 있으며, 향후 수십 억 개 또는 수 조 개의 프로세스나 사물들 간에 연결이 가능할 것으로 예상됨에 따라 사물인터넷 개념으로 확대 해석되고 있는 추세이다.

사물인터넷의 주요 기술인 센서와 임베디드, 보안, 근거리 통신기술 등은 사물인터넷의 요소기술로 부각되고 있으며, 기타 에너지와 소재, 하드웨어, 인프라(infra)구축 등은 여러 산업분야에 있어 응용에 필요한 관련 기술로 등장하고 있다.

이처럼 사물인터넷은 다양한 기술들과의 연계성과 응용성이 요구되며, 향후 IT 분야의 견인 역할을 수행할 조건을 갖추었다고 판단된다. 최근 사물인터넷의 여러 기술들 중 사물들 간의 연결을 위한 IoT 기술은 사물인터넷의 구현에 핵심기술로서 많은 연구와 개발이 진행 중에 있다.

사물인터넷 기술의 주요 기술에는 크게 2가지로 요약해 볼 수 있는데, 하나는 센서 기술과 또 다른 하나는 통신기술이다. 이중 센서 기술은 스마트 기기 및 기타 장치들에 탑재되어 센서 정보를 생성 및 수집, 전송하며, 센서로부터 생성된 데이터는 개발자들이 쉽게 접근할 수 있도록 개방형 데이터 플랫폼이 요구된다.

따라서 OGC(Open Geospatial Consortium)는 웹 서비스 기반에 센서들의 웹 연동을 위한 표준인 SWE(Sensor Web Enablement)를 이미 개발된 상태이다. 이러한 센서 기술들에 관한 몇몇 표준들은 센서 데이터를 네트워크와 연동할 수 있도록 하기 위한 것으로 개발환경의 제공을 의미하기도 한다.

사물인터넷의 또 다른 주요 기술은 이동통신 기술이다. 이동통신 기술은 실시간 정보의 제공 및 센서 정보들을 최종 단말장비에서 단말장비로 전달하기 위한 기반 통신기술로 아직까지 인터넷과 연계한 IoT 플랫폼 연구가 지속되고 있으며, 국내에서 KT, SKT, KETI, ETRI 등에서 표준 플랫폼 개발이 진행 중에 있다.

IERC(IoT European Research Cluster)는 사물인터넷의 주요 기술들에 대해 〈표 5-1〉과 같이 정의하고 있으며, 이러한 기술들은 다양한 산업분야에서 기기 및 네트워크, 보안 등 산업환경에 차이를 갖고 있다.

그리고 사물인터넷은 보급 및 확산에 따라 다양한 기술목록들이 늘어날 것으로 예상된다. 아직까지 사물인터넷의 주요 기술들은 저전력성과 고효율성, 고속성, 단순성, 최소성, 편의성 등을 제공할 목적으로 진화하고 있으나, 향후 2020년에는 아키텍처(Architecture)와 바이오 안테나(Bio-antenna), 바이오 배터리(Bio battery), 상황 인

지적 해결, 자가관리, 자가제어 등 자율 프로세싱 기술에 초점이 맞추어질 것으로 예상하고 있다.

〈표 5-1〉 IERC의 사물인터넷의 주요 기술 이슈

구 분	주요 이슈
식별기술	사물의 식별 ID, 네트워크 주소 등에 대한 체계 및 융합
서비스 아키텍처링	엑스트 라벳을 포함한 글로벌 스케일 서비스 구조
IoT 아키텍처	암호화 인증, 위치인식, 에너지 관리
인프라 기술	크로스 도메인간 통합 및 관리기술
응용기술	데이터 서비스를 위한 OpenAPI 기술
서비스 기술	IoT-aware process 모델링 및 실행, QoS
통신기술	Longer range, 상호호환성, 저전력 프로토콜
네트워크 기술	Grid, 클라우드, 애드혹, 하이브리드, 메시 등
SW 및 알고리즘	자가 제어/관리, 마이크로OS, 상황인지, 확장성 등
하드웨어	초전력 칩/센서, 초박막 디스플레이, 안테나 등
데이터 및 신호처리	센서온트로지, 자동 컴퓨팅, 인지 컴퓨팅
검색기술	스케일러블 검색, IoT 브라우저
에너지 기술	Printed batteries, Photovoltaic cells, 무선전력
보안기술	Cognitive security, 자기관리적 보안, Localized Security
Societal 측면기술	Ambient Computing 스마트 어시스턴스
소재기술	카본 나노튜브, 컨덕티브 플리머, 전도성 잉크 등

2. 사물인터넷의 기술요소

사물인터넷을 구현하기 위한 기술로는 센싱 기술, 유무선 통신 및 네트워크 인프라 기술, 서비스 제공기술, 보안기술이 있다. 센싱 기술은 센서로부터 정보를 수집/처리/관리하고 정보가 서비스로 구현되기 위한 인터페이스 구현을 지원하며, 사물인터넷 서비스를 지원하기 위해서는 유무선 통신 및 네트워크 인프라 기술이 필요하다. 또한 사물인터넷 서비스를 사용자에게 제공하기 위해서는 다양한 서비스 제공 기술이 필요하다. 마지막으로 사물인터넷을 구현하는 유무선 네트워크, 센서 등을 통해 수집/생성/공유되는 데이터를 보호하여 서비스를 신뢰성 있고 안전하게 제공하는 보안기술이 요구된다. 보다 자세한 사물인터넷의 기술분야는 〈표 5-2〉에 자세히 기술하였다.

〈표 5-2〉 사물인터넷의 기술분야

구 분	센싱 기술	유무선 통신 및 네트워크 인프라 기술	서비스 제공기술	보안기술
역할	• 센서로부터 정보의 수집/처리/관리 • 정보가 서비스로 구현되기 위한 인터페이스 구현 지원	네트워크 종단간 (end-to-end) 연결을 지원	인간-사물-서비스 간에 특정기능을 수행하는 응용서비스와 연동	사물인터넷 구성요소에 대한 해킹 및 정보 유출방지
포함 기술	터치/가속도/자이로/지자기/중력/광도/조도/근접 등의 센서	WPAN, 와이파이, 3G/4G/LTE, 블루투스, Ethernet, BcN, 위성통신, Microwave, 시리얼 통신, PLC 등	정보의 가공/추출/처리, 저장, 판단, 상황인식, 인지, 시맨틱, 가상화, 위치확인, 데이터 마이닝, 웹 서비스 등	• 통신/네트워크 보안기술(CoAP, MQTT 보안 등) • Open API 보안기술 (OAuth 등) • 플랫폼 보안 • 서비스 보안기술 • 인증/인가 • Anomaly Detection

출처 : 한국정보화진흥원(2013)에서 내용 발췌 및 재구성

수행 내용 사물인터넷의 기술구성 이해하기

재료 · 자료

- 사물인터넷 관련 자료, 사물인터넷 관련 시장전망, 개발동향 자료검색

기기(장비 · 공구)

- PC 및 자료검색 시스템

안전 · 유의사항

- 해당 자료를 사용 시 저작권 관련하여 명확히 출처를 밝히고 인용표시를 한다.
- 사물인터넷의 시장 및 응용 관련 자료를 분석 시 최신 자료를 근거로 분석해야 한다.

수행 순서

01 사물인터넷의 주요 기술요소를 분석한다.

1. 서비스 플랫폼 기술

IoT 서비스 플랫폼 기술은 IoT의 주요 구성요소(인간 · 사물 · 서비스)를 통해 특정 기능을 수행하는 응용서비스와 연동하는 기능이다. 즉, 네트워크 인터페이스의 개념이 아니라 IoT 망을 통해 저장, 처리 및 변환 등 다양한 서비스를 제공할 수 있는 인터페이스 역할을 실행할 수 있어야 한다.

IoT의 다양한 서비스 기능을 구현하기 위해서는 검출정보 기반 기술, 위치정보 기반 기술, 온톨로지(Ontology) 기반의 시맨틱 웹(Semantic Web) 기술, 오픈 센서 기반의 API(Application Programming Interface) 기술, 가상화 기술, 프로세스 관리, 오픈 플랫폼 기술, 미들웨어 기술, 데이터 마이닝(Data mining) 기술, 웹 서비스 기술 SNS(Social Network Services) 등 매우 다양한 고도의 기술력이 필요하다.

① 검출정보 기반 기술 : 정보의 검출, 가공, 정형화, 추출, 처리 및 저장기능 등이다.

② 위치정보 기반 기술 : 위치판단 및 위치확인 기능, 상황인식 및 인지기능 등이다.

③ 보안기능 : 정보보안 및 프라이버시 보호기능, 인증 및 인가기능 등이다.

④ 온톨로지(Ontology) 기술 : 인간이 보고, 듣고, 느끼고, 생각하는 것에 대해 토론을 통해 합의를 이룬 바를 개념적이고 컴퓨터에서 처리할 수 있는 형태로 표현한 모델로서 개념의 형식이나 사용상의 제약조건들을 명시적으로 정의한 기술이다.

⑤ 시맨틱 웹(Semantic Web) 기술 : 웹상의 정보에 잘 정의된 의미를 부여함으로써 사람뿐만 아니라 컴퓨터에 쉽게 문서의 의미를 자동화하여 처리할 수 있도록 하는 기술이다.

⑥ 오픈 센서 기반의 API(Application Programming Interface) 기술 : 응용 프로그램에서 사용할 수 있도록 OS(Operating System)나 프로그래밍 언어가 제공하는 기능을 제어할 수 있게 만든 인터페이스를 말한다.

⑦ 데이터 마이닝(Data mining) 기술 : 대규모로 저장된 데이터 안에서 체계적이고 자동적으로 통계적 규칙이나 패턴을 찾아내는 기술이다.

⑧ 분석 · 추론 기술 : 빅데이터로 대표되는 분석 · 추론 기술은 센서를 통해 획득된 데이터를 실시간으로 처리하여 개인-맞춤형 추천, 기업의 생산성 향상, 범죄예방, 재난 · 재해예방 등에 이용된다.

스스로가 사물이나 데이터를 군집화, 분류 등을 통해 스스로 학습하는 기계학습이 많이 이용되고 있다. 기계학습의 핵심 알고리즘으로는 의사결정나무, 베이지안망, 서포트벡터머신(SVM), 인공신경망 등이 이용된다. 인공신경망은 높은 정확도 대신 느린 속도를 보였으나 이를 개선한 딥러닝(deep learning) 알고리즘이 주목받고 있다.

⑨ 프로세스 관리, 오픈 플랫폼 기술, 가상화(virtualization) 기술, 미들웨어 기술, 웹서비스 기술, SNS(Social Network Ssevices) 등과 결합하여 새로운 가치를 창출할 수도 있다.

2. 센싱 기술

ITU-T의 사물인터넷 표준인 Y.2060(Overview of the Internet of things)에 의하면 정보를 수집/처리/관리하고 이러한 정보를 네트워크를 통해 다른 개체와 연결을 시키는 디바이스는 반드시 통신이 가능해야 한다.

또한 선택적으로 센싱(sensing), 구동(actuation), 데이터 수집(data capture), 데이터 저장(data storage)과 데이터 처리(data processing) 기능을 가질 수 있어야 한다. 이들 요소 중 사물인터넷의 제공을 위해서는 센싱이 선행되어야 한다.

사물인터넷의 센싱 기술로는 기본적으로 터치 센서, 가속도 센서, 자이로 센서, 지자기 센서, 중력 센서, 광도/조도 센서, 근접 센서 등이 있다.

1) 터치 센서

터치 센서란 손가락을 사용하여 디스플레이를 조작하는 기술로 정전식 감응기술이라고도 하며 스마트폰, 태블릿 PC 등에 많이 사용되고 있다.

2) 가속도 센서

가속도 센서는 이동하는 물체의 가속도 충격의 정도를 측정하는 센서로 출력신호를 처리하여 물체의 가속도, 진동, 충격 등의 움직임을 측정하는 센서이다.

3) 자이로 센서

자이로 센서는 자이로스코프(Gyroscope)라고도 하며 회전속도를 검출하는 센서이다.

4) 지자기 센서

지자기 센서는 지구 자기장을 측정하는 센서로 방위각을 측정할 수 있는 전자나침반이다.

5) 중력 센서

중력 센서는 중력이 어느 방향으로 작용하는지 탐지하고 상황에 맞춰 사용자에게 편의를 제공하는 센서이다.

6) 광도/조도 센서

광도/조도 센서는 주변의 빛을 감지하여 자동으로 밝기를 조절하는 센서이다.

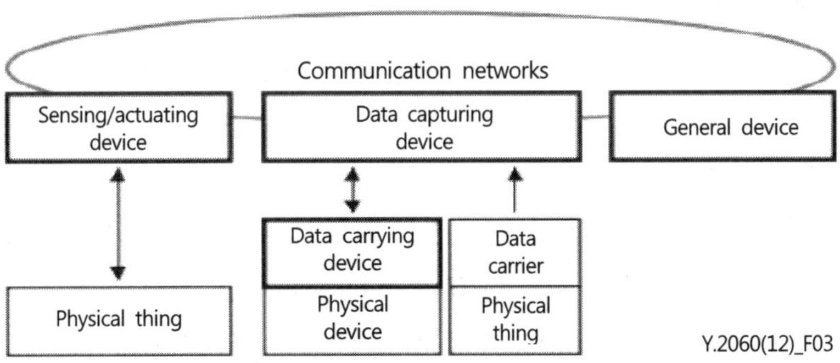

[그림 5-1] 디바이스의 형태와 사물과의 관계

출처 : ITU-T 2012.

7) 근접 센서

근접 센서는 사물 간 접촉이 이루어지기 전에 얼마나 가까운지를 파악하는데 사용되는 센서이다. 센서는 외부 환경의 변화를 모니터링 및 감지한 결과를 디지털 시그널로 생성하는 기능을 한다. 또한 관리자 등 외부에서 네트워크를 통해 특정한 조작을 하는 경우 특정한 신호를 제공 또는 변환하는 역할을 수행하기도 한다.

일반적으로 센서 디바이스는 사물(physical things) 등으로부터 정보를 감지한 후 데이터 캡쳐 디바이스와 연계되어 저장 및 처리하게 된다. 또한 센서로부터 수집 및 저장한 데이터는 유무선 네트워크를 통해 외부에 제공 또는 공유하게 된다.

3. 유무선 통신 및 네트워크 인프라 기술

1) 유무선 통신

센서 및 데이터 캡쳐 디바이스가 다른 디바이스와 통신을 하기 위해서는 반드시 유무선 통신을 이용해야 한다. 사물인터넷에서는 통신을 위해 크게 3가지 방식이 있다.

첫째, 게이트웨이를 경유하여 다른 디바이스와 통신을 하는 방식이다.

둘째, 게이트웨이 없이 또는 다른 디바이스와 직접적으로 통신을 하는 방식이다.

셋째, 통신망을 이용하지 않고 통신을 하는 것이다.

사물인터넷에서는 이러한 방식들이 상호 결합하여 유선 및 무선 통신을 제공할 수 있다. 이러한 통신은 디바이스 간 통신을 위해 신뢰할 수 있고 효율적인 통신을 제공해야 한다. 사물인터넷은 현재 존재하고 있는 다양한 통신방식을 활용할 수도 있고, 향후 개발이 가능한 기술을 활용할 수도 있다.

통신기술은 사물인터넷에서 사물은 배터리를 이용하는 경우가 많기 때문에 전력소모가 적은 근거리 통신 프로토콜을 통해 인터넷 연결이 가능한 장치와 접속하는 방식으로 네트워크를 구성하고 있다.

사물인터넷에서 사용 가능한 통신기술은 〈표 5-3〉에 나와 있는 바와 같이 유선통신, 이동통신, 무선랜(Wireless LAN), 무선팬(Wireless PAN) 등이 있다.

유선통신 기술은 이더넷(Ethernet), 산업 이더넷(Industrial Ethernet), PLC(Power Line Communication) 등이 있다. 이더넷은 미국의 DEC, 인텔, 제록스 3사가 공동 개발한 랜 모델로 상호 간 고속의 속도로 데이터를 교환할 수 있는 랜이다.

이동통신 기술은 GSM(Global System for Mobile Communications)/GPRS(General Packet Radio Service)/EDGE(Enhanced Data Rates for GSM Evolution), CDMA/EV-DO, 3G/4G, 위성통신 등이 있다.

〈표 5-3〉 사물인터넷을 지원하는 유무선 통신기술

구 분	세부 기술
유선통신(Wireline)	이더넷(Ethernet), 산업 이더넷(Industrial Ethernet), PLC(Power Line Communication)
이동통신(Wireless WAN Cellular)	GSM/GPRS/EDGE, CDMA/EV-DO, 3G/4G, 위성통신(Satellite) 등
무선랜(Wireless LAN)	IEEE 802.11, 와이맥스(WiMax), 와이브로(Wibro), 초저전력 와이파이(Ultra Low Power WiFi), 와이파이(WiFi) 등
무선팬(Wirelee PAN)	블루투스, ZigBee, RFID, NFC(Near Field Communication), 6LoWPAN 등

출처 : 한국인터넷진흥원 2012.

무선랜 기술로는 IEEE 802.11, 와이맥스(WiMax), 와이브로(Wibro), 초저전력 와이파이(Ultra Low Power WiFi), 와이파이(WiFi) 등이 있다.

무선팬 기술은 블루투스(Bluetooth), 지그비(ZigBee), RFID(Radio Frequency Identification), NFC(Near Field Communication), 6LoWPAN 등이 있다.

사물인터넷에서 사용 가능한 통신기술에는 특별한 제한은 없다. 다만 사물인터넷의 디바이스들은 소형인 경우가 많고 서비스의 특성에 따라 제공이 가능한 통신기술이 선택적일 수 있다. 예를 들면 커넥티드 카의 경우 블루투스 및 3G 또는 4G와 같은 모바일 통신을 제공하며, 스마트 가전의 경우 WiFi, NFC, 블루투스 등 선호하는 통신방식에 차이가 있을 수 있다.

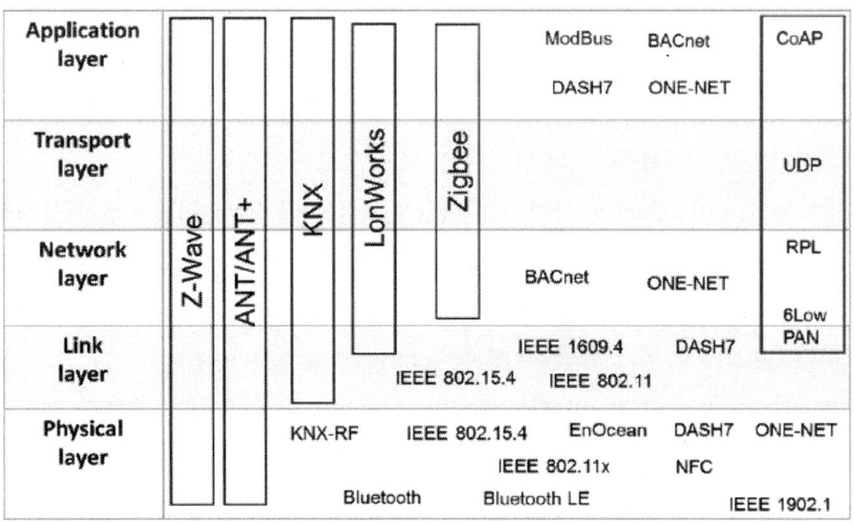

[그림 5-2] IoT 사물통신 및 네트워크 프로토콜

출처 : 韓國電磁波學會誌 【電磁波技術】 第25卷 第4號 2014年 7月

시장에서는 여러 프로토콜이 경쟁 중이며 저전력 블루투스(BLE, Bluetooth Low Energy), 지그비, Z-웨이브(Z-Wave), 인스테온(Insteon), 웨이트레스(Weightless) 등이 대표적이다. [그림 5-2]는 현재 IoT 사물연결용으로 사용되고 있는 여러 가지 근거리 사물 통신 및 네트워크 프로토콜을 보여준다.

그 프로토콜은 무선 근거리 개인통신망(WPAN) 전송규격인 IEEE 802.15.4 표준 또는 이에 준하는 다양한 물리계층 규격을 기반으로 관련 산업의 요구에 적절한 상위 계층을 규정한 ZigBee, BACnet 등 규격이 있으며, 물리계층 위에 IP 기술을 접목하기 위한 IETF의 6LoWPAN, RoLL 기술 등이 있다.

최근에는 ITU-R M.2002/M.2224 등의 요구사항을 고려하여 기존 IEEE 802.15 기술의 문제점을 극복하며, 1km 이상의 통신거리, 음영지역에서 신뢰성 있는 통신, 10년 이상의 배터리 수명을 위한 저전력화, 최소 인프라 기술 요구사항 등을 만족시키기 위해 Weightless v1.0, IEEE 802의 15.4e,g,k 표준 등이 완료되었고, 15.4m, 15.8 등의 표준이 논의되고 있다.

IEEE 15.4e는 시분할 기반 채널 접근방식인 DSME(Deterministic and Synchronous Multi-channel Extension) 모드와 TSCH(Time Slotted Channel Hopping) 모드 등 복수의 모드로 구성되어 서비스가 요구하는 특성에 따라 사용자가 선택할 수 있다. 시분할 기반 채널 접근방식은 패킷 충돌에 의한 재전송을 줄여 유효 통신전력을 최소화하고, 예측 가능한 지연시간을 제공하는 등의 장점이 필요한 응용에 적합한 MAC 기술이다.

IEEE 15.4g 기술은 15.4 PHY에 비해 증대된 전송거리와 다양한 전송률 그리고 다중 경로 페이딩에 대한 강건성을 높이고자 FSK, OFDM, MDSSS(Multi-rate DSSS)를 기반으로 하는 PHY 기술로 구성되어 있다.

IEEE 15.4k는 옥외 환경에서 40kbps 이하 전송속도에서 1km 이상 전송거리와 10~20년 배터리 수명규격을 만족시키기 위한 표준으로 DSSS 방식과 FSK 방식의 물리계층과 15.4k에 적합하게 변형된 DSME와 ALOHA 등의 MAC으로 구성된다.

IETF에서는 IoT 네트워크에 참여하는 사물들로 하여금 IPv6 기반으로 작동하도록 여러 가지 표준을 제안해왔다. 우선 IEEE 802.15.4 기반의 하드웨어와 같은 IoT 네트워크 하드웨어의 제약조건을 극복하기 위해 IPv6 주소체계와 IPv6 패킷 헤더(packet header)를 압축하는 6LoWPAN 기술을 RFC4944를 통해 2007년에 표준화 하였다.

6LoWPAN은 IPv6 패킷헤더와 주소체계의 중복성이 있거나 쉽게 예측이 가능한 부분들을 압축시켜 긴 길이의 패킷 헤더와 IPv6 주소의 길이를 축소하는 방식을 제안한다. 2009년 8월에 새로운 라우팅 프로토콜인 RPL 라우팅 프로토콜의 설계가 시작되었고, 이는 RFC 6550을 통해 2012년에 표준화되었다.

RPL에서는 IoT 노드들로 하여금 게이트웨이 노드 혹은 루트 노드를 향한 DODAG

(Destination Oriented Directed Acyclic Graph)을 형성하게 하여 many-to-one 네트워크를 우선적으로 형성하게 하고, 이 DODAG의 Connectivity를 활용하여 루트 노드에서 각각의 노드를 접근할 수 있는 라우팅 방식을 두 가지 제안하였다.

그 첫 번째 방식은 모든 IoT 노드들이 라우팅 테이블을 유지하여 Hop-by-Hop 라우팅을 하는 Storing mode 방식이다.

두 번째 방식은 게이트웨이 노드에서 패킷의 경로를 Source routing header를 통해 패킷에 포함시켜 라우팅을 진행하는 Nonstoring mode 방식이다.

응용단에서의 효과적인 정보전달을 위한 CoAP(Constrained Application Protocol)을 IETF CORE working group에서 제안을 하여 기존의 인터넷에서 HTTP와 TCP 기반으로 돌아가는 체계를, LLN에서는 사용되는 기기와 통신환경의 성능을 고려하여 CoAP과 UDP를 중심으로 패킷을 주고 받는 체계를 만들고자 노력하고 있다.

최근에 출범한 6TiSCH working group은 다양한 IETF 표준들이 새로 제안된 IEEE 802.15. 4e의 물리계층과 효과적으로 연동될 수 있는 환경을 갖추게 하는데 그 목적을 갖고 있으며, 6top이라는 아키텍처를 통해 상위 계층의 프로토콜들이 MAC 계층의 작동에 따라 효과적인 파라미터를 유추하고 설정 가능하도록 구조를 제안한다. 사물 간 연결성을 제공하는 통신 및 네트워크 기술은 기본적으로 5G 등 유무선 네트워크 기술과 융합은 필수적이다.

사물의 원활한 연결성을 확보하기 위해서는 기존의 사람 중심의 네트워크 트래픽과는 전혀 다른 특성을 나타내는 사물 간 트래픽을 적절히 처리할 수 있는 기술적 준비가 필요하여, 클라우드 네트워크 기반으로 연결 범위를 확대하는 기술, 다양한 제한조건에 최적화된 센서망 기술 및 이종기기 간 중단 없는 연결과 협업 기술의 발전이 전망된다. 모든 사물이 인터넷에 연결되는 과정에서 트래픽 급증이 예상됨에 따라 SW 기반으로 트래픽을 유연하게 처리하는 기술개발 시도도 전망된다.

2) 네트워크 프로토콜 기술

사물인터넷에서 사용되는 네트워크 프로토콜 관련 기술에는 다음과 같은 것들이 있다.

① REST(Representational State Transfer) : 인터넷상의 문서나 이미지, 서비스 등의 정보들에 대해 리소스의 생성, 읽기, 삭제, 업데이트 처리 등 기기들 간 상태 전송을 지원한다.

② MQTT(Message Queuing Telemetry Transport) : 대용량 메시지 전달 프로토콜로 사물인터넷 표준 프로토콜로서 선정된 기술이다.

③ XMPP(eXtensible Messaging and Presence Protocol) : IETF에서 제정한 국제표준 프로토콜로서 다수 클라이언트 간에 실시간 메시지 교환이 가능하도록 만들어진 프로토

콜이다.

④ CoAP(Constrained Environments Application Protocol) : 센서 노드와 같이 제한된 성능을 갖는 디바이스들의 통신이 가능하도록 만들어진 프로토콜이다.

4. 보안기술

사물인터넷의 보안기술은 유무선 네트워크, 첨단 기기 및 센서, 사물/사람/장소에 관한 대량의 데이터 등의 사물인터넷 구성요소에 대한 해킹 및 정보유출을 방지하기 위한 기술을 뜻한다.

사물인터넷은 적용분야별로 기능이나 애플리케이션, 인터페이스 등이 모두 다를 뿐만 아니라, 유선통신, 이동통신, 무선랜, 무선팬 등 다양한 네트워크 환경을 기반으로 하므로 각각의 사물인터넷의 환경에 맞는 보안기술을 적용해야 한다.

사물인터넷 보안에 요구되는 사항으로는 일반보안 요구사항과 특정보안 요구사항으로 나눌 수 있다. 일반보안 요구사항은 디바이스, 네트워크, 서비스로 구분할 수 있다. 사물인터넷 디바이스에서의 보안 요구사항은 접근권한 설정, 인증, 단말 무결성 검증, 접근통제, 데이터 기밀성 및 무결성이 있다.

네트워크에서는 접근권한 설정, 인증, 데이터/신호정보의 기밀성 및 무결성을 보장해야 한다. 서비스에서는 접근권한 설정, 인증, 데이터 기밀성, 무결성, 프라이버시 보장, 보안 감사수행, 안티바이러스 설치 등이 요구된다.

특징보안 요구사항에는 모바일 결제 등 특수한 상황에 적용이 가능한 보안 요구사항을 적용해야 한다. 사물인터넷은 사물들로부터 획득한 정보를 다양한 응용 서비스에 활용되기 때문에 보안과 프라이버시 보호에 대한 요구사항은 반드시 만족되어야 한다.

5-2 사물인터넷의 국내외 기술수준 비교

학습 목표	5-2. 사물인터넷의 국내외 기술수준 비교를 이해할 수 있다.

필요지식

1. 국내외 사물인터넷 기술수준 비교

IDC의 'G20 사물인터넷 준비지수 조사(G20 Internet of Things Index)' 에 따르면 국내의 사물인터넷을 위한 준비 정도가 미국에 이어 세계 2위로 비교적 높은 수준으로 나타났다.

사물인터넷 지수는 정보와 관련된 주요 12개 지표를 조사 및 분석하여 사물인터넷의 기회에 대한 준비 정도에 따른 G20 국가들의 순위를 산출한 인덱스이다.

12개의 주요 지표에는 GDP, 비즈니스 환경(Ease of doing business index), 스타트업 절차(Start-up procedures), 특허출원(Patent applications), 인구(Population), 에너지 사용(Energy use), 탄산가스배출(CO_2 emissions), 브로드밴드 사용자수(Broadband subscribers : per 100 people), 인터넷 사용자수(Internet users : per 100 people), 모바일 사용자수(Mobile subscriptions : per 100 people), 시큐어 서버(Secure servers : per 1 million people), IT 지출규모(IT spend)가 있다.

사물인터넷 준비지수 조사와는 달리 국내 사물인터넷의 전반적인 발전수준과 시장 활성화 정도는 주요 선진국과 비교해봤을 경우 다소 미흡한 것으로 평가된다.

선진국은 다양한 분야에서 사물인터넷 서비스 도입이 활발하게 이루어지고 있는 반면, 국내의 사물인터넷 서비스는 이제 도입 초기 단계인 것으로 평가되기 때문이다.

산업연구원(2014년)에 의하면 스마트 그리드 기술수준은 다른 기술분야보다 상대적으로 높게 평가되나 선진국에 비해서는 미흡한 것으로 평가되고 있다.

전자/정보/통신분야에서 우리나라는 디스플레이와 반도체와 같은 기술은 상대적으로 높지만, 빅데이터, 지능형 인터렉티브 등은 선진국에 비해 미흡하다.

건설/교통분야는 국토정보 구축/활용 기술이 상대적으로 높지만, 지능형 건물제어, 첨단도시건설, IT 기반 친환경 도로 및 지능형 교통시스템 기술수준이 낮은 것으로 평가되고 있다.

그리고 사물인터넷 서비스의 핵심요소인 센서와 소프트웨어 경쟁력도 선진국과 비교해 미흡한 것으로 나타나고 있다. 특히 핵심 센서는 해외 수입의존도가 매우 높은 상황이다.

수행 내용 사물인터넷의 국내외 기술비교 이해하기

재료 · 자료

- 데이터시트, 상세회로도

기기(장비 · 공구)

- PC, Arduino-1.5.8, BLE 모듈, 인체감지 센서(PIR Sensor)

안전 · 유의사항

- 회로 동작 및 기능을 충분히 숙지하도록 한다.
- 컴퓨터에 바이러스가 침투하지 않도록 유의한다.

학습 5 사물인터넷의 기술

수행 순서

01 사물인터넷 관련 주요 요소기술 수준 비교 분석한다.

1. 사물인터넷 관련 기술요소를 국내외 기술수준을 비교

〈표 5-4〉에 나와 있는 바와 같이 산업연구원의 자료를 분석해 보았을 때 우리나라는 초기 사물인터넷 시장선점을 위한 비즈니스 환경적인 측면과 IT 인프라(네트워크, 인터넷/모바일 사용자 수) 측면은 비교적 잘 갖추어졌지만 그 활용정도는 약하다고 볼 수 있다. 또한 일부 대기업을 제외하면 스마트 디바이스 분야의 핵심기술(센서, SW 등)도 선진국 대비 미흡하다고 볼 수 있다.

원천기술력이 단기간에 개발되기 어려운 부분이 있기 때문에 초기 휴대폰 시장에서의 전략과 같이 응용기술력과 경쟁우위를 바탕으로 전략적인 원천기술은 점차 확대해 나가는 전략이 필요하다. 다행히 현재 국내의 반도체와 디스플레이 부분은 글로벌 경쟁력을 갖춘 것으로 평가되고 있다.

이를 바탕으로 사물인터넷 시장의 주요 응용기술(감성인지 및 어리, 지능형 인터랙티브 등)을 확보하고 핵심요소기술(센서, 무선 전력전송 등)을 지속적인 R&D 개발로 지원한다면 사물인터넷 기술분야도 글로벌 경쟁력을 갖춰나갈 수 있을 것으로 기대된다.

〈표 5-4〉 사물인터넷 관련 주요 요소기술 수준 비교(단위 : %(최고국 대비 수준))

구 분	기술분야	미국	한국	EU	일본	중국
전자/정보/통신분야	차세대 유무선 네트워크(5G)	100	84.0	92.4	93.0	70.8
	지식기반 빅데이터 활용기술	100	76.7	84.6	88.1	61.6
	방송통신융합 서비스 기술	100	85.7	92.7	88.6	68.9
	지능형 인터랙티브 기술	100	76.7	91.8	89.5	61.0
	감성인지 및 처리기술	100	78.7	88.3	89.5	63.2
	가상/증강현실 기술	100	79.4	94.2	90.7	73.0
	신개념 사용자 경험 기술	100	82.8	91.0	87.5	64.8
	초고속 반도체 디바이스 기술	100	87.0	91.3	94.2	70.7
	융합서비스 플랫폼 기술	100	78.0	91.3	88.8	72.5
의료분야	모바일 원격진료 기술	100	88.6	94.2	88.6	63.2
	건강관리 서비스 기술	100	79.2	90.6	96.8	62.0
	생활 및 이동 지원기기 기술	100	75.0	94.9	90.0	50.0
	질병진단 바이오칩 기술	100	75.7	93.1	93.4	66.4
건설/교통분야	지능형 건물제어 기술	100	79.9	93.5	94.6	61.0
	고효율 에너지 빌딩 기술	97.4	81.1	100	94.3	65.3
	미래 첨단 도시건설 기술	100	78.8	96.4	97.5	64.8
	국토정보 구축 및 활용기술	100	84.9	92.7	93.1	64.5
	지능형 물류체계 기술	100	79.3	95.1	86.0	55.8
	IT기반 친환경도로 기술	99.6	75.4	93.2	100	56.2
	지능형 교통시스템 기술	100	76.2	89.7	90.1	66.9
에너지 자원분야	스마트 그리드 기술	100	91.9	94.0	95.6	70.0

출처 : 산업연구원, 2014.

02 사물인터넷 서비스 플랫폼 기술동향을 분석한다.

1. IoT 서비스 플랫폼 동향

〈표 5-5〉

업체명 (플랫폼)	특 징	응용 도메인 서비스	디바이스 협력기업
IBM	MQTT 기술확보, InforSphere 빅데이터 플랫폼, MessageSight-IoT를 위한 메시징 처리 플랫폼	Smarter Planet 서비스 전략 (에너지 · 교통 · 금융 · 유통 · 제조 · 공공안전 · 도시관리 등)	Libelium
시스코	바르셀로나 스마트 시티를 위한 스마트 솔루션, Davra Networks RuBAN IoE 플랫폼	Smart+Connected Communities 서비스 전략(제조, 운송, 에너지, 공공 및 스마트시티 4개 핵심 시장)	
오라클	Java 기술과 DB 기술을 이용한 IoT 플랫폼 추진, 프리스케일과 One Box 플랫폼 협력	B2B, B2C, P2P 모든 영역 지원 서비스 제공 추진	freescale
구글	검색, 클라우드, 빅데이터 기술 보유	홈 분야 서비스 추진 중이며 향후 확대가 예상됨	
LogMeln (Xively)	클라우드 기반 사물인터넷 서비스 제공, 다양한 HW 플랫폼 연동 추진	개방형 사물인터넷 HW 플랫폼과 연계한 서비스 추진	ARM mbed
Thingspeak	Thingspeak 커뮤니티 기반 지원 플랫폼 및 생태계 확산 추진	트위터와의 연동을 통하여 디바이스 상태 모니터링 및 제어 서비스 제공	ioBridge
Evrythng	사물과 웹의 연결을 통한 WoT 플랫폼 제공	SNS, ERP, CRM 등과 연계 서비스	
ThingWorx	모델 기반 서비스 디자인을 통한 빠른 서비스 개발지원, Visulization에 강점	B2B 기반의 M2M/IoT 서비스 플랫폼	

2. IoT 디바이스 플랫폼 동향

〈표 5-6〉

플랫폼명	업체명	운영체제	인터페이스	코 어
Beaglebone	T1	Linux, Android	Ethernet	ARM Cortex AB
Raspberry Pi	Broadcom	Linux	Ethernet	ARM11
ARM mbed	NXP	Embedded C/C++	Ethernet	ARM Cortex-M3
Arduino Uno	Atmel	Arduino	Ethernet WiFi, Cellular	AVR ATmega328
IMX53QSB	Freescale	Linux, Android	Ethernet	ARM Cortex A8
SimpleLinks	T1	Linux, Android	WiFi	MSP430
Hitex OM13031	NXP	FreeRTOS	Ethernet	ARM Cortex M4 & MO
RZ Raven	Atmel	Embedded C	6LoWPAN	AVR ATmega1284P

학습활동.5 교수 · 학습 방법

교수 방법

- 사물인터넷의 기술에 대한 관련 용어, 구성, 방식이해 정도를 파악한 후 수업을 진행한다.
- 교수자의 주도로 사물인터넷의 기술 등의 내용을 PPT 자료로 제시한 후 설명한다.
- 가능하면 사전에 개인별 학습자료를 준비하여 모든 학생이 참여할 수 있는 문제해결식 수업, 협력 수업이 가능하도록 한다.
- 사물인터넷의 기술 전 과정을 작업의 순서에 따라 단계적으로 실습이 이루어질 수 있도록 지도한다.
- 교재를 통해 수업을 준비하는데 있어서 필요한 모든 정보나 팁, 힌트 등 도움이 될 만한 내용들을 확인할 수 있다.
- 학생들이 만들게 될 각 모델들은 수업시간에 중점적으로 다뤄질 부분과 어휘, 질문, 답을 포함하고 있으며 또한 탐구할만한 추가적인 아이디어들도 포함하고 있다.

학습 방법

- 사물인터넷의 기술에 대한 관련 용어를 숙지하고, 사물인터넷의 기초 단계에 대해 이해한다.
- 사물인터넷의 기술의 각 단계별 중점 사항을 체계적으로 학습한다.
- 사물인터넷의 기술의 수행순서의 전 과정을 실습한다.
- 사물인터넷의 기술의 내용을 이해한다.
- 사물인터넷의 기술의 구성을 이해하고 숙달이 될 때까지 학습한다.

학습활동.5 평가 및 피드백

평가 준거

- 평가자는 피평가자가 수행 준거 및 평가 내용에 제시되어 있는 내용을 성공적으로 수행할 수 있는지를 평가해야 한다.
- 평가자는 다음 사항을 평가해야 한다.

학습내용	평가항목	성취수준		
		상	중	하
사물인터넷의 기술구성	사물인터넷의 기술구성을 이해할 수 있다.			
사물인터넷의 국내외 기술수준 비교	사물인터넷의 국내외 기술수준 비교를 이해할 수 있다.			

평가 방법

- 작업 포트폴리오

학습내용	평가항목	성취수준		
		상	중	하
사물인터넷의 기술구성	사물인터넷의 기술구성을 이해할 수 있다.			
사물인터넷의 국내외 기술수준 비교	사물인터넷의 국내외 기술수준 비교를 이해할 수 있다.			

• 필기시험

학습내용	평가항목	성취수준		
		상	중	하
사물인터넷의 기술 구성	사물인터넷의 기술구성을 이해할 수 있다.			
사물인터넷의 국내외 기술수준 비교	사물인터넷의 국내외 기술수준 비교를 이해할 수 있다.			

• 체크리스트를 통한 관찰

학습내용	평가항목	성취수준		
		상	중	하
사물인터넷의 기술 구성	사물인터넷의 기술구성을 이해할 수 있다.			
사물인터넷의 국내외 기술수준 비교	사물인터넷의 국내외 기술수준 비교를 이해할 수 있다.			

피드백

1. 작업 포트폴리오
   - 제출한 보고서를 평가한 후 주요 사항에 대하여 표시하여 돌려준다.
2. 필기시험
   - 평가결과 성적이 저조한 학생은 보고서 제출기회를 부여한다.
3. 체크리스트를 통한 관찰
   - 실습과정에서 평가한 후 개선해야 할 사항 등을 정리하여 돌려둔다.

참고자료

[1] 김범수 외 8, “스마트 기기 보급확대에 따른 개인정보보호방안 연구 - 사물인터넷 환경을 중심으로” 연세대학교 정보대학원 2014.12.

[2] 김종대(2013. 12. 18), “위치기반 서비스 2라운드, 실내에서도 길눈이 밝아진다”, LG Business Insight, LG상남도서관

[3] 민경식(2012. 6), “사물인터넷(Internet of Things)”, NET Term, 한국인터넷진흥원

[4] 박세환(2014. 10), “유비쿼터스 및 초연결 사회구현을 위한 사물인터넷(IoT) 산업동향 분석”, 2014 산학연정보지원 최종보고서, 한국과학기술정보연구원

[5] 박세환 · 박종규, “사물인터넷 기술 및 시장분석을 통한 산업활성화 방안”

[6] 석왕헌 · 송영근 · 고순주, “통신환경 변화에 따른 M2M 산업 생태계 및 파급효과 분석,” IT 이슈리포트 2013-7, 한국전자통신연구원, 2013.6.

[7] 신동희 · 정재열 · 강성현, “사물인터넷 동향과 전망,” 한국인터넷정보학회지, vol. 14, no. 2, pp.32~45, 2014.

[8] 이형규 · 김말희 · 방효찬, “사물인터넷(Internet of Things) 기술동향 및 발전방향,” 한국정보처리학회지, vol. 21, no. 2, pp.14~21, 2014.3.

[9] 전성태, “사물인터넷 시장 산업 전망,” 기술과 경영(Technology plus Management), 한국 사물인터넷협회, pp.29~33, 2014.4.

[10] 전성훈, “사물인터넷의 기술동향과 전망에 관한 연구” 융합보안 논문지 제14권 제7호, 2014.12.

[11] 정보통신산업진흥원(2013. 6), “사물인터넷(Internet of Things) 산업의 주요 동향”, 해외 ICT R & D 정책동향

[12] 정보통신산업진흥원, “사물인터넷(Internet of Things) 발전을 위한 EU의 정책제안”, 해외 ICT R & D 정책동향, 2013년 06호

[13] 정보통신산업진흥원, ICT와 첨단 산업융합의 미래도시 ‘스마트 시티’, 2013.

[14] 정보통신산업진흥원, 사물인터넷 핵심기술 및 시장성 분석, 2014.

[15] 정보통신정책연구원, 사물인터넷(IoT) 관련 가치사슬 및 시장 구성요소 현황, 2014.

[16] 정원규 · 이성협, “국내외 사물인터넷 정책 및 시장동향과 주요 서비스 사례”, 동향과 전망: 방송 · 통신 · 전파 통권, 한국방송통신진흥원, vol. 64, 2013.7.

[17] 표철식 · 강호용 · 김내수 · 방효찬, “IoT(M2M) 기술동향 및 발전전망”, 한국통신학회 정보와 통신, pp.3~10, 2013.8.

[18] 한국그린비즈니스협회, 스마트 미터 시장의 주요 동향 및 전망
[19] 한국방송통신전파진흥원 (2013. 10(), "사물인터넷의 발전 지원 및 신뢰도 제고를 위한 유럽의 정책 대안", 동향과 전망 : 방송 · 통신 · 전파, 제67호.
[20] 한국방송통신전파진흥원, M2M(사물지능통신) 발전방향과 과제, 2012.
[21] 한국방송통신전파진흥원, 국내외 사물인터넷 정책 및 시장동향과 주요 서비스 사례, 2013.
[22] 한국인터넷진흥원, 인터넷 & 시큐리티 이슈 9月, 2012.
[23] 한국인터넷진흥원, 인터넷 & 시큐리티 이슈
[24] 한국전자통신연구원, IoT 센서 기술동향 및 발전전망, 2014.
[25] 한국전자통신연구원, IoT(M2M) 기술동향 및 발전전망, 2013.
[26] 한국정보통신기술협회, 스마트 빌딩 구축 관련 표준화, 2011.
[27] 한국정보통신기술협회, 시맨틱 웹, 2006.
[28] 한국정보화진흥원(2012. 4), "M2M 서비스, 통신사의 새로운 수익원으로 부상", 글로벌 IT트랜드. http://www.cellular-news.com/story/53577.php
[29] 한국정보화진흥원, 창조적 가치연결, 초연결 사회의 도래, 2013.
[30] (2013. 11), "The G20 through the Internet of Things (IoT) Lens".
[31] 2013년 IT 기술 트랜드 방향과 쟁점, 한국정보화진흥원, 2013.
[32] CISCO, http://www.cisco.com
[33] Data Center Knowledge(2013. 7), "ARM Brings the Internet of Things To Life On Its Campus".
[34] European Commission(2013. 5. 31), "Europe's policy options for a dynamic and trustworthy development of the Internet of Things".
[35] Gartner Report, "Hype Cycle for Emerging Technologies 2013", 2013.8.
[36] Gartner, "Market Trends: TSPs Must Invest in the Rapidly Evolving IoT Ecosystems Now," 2013.
[37] http://www.fitbit.com
[38] http://www.hapilabs.com
[39] IDC(2013. 10), "The Internet of Things Is Poised to Change Everything".
[40] Internet of Things(IoT) & Machine to Machine(M2M) Communication Market, Marketsan dMarkets, 2012.
[41] Mashable(2012. 1), "Nike Unveils FuelBand for Tracking All Physical Activity".
[42] Mike Botts et al., "OGC Sensor Web Enablement: Overview and High Level Architecture(OGC 07-165)," Open Geospatial Consortium white paper, 28 Dec. 2007.

학습 1	사물인터넷의 정의
학습 2	사물인터넷의 기본계획
학습 3	사물인터넷의 스마트 디바이스
학습 4	사물인터넷의 글로벌 동향
학습 5	사물인터넷의 기술

학습 6	사물인터넷의 빅데이터

학습 7	사물인터넷의 클라우딩 컴퓨터
학습 8	사물인터넷의 무선 네트워크
학습 9	사물인터넷의 스마트 센서
학습 10	사물인터넷의 표준
학습 11	사물인터넷의 보안
학습 12	사물인터넷의 스마트 홈

6-1 사물인터넷의 빅데이터 기술개요

학습 목표	6-1. 사물인터넷의 빅데이터 기술개요를 이해할 수 있다.

필요지식

1. 사물인터넷의 빅데이터 개요

사물인터넷이 확산되면서 빅데이터와 클라우드 컴퓨팅이 더욱 각광을 받게 될 것으로 보인다. 사물인터넷(IoT)이 확산되면 센서를 통한 데이터가 모여 빅데이터가 발생하게 되고, 이 데이터는 클라우드에 저장되면서 인프라 측면에서 클라우드 컴퓨팅이 절대적으로 필요하기 때문이다.

EMC와 IDC에 의하면 디지털 데이터가 향후 2년마다 2배씩 증가할 것으로 예상된다. 이는 인터넷에 연결돼 자동적으로 데이터를 주고 받는 방대한 양의 데이터를 생성하는 센서 기반의 IoT 때문이다. 또 보고서는 IoT가 생성시키는 디지털 데이터의 양이 폭증해 오는 2020년에는 44조 기가바이트(GB)에 달하는 데이터가 생성될 것으로 예측했다.

다양한 정보 채널의 등장으로 대량의 정보의 생산, 유통, 보유량이 기하급수적으로 증가하고 있다. 이와 같은 폭발적인 데이터의 급증으로 엄청난 규모의 데이터를 통칭하는 빅데이터가 등장하였으며 최근에는 대규모 자료의 수집, 분류, 체계화, 분석을 위한 도구 등을 포괄하는 용어로 변화하고 있다.

이에 따라 기업은 빅데이터 기술을 이용하여 소비자의 취향과 행동 등 다양한 데이터를 수집하여 새로운 비즈니스 모델 발굴에 주목하고 있다. 그러나 개인의 민감한 자료들이 이용자의 어떠한 동의 없이 지능화된 빅데이터의 수집 및 분석기술을 이용하여 개인의 취미, 건강상태, 구매이력 등 무분별하게 수집되면서 개인정보 오·남용의 우려가 증가되고 있다.

1) 빅데이터의 등장 배경

2007년부터 전 세계에서 생산되는 데이터의 양이 활용 가능한 저장용량을 초과하는 데이터 홍수시대가 시작되었으며, 향후에도 데이터는 기하급수적으로 증가하여 2020년에 이르면 현재 대비 50배로 폭증할 것으로 예측된다.

데이터의 양만 많은 것이 아니라 그 종류도 다양해지고 있으며, 정형화된 데이터뿐만 아니라 비정형화된 데이터도 늘어나고 있다. 페타 바이트급 데이터 웨어하우스, 소셜 네트워크, 실시간 센서 데이터, 지리정보 및 기타 여러 가지 새로운 데이터 소스가 출현함에 따라 기업들은 다양한 문제에 직면하게 되었다.

빅데이터는 디지털 공간에서 비정형 데이터가 크게 늘어남에 따라 기존의 방식으로 저장/관리/분석하기 어려울 정도로 큰 규모의 자료를 의미한다. 최근 글로벌 경제지, 컨설팅 그룹 등이 잇따라 관련 특집을 마련하여 비중있게 보도, 분석하고 있다.

빅데이터 현상은 기업들의 고객 데이터 수집활동 및 멀티미디어 콘텐츠의 폭발적 증가와 스마트폰 보급, 소셜미디어 활성화 등으로 인해 빠르게 확산되고 있다.

세계는 이미 제타(Zettabyte, 10^{21}) 시대에 살고 있으며 앞으로도 이러한 빅데이터 추세는 스마트 단말, IoT 센서 확대보급 등으로 더욱 가속화될 전망이다. 아울러 기업들이 보유하고 있는 빅데이터가 '거대한 가치추출이 가능할 만큼' 충분한 규모에 도달해 가치추출 경쟁이 본격화되고 있어 빅데이터의 활용성과가 향후 기업의 미래 생존을 좌우할 핵심요소로 부상할 것으로 보인다. 무엇보다 빅데이터는 제4의 경영

자원으로서 혁신과 경쟁력강화, 생산성 향상을 촉진하여 모바일 스마트 혁명에서 핵심적인 역할을 할 것으로 전망된다.

2) 빅데이터 정의

빅데이터는 일반적으로 기존 데이터에 비해 너무 커서 기존의 방법이나 도구로 수집, 저장, 분석, 시각화 등이 어려운 정형 또는 비정형 데이터를 의미한다. 빅데이터에 대하여 DB의 규모와 업무수행이라는 두 가지 측면에서 정의를 내려 볼 수 있다.

첫 번째 DB의 규모에 초점을 맞춘 것은 일반적인 DataBase Software가 저장, 관리, 분석할 수 있는 범위를 초과하는 규모의 데이터라 정의할 수 있다(Mckinsy, 2011년).

두 번째는 다양한 종류의 대규모 데이터로부터 저렴한 비용으로 가치를 추출하고, 데이터의 초고속 수집, 발굴, 분석을 지원하도록 고안된 차세대 기술 및 아키텍처라고 업무수행에 초점을 맞추어 정의할 수 있다(IDC, 2011년).

빅데이터의 정의는 기술적인 측면에서 출발하였으나, 빅데이터의 가치와 활용효과 측면으로 의미가 확대되는 추세이므로, 빅데이터를 단순한 정량적인 차원에서 접근해서는 안 될 것이다. 또한, 지속적으로 변하면서 산업별, 시장별, 구분에 따라 다르게 적용되기 때문에 특정 규모(Big Volume) 이상을 빅데이터로 칭하기 보다는 원하는 가치(Big Value)를 얻을 수 있는 정도로 해석할 수 있다.

3) 빅데이터 특성

빅데이터를 설명할 때 다음과 같이 크게 3가지 특성을 들 수 있다.

(1) 데이터의 규모

데이터의 규모(Volume)이다. 데이터의 크기로 물리적인 크기뿐만 아니라 개념적인 범위까지 대규모인 데이터를 의미한다. 과거의 데이터는 안정적인 저장이 가장 큰 이슈였던 것에 비해 빅데이터에서는 분석 및 처리가 가장 큰 해결과제이다.

따라서 단순한 물리적인 크기가 아닌 데이터의 어떤 속성에 따라 중요성을 판단하고 그것을 처리하는데 어려움이 있느냐 없느냐인 것이다.

(2) 데이터의 종류

데이터의 종류(Variety)이다. 과거의 데이터 분석은 기업 내부에서 발생하는 운영데이터인 ERP, SCM, MES, CRM 등의 시스템에 저장되어 있는 RDBMS 기반의 수치화된 정형적인 데이터였다. 이러한 정형적인 데이터는 잘 정제되어 있고 의미도 명확하다. 그리고 스키마를 표함하는 XML, HTML 등의 반정형 데이터도 있다.

그러나 최근에는 이런 데이터뿐만 아니라 기업 외부에서 발생하는 SNS, 블로그, 검색, 뉴스, 게시판 등의 데이터나 사용자가 업 로드하는 사진 및 동영상, 콜센터의 고객 상담내용, e-mail 등의 비정형 데이터도 포함하며 데이터의 유형이 다양화되었다.

(3) 데이터의 속도

데이터의 속도(Velocity)이다. 이는 데이터를 처리하는 속도를 의미한다. 사물정보(센서, 모니터링), 스트리밍 정보 등 실시간성 정보가 증가하였고, 실시간성으로 인한 데이터의 생성, 이동(유통) 속도 또한 증가되었다. 대규모 데이터 처리 및 가치있는 현재정보(실시간)를 활용하기 위해 데이터 처리 및 분석속도가 중요해진 것이다.

따라서 빅데이터 환경에서는 배치 분석뿐만 아니라, 필요에 따라서 수많은 사용자 요청을 실시간으로 처리한 후 처리결과를 보내주는 기능도 필요하게 되었다.

빅데이터는 규모가 방대하고(Volume), 데이터의 종류가 다양하며(Variety), 데이터 처리 및 분석을 적시에 해결해야 하는(Velocity) 특성을 가지고 있으며, 그 결과로 새로운 가치창출을 할 수 있어야 한다. 일반적으로 빅데이터의 특성에는 이 3가지 요소에 대하여 설명하지만 Gartner에서는 한 가지 요소를 더 제시하고 있다.

그것은 복잡성(Complexity)이고, 4개의 요소가 충족될수록 빅데이터에 적합하다고 할 수 있다.

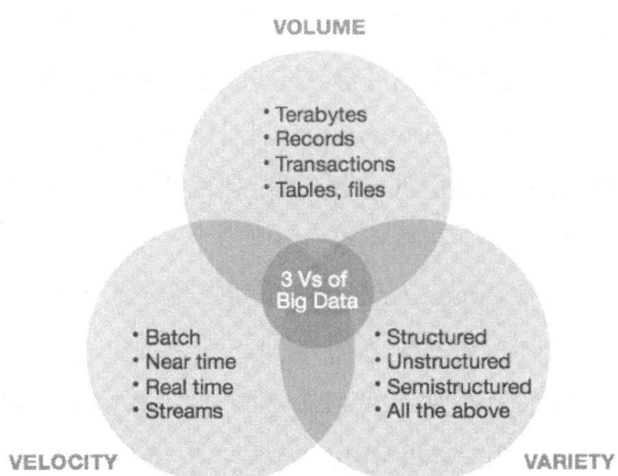

[그림 6-1] 빅데이터 3대 특성

출처 : KISA; 빅데이터 기반 개인정보보호 기술수요 분석

학습 6 사물인터넷의 빅데이터

2. 사물인터넷 센서의 생성 데이터가 빅데이터

빅데이터를 정의할 때 3V인 데이터의 크기(Volume), 데이터 생성속도(Velocity), 데이터의 다양성(Variety)이다.

센서 네트워크에서 만들어내는 데이터가 바로 3V 특성을 그대로 갖고 있다. 즉 IoT 시대에는 많은 양의 다양한 데이터가 빠른 속도로 한꺼번에 생성되어 한 곳에 저장되고 이렇게 폭발적으로 늘어난 데이터는 실시간으로 수집, 관리, 분석되어야 한다. 이를 통해 비즈니스 성과를 최적화하고 고객경험을 향상시킬 수 있다.

센서 등을 통해 데이터를 수집했다고 해도 데이터 그 자체만으로는 가치를 제대로 살릴 수 없다. 늘어나는 데이터를 제때 빠르게 처리하지 못해도 마찬가지다. 따라서 IoT는 곧 빅데이터라는 공식이 성립된다.

사물을 연결하는 이유는 여기서 발생한 데이터를 수집하고 분석 프로세스를 거쳐 가치있는 정보를 추출하기 위해서다. 이렇게 발생한 데이터를 빠르게 저장, 분석하기 위한 인프라로 클라우드가 각광을 받고 있다. 클라우드 컴퓨팅에 기반한 IoT 비즈니스 모델이 이미 쏟아지고 있으며, 클라우드 기업 대부분이 IoT를 지원하는 클라우드 서비스를 선보였다.

3. 클라우드는 사물인터넷 환경의 기본 인프라

시스코(Cisco)는 클라우드 간 자유로운 연동을 가능케 하는 개방형 플랫폼 '인터클라우드'는 네트워크 끝단에서 컴퓨팅 기능을 강화하고 클라우드 컴퓨팅보다 더 가볍고 빠른 '포그 컴퓨팅(Fog Computing)' 아키텍처이다.

인터 클라우드는 가상 컴퓨팅과 스토리지, 네트워킹 등을 IaaS(인프라)나 PaaS(플랫폼) 형태로 제공하는 클라우드 서비스이다.

시스코의 UCS(Unified Computer System) 하드웨어에 최적화된 SAP 하나(HANA) 기반의 클라우드 서비스를 비롯해 협업 서비스인 시스코 웹엑스, 보안, 네트워크 인프라 관리(머라키), VDI, 비디오 스케이프 클라우드 DVR, 호스티트 협업 서비스, 가상 모바일 네트워크, 원격관리서비스(RMS), 컴플라이언스 및 구성관리서비스(CMCS), 에너지관리서비스(에너지와이즈), 음성 및 컨택센터 서비스 등 시스코의 모든 기술과 인프라가 총동원됐다.

여기에 시스코는 AWS, IBM 소프트레이어, MS 애저, 구글 등 타사의 클라우드 서비스까지 중개자로서 제공한다는 목표를 가지고 있다. 또한 포그 컴퓨팅을 통해 기기에서 생성된 데이터를 실시간으로 처리할 수 있는 노드를 기지국처럼 두고 컴퓨팅 파워 필요한 데이터만 클라우드로 넘겨 처리할 수 있도록 한다.

움직이는 데이터의 처리에 대한 방안인 '데이터인모션(Data-in-Motion)은 포그 컴퓨팅의 필수요소로 실시간 처리를 요하는 데이터는 데이터인모션으로 처리해 보다 빠르게 처리하는 한편, 실시간을 요하지 않는 데이터는 인터 클라우드에서 처리를 할 수 있다.

포그 컴퓨팅 아키텍처는 IoT에서 발생하는 모든 데이터를 클라우드까지 보내 저장, 분석하는 게 아닌 실제 빠른 분석을 해야 할 데이터만 포그 컴퓨팅 아키텍처로 보내 더 빠른 처리를 한다.

이밖에 세일즈포스닷컴은 모바일과 사물인터넷을 겨냥한 차세대 클라우드 CRM 개발 플랫폼인 세일즈포스 1을 선보인 바 있으며, 오라클은 디바이스부터 클라우드 컴퓨팅을 아우르는 광범위한 플랫폼으로 고객 및 파트너의 IoT 수익화를 앞당긴다는 방침이다.

업계 한 관계자는 "클라우드, 빅데이터 전문가들이 함께 IoT와 시너지 효과를 낼 수 있는 모델을 만들어야 할 때"라며 "각각이 별개가 아닌 통합적인 비즈니스 모델과 정책이 필요하다"고 강조했다.

수행 내용 사물인터넷의 빅데이터 기술개요 이해하기

재료 · 자료

- 사물인터넷 관련 자료, 사물인터넷 관련 시장전망, 개발동향 자료검색

기기(장비 · 공구)

- PC 및 자료검색 시스템

안전 · 유의사항

- 해당 자료를 사용 시 저작권 관련하여 명확히 출처를 밝히고 인용표시를 한다.
- 사물인터넷의 시장 및 응용 관련 자료를 분석 시 최신 자료를 근거로 분석해야 한다.

수행 순서

01 빅데이터 관련 기술에 대하여 분석한다.

1. 분석기술

데이터를 분석하는 기술과 방법을 의미하며 통계, 데이터마이닝, 기계학습, 자연언어 처리 패턴 인식 등이 이에 해당된다. 가장 기본적인 오픈소스 기반 빅데이터 처리기술이 Hadoop이다. 분석된 파일을 처리하는데 최적화된 Hadoop은 저장장치를 병렬로 연결시켜 데이터를 처리하는 방식으로, 별도의 스토리지가 필요 없고, 대규모 데이터를 빠르게, 비용을 효율적으로 처리하는데 적합하다. 비구조화된 데이터를 처리하는 기술이 NoSQL이다.

이러한 기술들은 데이터의 안정성이 정합성보다 속도, 비용에 초점을 맞췄기 때문에 일부 데이터의 유실/손실이 발생해도 처리결과가 영향을 받지 않는 업무에 적합하다. 로그 데이터 처리 혹은 분석하는 업무를 대표적인 예로 들 수 있다.

2. 표현기술

일반적으로 데이터의 시각화로 알려져 있으며, 분석된 데이터의 특징이나 의미를 쉽게 알 수 있도록 잘 표현해주는 기술이다. 대표적인 시각화 표현기술은 R로 통계계산 및 시각화를 위한 언어 및 개발환경을 제공하여, 기본적인 통계기법으로부터 모델링, 최신 데이터 마이닝, 시뮬레이션 수치해석 기법까지 구현 가능하다. 구현결과는 그래프 등을 시각화 할 수 있으며, 다른 프로그래밍 언어와 연결도 용이하다. 게놈, 신약연구와 금융예측 분석에 활용되고 있다.

3. 분석 인프라

분석과 표현을 수행할 수 있도록 해주는 기반기술과 플랫폼들이라고 할 수 있으며, 이러한 분석 인프라는 다시 대규모 데이터를 안정적으로 수집해서 저장하는 기술, 저장된 것을 효과적이면서도 빠르게 처리할 수 있는 기술, 저장된 데이터를 다양한 방식과 용도로 사용할 수 있도록 가공하고 관리해주는 기술 등으로 나누어진다.

예를 들면 BI(Business Intelligence), DW(Data Wearhousing), Cloudcomputing, 분산 데이터베이스(NoSQL), 분산 병렬처리(Hadoop MapReduce), 분산 파일시스템 등이 분산 인프라에 속하는 기술들이다.

02 빅데이터 미래 기술에 대하여 분석한다.

1. 실시간 빅데이터 분석기술

여기서 말하는 실시간의 의미는 디바이스에서 말하는 하드웨어 레벨의 실시간 데이터 프로세싱이 아니라, 비즈니스 레벨 또는 서비스 레벨에서의 실시간 데이터 분석기술이다.

예를 들어서 새로운 광고를 웹사이트에 노출시켰을 때 방문자들의 클릭 스트림을 얼마나 빨리 처리해서 고객들의 반응을 분석하고 리포팅하는 것, 그리고 엄청나게 폭주하는 주식 거래의 실시간 트랜잭션을 분석하는 것도 포함된다.

이러한 실시간 데이터 분석을 위해서 주목받는 가술 중 하나가 CEP(Complex Event Processing)라고 하는 기술이다. 다시 말해 실시간으로 발생하는 복수의 이벤트로부터 특정 패턴을 찾아내서 원하는 데이터 처리나 알림 서비스를 하는 기술이다.

2. 실시간 빅데이터 형상화 기술

소셜 네트워크 및 서버 등에서 발생하는 다양한 데이터 로그를 한데 모아 분석하고, 이를 형상화(Visualization)하여 IT 자원의 효율성을 높이는 기술이다. 분석된 결과를 사용자가 이해하기 쉬운 형태로 효과적으로 데이터를 보여줄 수 있는 표현방식과 이를 프로세싱하기 위한 알고리즘 등의 기술이다.

03 빅데이터의 필요성에 대하여 분석한다.

1. 생산성 향상

민간 및 공공이 가지고 있는 빅데이터를 활용하여 행정 효율성 제고, 세수확대, 생산성을 향상시키고 비용을 대폭 감소시킨다.

2. 기술경쟁력 확보

빅데이터 관련 기술연구 개발지원과 데이터 과학장 등 전문인력 양성을 통한 기술경쟁력을 확보한다.

3. 정부의 혁신을 지원

빅데이터를 활용하여 시화현안 및 국민의 니즈를 파악하여 미래 전략수립 및 선제적 공공 서비스 등 정부 혁신을 지원한다. 그리고 경제, 복지, 안전, 고령화 등 국가현안에 합리적, 선제적으로 대응하여 예방 행정체계를 강화한다.

학습활동.6 **교수 · 학습 방법**

교수 방법

- 사물인터넷의 빅데이터에 대한 관련 용어, 구성, 방식이해 정도를 파악한 후 수업을 진행한다.
- 교수자의 주도로 사물인터넷의 빅데이터 등의 내용을 PPT 자료로 제시한 후 설명한다.
- 가능하면 사전에 개인별 학습자료를 준비하여 모든 학생이 참여할 수 있는 문제해결식 수업, 협력 수업이 가능하도록 한다.
- 사물인터넷의 빅데이터의 구성과 특징 전 과정을 작업의 순서에 따라 단계적으로 실습이 이루어질 수 있도록 지도한다.
- 교재를 통해 수업을 준비하는데 있어서 필요한 모든 정보나 팁, 힌트 등 도움이 될 만한 내용들을 확인할 수 있다.
- 학생들이 만들게 될 각 모델들은 수업시간에 중점적으로 다뤄질 부분과 어휘, 질문, 답을 포함하고 있으며 또한 탐구할만한 추가적인 아이디어들도 포함하고 있다.

학습 방법

- 사물인터넷의 빅데이터에 대한 관련 용어를 숙지하고, 사물인터넷의 기초 단계에 대해 이해한다.
- 사물인터넷의 빅데이터의 각 단계별 중점 사항을 체계적으로 학습한다.
- 사물인터넷의 빅데이터의 수행순서의 전 과정을 실습한다.
- 사물인터넷의 빅데이터의 내용을 이해한다.
- 사물인터넷의 빅데이터의 구성을 이해하고 숙달이 될 때까지 학습한다.

학습활동.6 평가 및 피드백

평가 준거

- 평가자는 피평가자가 수행 준거 및 평가 내용에 제시되어 있는 내용을 성공적으로 수행할 수 있는지를 평가해야 한다.
- 평가자는 다음 사항을 평가해야 한다.

학습내용	평가항목	성취수준		
		상	중	하
사물인터넷의 빅데이터 기술개요	사물인터넷의 빅데이터 기술개요를 이해할 수 있다.			

평가 방법

- 작업 포트폴리오

학습내용	평가항목	성취수준		
		상	중	하
사물인터넷의 빅데이터 기술개요	사물인터넷의 빅데이터 기술개요를 이해할 수 있다.			

- 필기시험

학습내용	평가항목	성취수준		
		상	중	하
사물인터넷의 빅데이터 기술개요	사물인터넷의 빅데이터 기술개요를 이해할 수 있다.			

• 체크리스트를 통한 관찰

학습내용	평가항목	성취수준		
		상	중	하
사물인터넷의 빅데이터 기술개요	사물인터넷의 빅데이터 기술개요를 이해할 수 있다.			

피드백

1. 작업 포트폴리오
   - 제출한 보고서를 평가한 후 주요 사항에 대하여 표시하여 돌려준다.
2. 필기시험
   - 평가결과 성적이 저조한 학생은 보고서 제출기회를 부여한다.
3. 체크리스트를 통한 관찰
   - 실습과정에서 평가한 후 개선해야 할 사항 등을 정리하여 돌려둔다.

참고자료

[1] 김형준, Cloud Computing 기술을 활용한 BigData를 위한 아키텍처 및 기술 2011.12.

[2] "Big Data : The next frontier for innocation, competition, and productivity", McKinsey. 2011.5.

[3] High Performance Scalable Data Stores, Rick Cattell. February 22, 2010.

[4] http://www.lifeyun.com/hadoop-mapreduce.html

[5] IDC IVIEW Extracting Value from Chaos June 2011 By John Gantz and David Reinsel.

[6] TDWI Research 2011 Bigdata Analytic Report

[7] Technology forecast Making sense of Big Data A Quarterly journal 2010, Issue 3

학습 1	사물인터넷의 정의
학습 2	사물인터넷의 기본계획
학습 3	사물인터넷의 스마트 디바이스
학습 4	사물인터넷의 글로벌 동향
학습 5	사물인터넷의 기술
학습 6	사물인터넷의 빅데이터
학습 7	**사물인터넷의 클라우딩 컴퓨터**
학습 8	사물인터넷의 무선 네트워크
학습 9	사물인터넷의 스마트 센서
학습 10	사물인터넷의 표준
학습 11	사물인터넷의 보안
학습 12	사물인터넷의 스마트 홈

7-1 사물인터넷의 클라우딩 컴퓨팅 개요

학습 목표	7-1. 사물인터넷의 클라우딩 컴퓨팅 개요를 이해할 수 있다.

필요지식

1. 클라우드 컴퓨팅 정의

여러 대의 물리 서버를 하나의 가상 서버(클라우드)로 통합하고 만들어진 클라우드(Cloud)에 필요한 만큼의 성능을 갖는 필요한 수 만큼의 가상의 컴퓨터를 만들어서 사용하는 방식이다.

요즘은 개인뿐만 아니라 기업에서도 클라우드를 많이 사용하고 있는데요. 클라우드는 일시적으로 보관되는 컴퓨터 환경을 뜻한다. 즉 이용자의 모든 정보를 인터넷 상의 서버에 저장하고, 이 정보를 각종 IT 기기를 통하여 언제 어디서든 이용할 수 있는 개념이다.

클라우드로 표현되는 인터넷상의 서버에서 데이터를 저장, 처리, 네트워크, 콘텐츠 사용 등 IT 관련 서비스를 한 번에 제공하는 혁신적인 기술이라고 할 수 있다. 이렇기 때문에 최근에는 기업에서 클라우드 서비스를 이용하는 경우가 증가하고 있다.

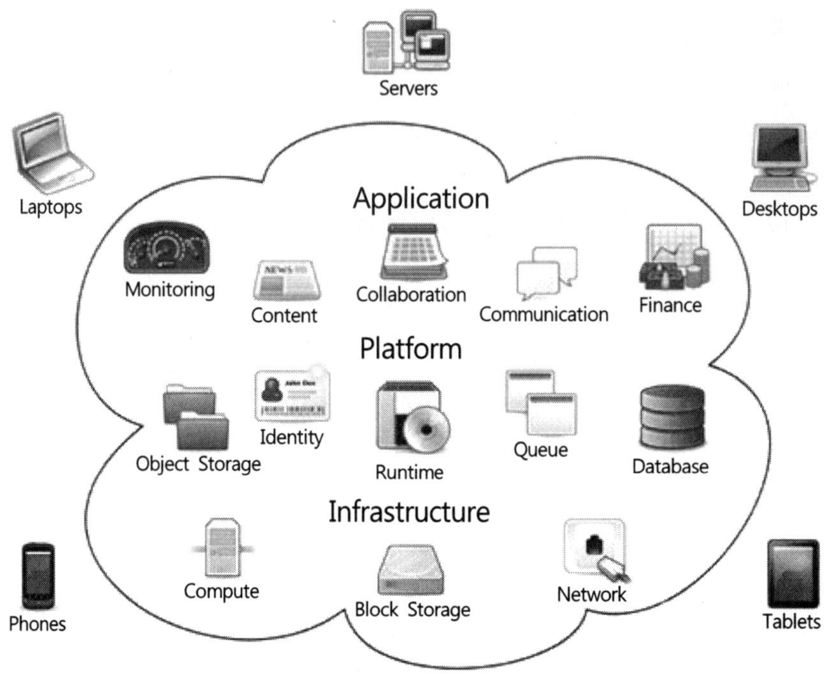

[그림 7-1] 클라우드 컴퓨팅의 구성

2. 클라우드 컴퓨팅 종류

1) 서버 가상화(Server Virtualization)

실제 운영되는 여러 서버를 하나의 가상 서버로 통합 즉각적인 비용절감 효과가 있다. 2010년 기준 신규 도입되는 서버의 80% 이상이 가상 서버로 운영되고 있다.

2) 데스크탑 가상화(Desktop Virtualization)

실제 사용되는 컴퓨터를 없애고 여러 네트워크 단말기를 통해 가상의 PC 환경을 불러다 사용하는 방식으로 초기 투자비용은 많이 들지만 ROI(Return Of Investment : 투자대비 이익)가 높기에 지속적인 환경에 점차 도입되고 있다.

즉, 내 컴퓨터는 그냥 단말기 개념이라 보면 된다. 내 컴퓨터 단말기을 이용해 서버에 접속해 서버에 깔려 있는 각종 프로그램 오피스나 윈도우 기타 프로그램을 원격으로 이용한다고 보면 된다.

3. 클라우드 컴퓨팅 분류

1) 제공형태에 따른 분류

(1) IaaS

IaaS(Infrastructure as a Service)는 서버, 스토리지, 네트워크를 가상화 환경으로 만들어 필요에 따라 인프라 자원을 사용할 수 있게 서비스를 제공하는 형태이다. 인프라 스트럭쳐 레벨을 제공하는 서비스를 의미하며, 위의 표에서 주의깊게 볼 부분은 하부의 인프라 부분만 제공된다.

즉, OS부터 상위의 모든 플랫폼이나 애플리케이션을 사용자가 직접 올릴 수 있다. 클라우드 서비스 제공자는 관리 부담이 적어진다. 가상 호스팅(VM Hosting) 서비스와 일부 유사하나, 클라우드 서비스는 Elastic 서비스 확장 관점에서 차이가 있다 .

일반적으로, 매우 적은 수의 OS만 일반적으로 제공된다(일반적으로, 일부 Linux 배포판과 Windows Server만 제공). 고객은 여전히 직접 OS와 애플리케이션을 직접 관리해야 한다. 유료 OS나 유료 DBMS에 대한 라이센스 비용은 고객부담일 수 있다(RHEL, Windows Server나 MSSQL 또는 Oracle). 관리 측면에서, 개발자와 인프라 관리자의 역할이 부담될 수 있다. 인프라 관리자는 여전히 OS 및 OS 상부 전반적 보안에 대한 책임을 가질 수 있다.

Amazon EC2(Amazon Elastic Compute Cloud) 서비스가 사용하는 방식이며, SKT나 KT, LGU^{+}와 같은 국내 이통사가 제공하는 클라우드 서비스는 2012년 1월 현재, 초기의 IaaS 모델을 제공하고 있다(국내 서비스는 향후 빠른 속도로 발전한다). 서비스사가 제공하는 형태로 VM을 이용(구축)할 경우 모니터링이나 프로비저닝 등도 손쉽게 구현 가능하다.

(2) PaaS

PaaS(Platform as a Service)는 SaaS의 개념을 개발 플랫폼에도 확장한 방식으로, 개발을 위한 플랫폼 구축을 할 필요 없이 필요한 개발요소들을 웹에서 쉽게 빌려쓸 수 있게 하는 모델이다.

구글이나 네이버, 다음 등에서 제공하는 OPEN API들이 PaaS의 일종이며, 구글의 '앱 엔진'이나 Bungee Labs의 '번지커넥트' 등은 직접 온라인 서비스를 개발에서 배포, 관리까지 가능한 플랫폼을 제공하고 있다.

개발자가 애플리케이션을 개발, 서비스하기 위해 사용가능한 서비스와 기능들이 제공되는 클라우드 서비스를 의미한다. 특히, 이미 구축 후 제공되는 인프라가 존재하기에 개발자는 상위의 플랫폼에서 빠르게 애플리케이션을 개발 및 서비스 가능한 특징이 있다.

네트워크 연결 인프라부터 애플리케이션 실행을 위한 런타임까지 제공되며 사용자는 애플리케이션과 데이터만 관리한다.

마이크로소프트 Azure Platform과 세일즈포스닷컴이 제공하는 Force.com(세일즈포스닷컴의 Salesforces - SaaS와 다른 서비스이다)이 PaaS의 대표적인 서비스이다.

PaaS는 개발자와 개발사에게 인프라나 OS, 플랫폼 관리에 대한 부담을 거의 대부분 경감시킨다. 하지만, 경험적으로 볼 때 모든 부담을 없애지는 않는다 .

PaaS 애플리케이션 서비스를 위해 대부분의 경우 비즈니스 모델과 비즈니스 로직이 추가되어야 한다. 가장 이상적인 애플리케이션 플랫폼 관점의 클라우드 모델로 업계에 받아들여지고 있다.

(3) SaaS

Saas(Software as Service)는 소프트웨어 및 관련 데이터는 중앙에 호스팅되고 사용자는 웹 브라우저 등의 클라이언트를 통해 접속하는 형태의 소프트웨어 전달 모델이다. 기존의 ASP를 확장한 개념으로 차세대 ASP로 볼 수 있다. SaaS와 ASP는 차이점이 있다.

SaaS는 전자상거래 관점의 사업적인 반면에 ASP는 전산 외주(아웃소싱)의 Coasian Economics에 기초한다. SaaS는 불특정 다수를 대상으로 전산서비스의 제공에 중점을 두어 확장성과 고객요구사항 커스터마이즈에 중점을 둔다. SaaS는 ASP의 1989년 코닥의 전산외주의 시작과는 달리 고객의 가치창조 및 고객요구를 맞추는데 초점이 맞추어져 있다. 최근의 성공사례로 고객관계 관리(CRM)영역의 CRMKorea, Salesforce.com, RightNow 등의 사례와 오래 전부터 해왔던 회계쪽 분야가 있다.

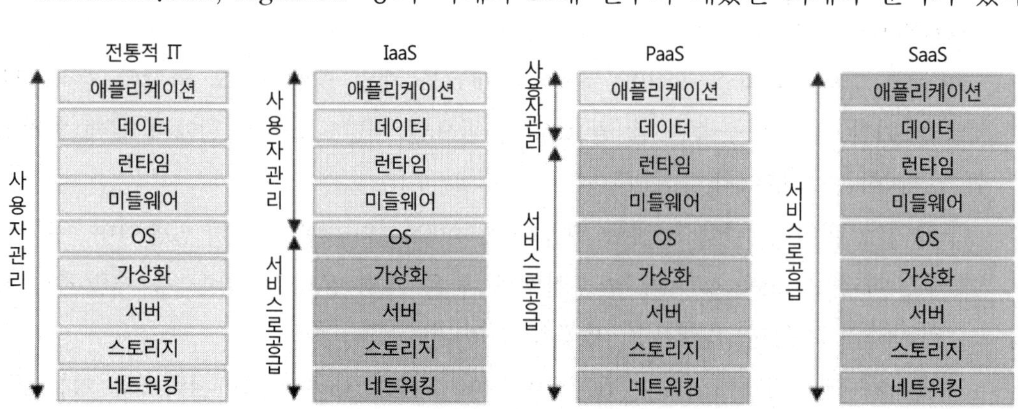

[그림 7-2] 클라우팅 컴퓨팅 분류

소프트웨어를 구입하여 사용하는 개념에서 빌려 사용하는 렌트의 개념은 점점 더 확산되고 중소기업뿐만 아니라 대기업에서도 적극적인 도입을 검토 중이며 많이 사용되고 있다.

2) 사용방식에 따른 분류

(1) 사설 클라우드

사설 클라우드(Private cloud)는 네트워크 소유자나 데이터 센터에서 가상화의 서비스와 같이 서버, 저장, 네트워크 데이터 그리고 애플리케이션을 함께 묶어 둔다. 그래서 회사 내부의 이용자들이 공유할 수 있도록 하는 것이다. 공용 클라우드와 달리 사설 클라우드는 데이터 저장과 컴퓨팅 전력을 할당할 수 있고, 또 다른 자원을 균일하게 제공할 수 있다. 재무제표와 헬스케어 제공자들은 사설 클라우드를 더 많이 이용하는데 그 이유는 민감한 재무적 자료와 개인적 데이터를 조정해야 하기 때문이다. 국내 사설 클라우드는 솔루션으로 틸론의 Astation과 Dstation 제품이 대표적이다.

(2) 공용 클라우드

공용 클라우드(Public cloud)는 아마존 웹 서비스와 같은 외부 서비스 제공자가 관리하며, 인터넷을 통해 접근하기도 하며 일반적인 공적업무를 위해 이용된다. 국내 서비스는 엘클라우드 서비스가 있다.

(3) 하이브리드 클라우드

하이브리드 클라우드(Hybird cloud)는 여러 배포모델, 즉 공용 클라우드랑 사설 클라우드의 이점을 제공, 고유한 엔티티 남아 있지만 두 개의 클라우드를 묶어 있어 프로그램과 데이터를 다른 하나의 배포 시스템에서 쉽게 이동할 수 있도록 하는 방식이다.

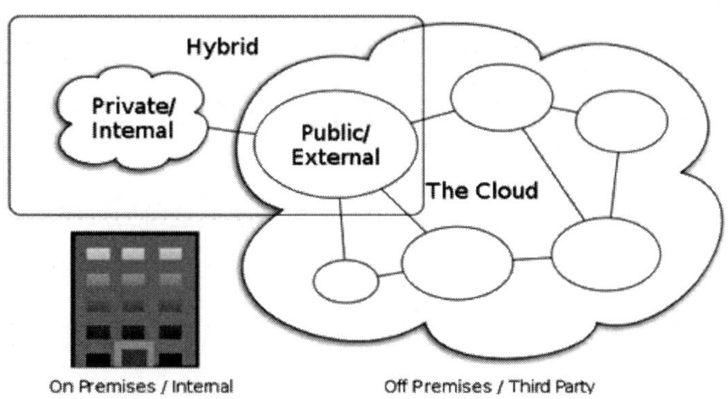

[그림 7-3] 하이브리드 클라우드

수행 내용 사물인터넷의 클라우드 컴퓨팅 개요 이해하기

재료 · 자료

- 사물인터넷 관련 자료, 사물인터넷 관련 시장전망, 개발동향 자료검색

기기(장비 · 공구)

- PC 및 자료검색 시스템

안전 · 유의사항

- 해당 자료를 사용 시 저작권 관련하여 명확히 출처를 밝히고 인용표시를 한다.
- 사물인터넷의 시장 및 응용 관련 자료를 분석 시 최신 자료를 근거로 분석해야 한다.

수행 순서

01 클라우드 컴퓨팅의 장점과 단점을 분석한다.

1. 장 점

① 초기 구입비용이 적고 휴대성이 높다.

② 초기 비용지출이 적다.

③ 컴퓨터의 가용률이 높고 이러한 높은 가용률은 그린 IT 전략과도 일치한다.

④ 다양한 기기를 단말기로 사용하는 것이 가능하며 서비스를 통한 일치된 사용자 환경을 구현할 수 있다.

⑤ 사용자의 데이터를 신뢰성 높은 서버에 보관함으로써 안전하게 보관할 수 있다.

⑥ 능력을 키우고 자신의 컨트롤에 이러한 자원의 프로 비저닝을 넣어 컴퓨팅 리소스의 최종 사용자로 중앙 IT 서비스 관리 민첩성이 다시 공급기술 인프라 자원에 대한 사용자의 능력이 향상된다.

2. 단 점

① 서버가 공격당하면 개인정보가 유출될 수 있다.

② 재해에 서버의 데이터가 손상되면, 미리 백업하지 않은 정보는 되살리지 못하는 경우도 있다.

③ 사용자가 원하는 애플리케이션을 설치하는 데에 제약이 심하거나 새로운 애플리케이션을 지원하지 않는다.

④ 통신환경이 열악하면 서비스받기 힘들다.

02 공용 및 사설 클라우드 컴퓨팅의 장점과 단점을 분석한다.

〈표 7-1〉

구 분	공용 클라우드	사설 클라우드
개념	다수의 대중을 위한 인터넷 기반 클라우드	오직 한 조직만을 위해서 운영하는 클라우드
장점	• 활용도 증가 • 최소의 투자로 최대의 성과 • 이용한 만큼 지불 • 서비스 적기 제공 • 높은 수준의 탄력성 • SaaS 활용 용이	• 특정 임무 중심의 애플 구성 • 보안 및 신뢰성 제고 • 네트워크 대역폭 제약없음 • 인터넷 접속가능 제약없음 • 서비스 수준 관리 가능 (SLA : Service Level Agreement)
단점	• 고객사의 통제권한 부족 • 매월 이월료 납부하는 번거로움 • 지원비용 증가 • 전문적인 서비스 제공 어려움	• 장비, 하드웨어 비용 • 가상화 기술 비용 • 데이터센서 기술 비용 • 높은 인력 비용 • 낮은 탄력성
주요기업	아마존 웹서비스, 구글 앱스, 세일즈포스, 네이버, 다음, KT, SKT	IBM, HP, VMWARE, EMC
추천 고객사	매출 10억 달러 이하의 기업들이 많이 사용하고 있음	매출 10억 달러 이상의 기업들이 많이 사용하고 있음

03 IaaS, PasS, SaaS 클라우드 컴퓨팅의 개념, 업체를 분석한다.

1. IaaS 클라우드

1) 개 념

IaaS는 서버, 네트워크, 스토리지를 사용하여 가상화 기술을 이용하여 고객에게 필요할 때 즉시 가상화 자원을 제공하는 서비스 형태를 말한다.

2) IaaS형 클라우드를 제공하는 업체

① 호스트웨이, FlexCloud Servers, www.hostway.co.kr

② SKT, TCloud biz, http : //www.tcloudbiz.com

③ KT, 유클라우드cs, http : //home.ucloud.olleh.com

3) 중요한 부문

① 보안이 잘 되어 있어야 한다.

② 확장성이 보장되어 있어야 한다.

③ 고가용성이 확보되어야 한다.

2. PaaS 클라우드

1) 개 념

PaaS 서비스의 경우는 IaaS를 기반에 두고 그 위에 개발 플랫폼을 제공하여 고객이 따로 개발 플랫폼을 구축할 필요 없이 필요한 개발요소를 웹에서 쉽게 빌려서 사용할 수 있게 하는 모델로 구글이나 네이버의 OPEN API들이 PaaS 서비스에 해당된다. 우리가 클라우드에 Public API를 만들어서 제공을 하게 되면 이것이 PaaS 서비스의 하나가 된다.

2) 업체(국내업체는 찾기 좀 힘들다.)

구글 앱 엔진 : http : //appengine.google.com/

3. SaaS 클라우드

1) 개 념

SaaS 서비스의 경우 예전 ASP 모델이 진화하여 만들어진 것으로 소프트웨어 및 관련 데이터를 중앙에 두고 고객은 웹이나 클라이언트를 통해 접속하여 사용하는 형태의 모델이다. 대표적인 예로 Salesforce.com을 들 수 있다.

2) 업 체

① Salesforce

② MS Office 365

③ Google apps

학습활동.7 교수 · 학습 방법

교수 방법

- 사물인터넷의 클라우딩 컴퓨팅에 대한 관련 용어, 구성, 방식이해 정도를 파악한 후 수업을 진행한다.
- 교수자의 주도로 사물인터넷의 클라우딩 컴퓨팅 등의 내용을 PPT 자료로 제시한 후 설명한다.
- 가능하면 사전에 개인별 학습자료를 준비하여 모든 학생이 참여할 수 있는 문제해결식 수업, 협력 수업이 가능하도록 한다.
- 사물인터넷의 클라우딩 컴퓨팅의 구성과 특징 전 과정을 작업의 순서에 따라 단계적으로 실습이 이루어질 수 있도록 지도한다.
- 교재를 통해 수업을 준비하는데 있어서 필요한 모든 정보나 팁, 힌트 등 도움이 될 만한 내용들을 확인할 수 있다.
- 학생들이 만들게 될 각 모델들은 수업시간에 중점적으로 다뤄질 부분과 어휘, 질문, 답을 포함하고 있으며 또한 탐구할만한 추가적인 아이디어들도 포함하고 있다.

학습 방법

- 사물인터넷의 클라우딩 컴퓨팅에 대한 관련 용어를 숙지하고, 사물인터넷의 기초 단계에 대해 이해한다.
- 사물인터넷의 클라우딩 컴퓨팅의 각 단계별 중점 사항을 체계적으로 학습한다.
- 사물인터넷의 클라우딩 컴퓨팅의 수행순서의 전 과정을 실습한다.
- 사물인터넷의 클라우딩 컴퓨팅의 내용을 이해한다.
- 사물인터넷의 클라우딩 컴퓨팅의 구성을 이해하고 숙달이 될 때까지 학습한다.

학습활동.7 평가 및 피드백

평가 준거

- 평가자는 피평가자가 수행 준거 및 평가 내용에 제시되어 있는 내용을 성공적으로 수행할 수 있는지를 평가해야 한다.
- 평가자는 다음 사항을 평가해야 한다.

학습내용	평가항목	성취수준		
		상	중	하
사물인터넷의 클라우딩 컴퓨팅 개요	사물인터넷의 클라우딩 컴퓨팅 개요를 이해할 수 있다.			

평가 방법

- 작업 포트폴리오

학습내용	평가항목	성취수준		
		상	중	하
사물인터넷의 클라우딩 컴퓨팅 개요	사물인터넷의 클라우딩 컴퓨팅 개요를 이해할 수 있다.			

- 필기시험

학습내용	평가항목	성취수준		
		상	중	하
사물인터넷의 클라우딩 컴퓨팅 개요	사물인터넷의 클라우딩 컴퓨팅 개요를 이해할 수 있다.			

- 체크리스트를 통한 관찰

학습내용	평가항목	성취수준		
		상	중	하
사물인터넷의 클라우딩 컴퓨팅 개요	사물인터넷의 클라우딩 컴퓨팅 개요를 이해할 수 있다.			

피드백

1. 작업 포트폴리오
   - 제출한 보고서를 평가한 후 주요 사항에 대하여 표시하여 돌려준다.
2. 필기시험
   - 평가결과 성적이 저조한 학생은 보고서 제출기회를 부여한다.
3. 체크리스트를 통한 관찰
   - 실습과정에서 평가한 후 개선해야 할 사항 등을 정리하여 돌려둔다.

학습 1	사물인터넷의 정의
학습 2	사물인터넷의 기본계획
학습 3	사물인터넷의 스마트 디바이스
학습 4	사물인터넷의 글로벌 동향
학습 5	사물인터넷의 기술
학습 6	사물인터넷의 빅데이터
학습 7	사물인터넷의 클라우딩 컴퓨터

학습 8	**사물인터넷의 무선 네트워크**

학습 9	사물인터넷의 스마트 센서
학습 10	사물인터넷의 표준
학습 11	사물인터넷의 보안
학습 12	사물인터넷의 스마트 홈

8-1 사물인터넷의 무선 네트워크 개요

학습 목표	8-1. 사물인터넷의 무선 네트워크 개요를 이해할 수 있다.

필요지식

1. 무선 네트워크 기술의 특징

정보기술의 급속한 발전에 따라 모든 사물이 지능화되고 네트워크화 됨으로써 사물과 사람, 사물과 사물간의 의사소통이 가능한 사회 즉, 지능기반사회(Ubiquitous Society)로 변해가고 있다. 현재 세계 각 국에서 진행되고 있는 사물인터넷 시대의 주요 수단으로서 전파식별(Radio Frequency Identification : RFID)과 USN(Ubiquitous Sensor Network)에 대한 관심이 높아지고 있다.

RFID는 제품에 태그(Tag)를 부착하여 사물의 정보를 확인하고 주변 상황정보를 수집 · 저장 · 가공 · 추적함으로써 위치정보, 원격처리, 관리 및 정보교환을 가능케 하는 기술이다. 이러한 RFID 서비스를 위한 시스템은 기본적으로 태그라고 불리는 고유정보를 전기적으로 저장하는 트랜스폰더(Transponder), 해독기를 가진 송수신기 역할을 하는 리더기, 호스트 컴퓨터 이렇게 3가지의 구성요소로 이루어진다.

USN은 단순 인식정보를 제공하는 전자태그에 Sensing 기능이 추가되고 이들 간의 네트워킹이 이루어져 실시간으로 통신이 가능하게 되는 형태를 의미한다. 즉, 필요한 모든 사물에 전자태그를 부착하고(Ubiquitous), 이를 통하여 사물의 인식정보를 기본으로 주변의 환경정보(온도, 습도, 오염정보, 균열정보 등)까지 탐지하며(Sensor), 이를 실시간으로 네트워크에 연결하여 정보를 관리하는 것으로 (Network) 궁극적으로 모든 사물에 Computing 및 Communication 기능을 부여하여 Anytime, Anywhere, Anything 통신이 가능한 환경을 구현하기 위한 것이다.

2. 무선 네트워크의 역사

옛날의 통신시스템은 연기신호나 비둘기를 통한 배달 등이었다. 그리고 무선통신은 G.마르코니에 의하여 1980년대에 고안되었고, 다량의 정교한 군사 무선 시스템은 2차 세계대전 동안과 이후에 개발되었다. 셀룰러는 1988년에 개발된 이래 거의 10억의 소비자가 사용되는 가장 성장이 뛰어나고 무선통신의 혁신적인 제품으로 거듭나고 있다. 그러나 1세대 무선 통신 LAN, 이리디움(iridium), Metricom 등 깜짝 놀란만한 비즈니스의 실패도 가져왔다.

3. 무선 네트워크 기술

무선 네트워크 기술은 주파수영역에 따라 WAN, LAN, PAN으로 구분하고 데이터 전송비율에 따라서 그림처럼 구분되는데, TinyOS가 제공하는 영역은 블루투스 및 지그비 영역과 ISM 밴드 주파수 영역을 포함한다.

지그비의 중요한 목표는 정보처리의 상호운용을 가능하게 하고 광대역에서 낮은 데이터 전송률의 무선 애플리케이션을 사용하게 하는 단순화된 솔루션을 OEM과 개발자에게 제공하는 것이다. 지그비는 몇몇 장점을 가지고 있는 피어 - 투 - 피어, 매쉬 네트워킹과 같은 네트워크 토폴로지로 이루어진 다른 많은 타입에도 적합하다.

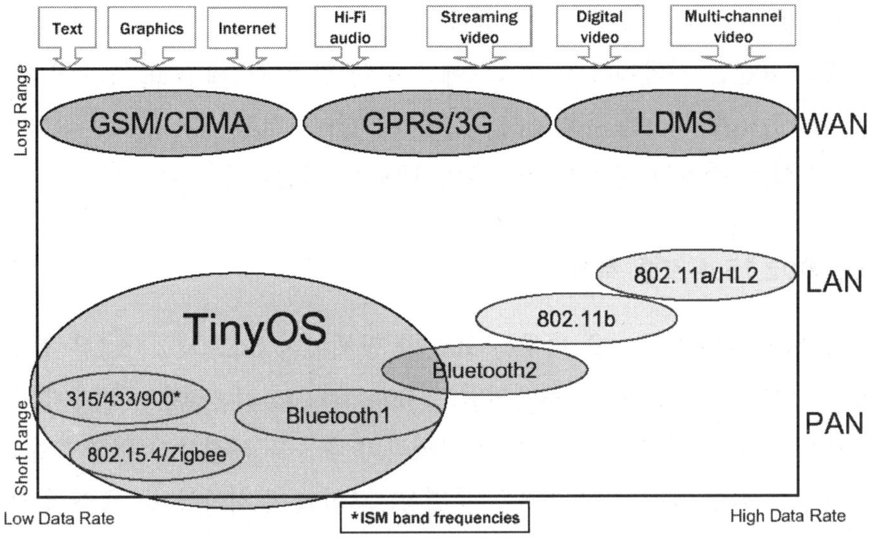

[그림 8-1] 주파수영역 및 데이터 전송비율별 구분

4. 무선 주파수 스펙트럼

사물인터넷을 통한 무선 통신은 무선 스펙트럼(Spectrum)에 의한 주파수의 항목에 따라 RF 에너지를 사용하여 자유공간을 통하여 통신을 한다. ISM(Instrumentation Scientific Medical), 즉 기계, 과학, 의료기기 등의 많은 다른 장치들이 이 스펙트럼 안에서 동작한다. 흥미있는 역사적인 기록에서 ISM 밴드는 특별한 주파수(예를 들면, 마이크로웨이브 오븐)에서 RF(Radio Frequency) 에너지를 발산하기 위한 전장장치를 위한 것으로 되어 있다.

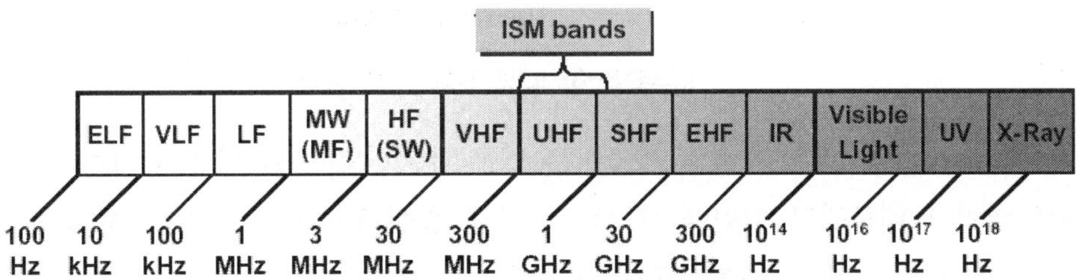

[그림 8-2] 무선 주파수 스펙트럼

5. 무선 네트워크의 표준화

시장에서 손쉽게 채택할 수 있는 상호작용하는 시스템은 표준화를 요구하고 있다. 대부분의 회사들은 사실상 표준에 대하여 양자택일을 시도함에 따라서 표준에 따라서 그들의 시스템에 탑재하기를 원한다.

그리고 표준은 미국에서 TIA/CTIA에 의하여 결정되는데 IEEE 표준이 자주 선택되고 있다. 전세계 표준은 유럽에서 ITU-T에 의하여 결정된다. ETSI는 IEEE와 동등하다. 표준화는 관심의 충돌과 비효율이 내포한 과정이다.

6. IEEE 802.15.4 표준 특징

IEEE 802.15는 WPAN을 다루는 표준화 단체이며 IEEE 802.15.1은 블루투스로서 2002년 초에 표준으로 이미 채택되었고, IEEE 802.15.2는 같은 주파수대역을 사용하는 무선 LAN과의 공존성 및 같은 기기끼리의 충돌을 해결하기 위한 그룹이며, 2000년 3월에 시작한 IEEE 802.15.3은 동영상, 고화질 정지화상 등 중대역 멀티미디어 무선 전송을 위한 고속 전송기술 표준을 제정하기 위한 그룹이다.

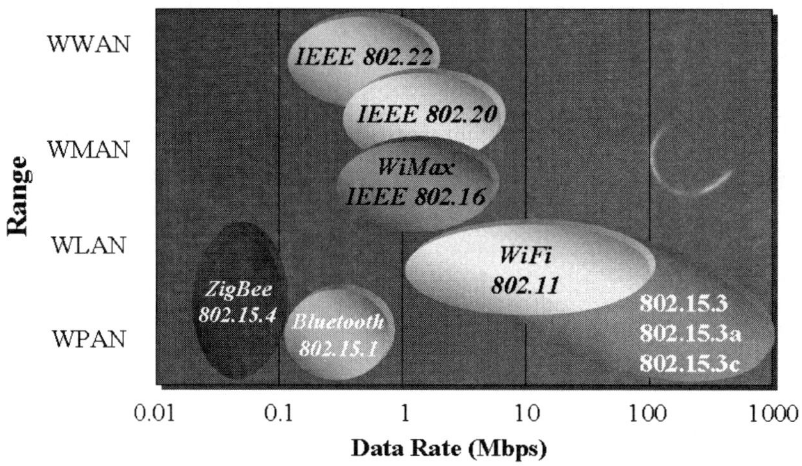

[그림 8-3] IEEE 802 무선 공간

저속 W-PAN을 위한 기술인 지그비는 낮은 데이터 전송률 기반의 가정 자동화 및 무선 데이터 네트워크 실현에 요구되는 무선 통신기술이다. 이러한 지그비 기술의 표준화를 위해 지난 2000년 12월에 창설된 IEEE 802.15 Task Group 4, 즉 TG4에서는 저속 W-PAN을 위한 PHY 및 MAC의 표준화를 진행하고 있고, 관련 산업체 콘소시엄인 지그비 Alliance에서는 PHY 및 MAC을 비롯해서 데이터 링크 계층, 네트워크 계층, 응용계층까지의 표준화에 박차를 가하고 있다.

한편, 지그비를 위한 최초의 기술 표준인 IEEE 802.15.4는 ARQ(Automatic Repeat reQuest)를 통한 높은 신뢰성, 오류제어 능력, 우선순위에 따른 통신, 직접 시퀀스

대역확산 기술사용, 간섭방지를 위한 사용주파수 변환, 사용자에 의한 보안수준 결정 등을 제공하는 강력한 패킷 데이터 프로토콜을 제시하고 있다.

지그비는 가정 또는 사무실의 조명, 보안 등을 무선으로 제어할 수 있는 효율적인 네트워크를 구축하기 위한 핵심기술로 고려되고 연결 기기들의 전력소모가 적은 것이 특징이며, 휴대전화, 노트북 등을 1Mbps의 속도로 연결시켜주는 기존 블루투스의 저속 및 보급형 버전이라고 말할 수 있다. 이러한 지그비를 위한 물리계층은 Dual PHY 형태로서 사용하는 주파수대역은 무선 전화, IEEE 802.11b, 전자레인지 등의 동작대역과 같은 2.4GHz ISM(Industrial, Scientific and Medical) 대역, 그리고 868MHz 및 915MHz 대역을 점유하고 있다. 또한, 하나의 무선 네트워크에 최대 255대의 지그비 기기를 연결할 수 있으며, 저전송률 단점을 극복하기 위해 전력소모를 최소화하도록 설계되고 있다.

수행 내용 사물인터넷의 무선 네트워크 개요 이해하기

재료 · 자료

• 사물인터넷 관련 자료, 사물인터넷 관련 시장전망, 개발동향 자료검색

기기(장비 · 공구)

• PC 및 자료검색 시스템

안전 · 유의사항

• 해당 자료를 사용 시 저작권 관련하여 명확히 출처를 밝히고 인용표시를 한다.
• 사물인터넷의 시장 및 응용 관련 자료를 분석 시 최신 자료를 근거로 분석해야 한다.

수행 순서

01 무선 네트워크 통신 채널 모델 및 기술을 분석한다.

1. 무선 통신 채널 모델

무선 통신 채널은 데이터 소스로부터 데이터 해석까지 모든 구성요소가 포함하는 수신기까지 데이터 이동 패스이다.

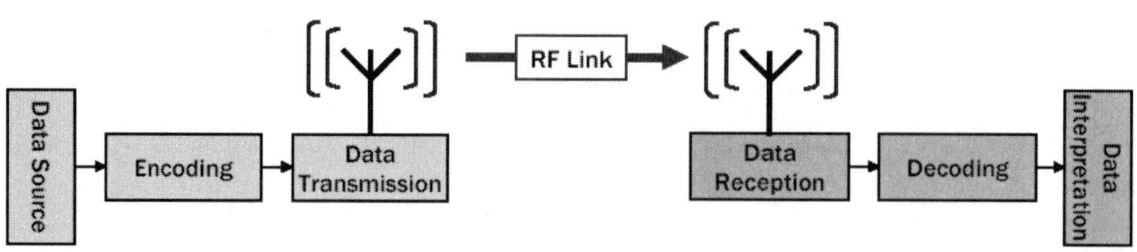

[그림 8-4] 무선 통신 채널 모델

1) **데이터 소스(Source)**

센서로부터 읽은 ADC, 하나의 파일, 불연속(Discrete) 입력값들을 말한다.

2) **데이터 부호화(Encoding)**

데이터의 패킷화(packetizing), 부호화(Encryption), 데이터 부호화나 생데이터(Raw)를 말한다.

3) **데이터 전송(Transmission)**

TX 모드에서 무선 데이터 송신을 말한다.

4) **RF 링크(Link)**

자유공간에서 TX로부터 RX까지 RF 파형을 이동하는 방법인데 이는 안테나에 의하여 촉진된다.

5) **데이터 수신(Reception)**

RX 모드에서 무선 데이터 수신을 말한다.

6) **데이터 디코딩화(Decoding)**

데이터는 만약 필요하다면 역부호화(Decryption)나 복조된다.

7) **데이터 해석(Interpretation)**

Mote에 있는 펌웨어(Firmware)는 데이터를 가지고 어떤 동작을 실행한다.

8) **안테나**

안테나는 자유공간에 전도체로써 RF 에너지의 전송을 촉진시키는 것이다. 안테나가 없으면 TX 영역은 크게 감소한다.

9) **RF Link의 전파지연장치 및 전파지연**

RF 링크의 전파지연장치는 지구표면, 빌딩 혹은 벽에 의하여 반사(Reflection)되고, 파형길이보다 큰 물체 주변을 파형이 굴절되는 회절(Diffraction)현상이 생기고, 파형의 길이보다 보다 작은 물체인 거리 램프나 잎사귀에 따라 분산(Scattering)현상이 발생한다.

RF의 전파지연(Propagation)은 대규모 감쇠(Fades)인 흡수(Absorption)와 쉐도우(Shadow)와 소규모 감쇠인 멀티패스(Multipath) 영향과 목적물 주변이동 등이 있다.

학습8 사물인터넷의 무선 네트워크

RF 신호는 전형적으로 TX부터 RX까지 멀티패스를 가지고 있다. 멀티패스는 [그림 8-5]처럼 최악의 경우 180도에서 발생하는 유해한 간섭이 될 수도 있다. RF전력(Power)의 단위는 dBm을 쓴다. 무선과 RF 링크의 특성은 dBm과 dB의 항목의 양으로 나타낸다.

dBm은 전력 1mW와 비교하여 측정하고 전력에서 변화를 측정한다. 그리고 유용한 전환은 3dB는 전력에서 2배로 변화하고 6dB는 4배로 변화하고, 10dB는 10배 변화한다(dBm=10log(전력)이다).

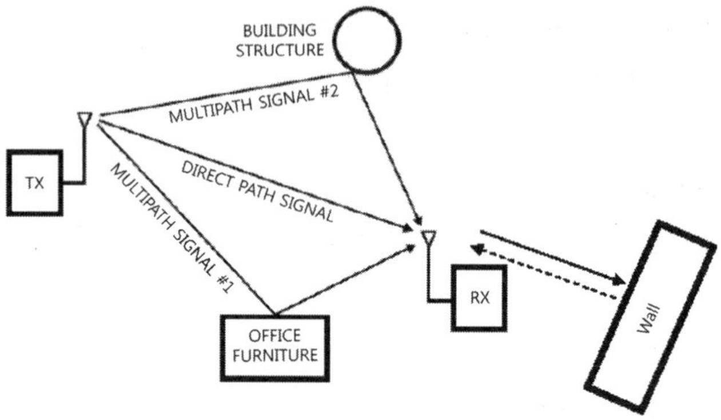

[그림 8-5] 멀티패스의 경우

10) RF의 간섭 및 변조

간섭(Interference)의 3가지 소스는 자연에 의한 것, 사람이 만드는 노이즈, 사람이 만드는 신호들이다. 통신기의 변조(Modulation)는 RF 하드웨어에 있다. 즉 어떤 통신 단말기상에 무선 칩셋상에서 맨체스터 인코딩을 가진 FSK(Frequency Shift Keying)을 사용하고 또 다른 단말기상에 어떤 무선 칩셋상에 Half sine 펄스 Shaping을 가진 O-QPSK(Offset Quadrature Phase Shift Keying)을 사용한다.

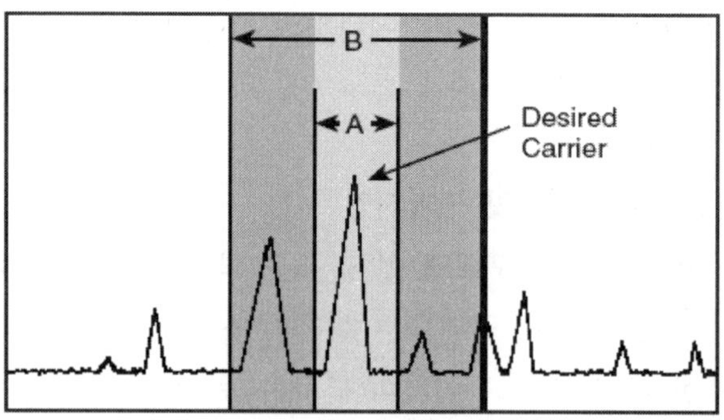

[그림 8-6] RF의 간섭

02 무선 네트워크의 지그비, 블루투스, 와이파이를 비교 분석한다.

1. 와이파이, 블루투스 및 지그비의 특성 비교

Market Name Standard	Wi-Fi™ 802.11b	Bluetooth ™ 802.15.1	ZigBee™ 802.15.4
Application Focus	Web, Email, Video	Cable Replacement	Monitoring & Control
System Resources	1MB+	250KB+	25KB - 50KB
Battery Life (days)	.5 - 5	1 - 7	100 - 1,000+
Network Size	32	7	255 / 65,000
Bandwidth (Kb/s)	11,000+	720	20 - 250
Transmission Range (meters)	1 - 100	1 - 10+	1 - 100+
Success Metrics	Speed, Flexibility	Cost, Convenience	Reliability, Power, Cost

[그림 8-7] 와이파이, 블루투스, 지그비의 특성 비교

2. 지그비와 블루투스 비교

저가, 저전력의 빠른 데이터 전송기술을 자랑하는 지그비(ZigBee)는 이미 잠재 고객들의 주목을 받고 있다. 이들 업체는 Honeywell과 Eaton사와 같은 산업제어 및 홈오토메이션 업체들에서부터 Mattel사와 같은 장난감업체에 이른다. 또한 이들 모두는 지그비의 물리적 및 미디어 액세스 제어 레이어의 기술사양 개발을 담당하고 IEEE 802.15.4 그룹에 참여하고 있다.

지그비의 전력소모는 매우 낮기 때문에 배터리가 수개월에서 수년간 지속될 수 있다. 지그비 프로토콜은 블루투스(Bluetooth)나 고속 PAN(Personal-Area Networks), 또는 IEEE 802.11x 무선 랜(LAN) 프로토콜보다 훨씬 간단하다.

IEEE 802.15.4 사양이 요구하고 있는 전 기능 및 일부 기능 디바이스용 애플리케이션 스택을 포함하는 8비트 마이크로컨트롤러를 선택 옵션으로 제공한다.

지그비의 RF 링크 프로토콜과 가전 애플리케이션은 8비트 마이크로컨트롤러가 주축이 되는 반면에 블루투스는 베이스밴드 프로토콜 스택을 관리할 전용 코어와 프로토콜 인터페

이스 및 애플리케이션을 관리할 전용 호스트 디바이스를 필요로 한다.

지그비의 RF 링크 프로토콜과 사용자 애플리케이션은 단지 8비트 마이크로컨트롤러를 기반으로 동작하고, 실행 코드 사이즈의 크기가 작으므로 전체 지그비 스택을 위한 코드 사이즈가 32kbyte 이하로 구현 가능하며, 지그비의 코드 사이즈는 고객이 전 기능을 원하지 않으면 일부 기능에 따라 4~30kbyte의 코드와 300byte~4kbyte RAM으로 작다. 반면에 블루투스는 전체 소프트웨어 스택의 경우 100~200kbyte의 코드와 약 150kbyte ROM을 필요로 한다.

〈표 8-1〉

항 목	지그비	블루투스
시스템 리소스	4~32KB	250KB 이상
배터리 수명	100~1000일 이상	1~7일
네트워크 크기	255/65,000	7
대역폭(KB/s)	20~250	720
전송영역(m)	1~100m 이상	1~10m
Link 비율	20~250kps	1Mbps
네트워크 접속시간	30ms	3s
air interface	FHSS	DSSS
프로토콜 스택	28kb	250kb

3. 블루투스 변천과정

블루투스(Bluetooth)는 1994년 스웨덴의 통신장비 제조사 Ericsson에 의해 개발된 근거리 무선 통신(Personal Area Networks : PANs)을 위한 산업표준이다. 블루투스라는 이름은 덴마크의 국왕 헤럴드 블라트란트를 영어식으로 바꾼 것인데, 블루투스가 스칸디나비아 반도를 통일한 것처럼 무선 통신도 블루투스로 통일하자는 의미로 지어졌다.

블루투스 SIG(Special Interest Group)에서는 1999년 Bluetooth 1.0 Specification을 공개한 이래로 지금까지 지속적으로 새로운 버전들을 발표하고 있다. Bluetooth Specification에 대한 발전과정을 간략히 정리해보면 〈표 8-3〉과 같다.

〈표 8-2〉 Bluetooth Specification에 대한 변천과정

연 도	내 용
1999년 07월	Bluetooth v1.0 draft, a
1999년 12월	Bluetooth v1.0B
2001년 02월	Bluetooth v1.1
2003년 11월	Bluetooth v1.2
2004년 08월	Bluetooth v2.0+EDR(Enhanced Data Rate)
2007년 07월	Bluetooth v2.1+EDR(Enhanced Data Rate)
2009년 04월	Bluetooth v3.0+HS(High Speed)
2010년 06월	Bluetooth v4.0
2013년 12월	Bluetooth v4.1

출처 : The Magazine of the IEIE 2014. 8.

4. 블루투스 v4.1의 특징

블루투스 v4.1은 블루투스 세계에 있어서 중요한 진화를 의미하는 업데이트이다. 이번 업데이트에서는 사용자들에게 LTE와의 공존성을 높여 사용편의성을 향상시키고, 대용량 데이터 전송을 가능하게 할 뿐만 아니라, 기기들이 동시에 다양한 역할들을 수행할 수 있도록 지원함으로써 개발자들에게는 보다 혁신적이고 유연한 개발이 가능할 수 있도록 하였다. 또한 IP(Internet Protocol) 기반의 연결을 위한 초석을 마련하여 사물인터넷에 필수적인 무선 연결로서의 블루투스 기술 역할을 확대하였다.

5. 저전력 블루투스

저전력 블루투스(Bluetooth Low Energy : BLE)는 블루투스 스마트라고도 불리며 최신 스마트폰 및 운영체제들은 이를 지원하며, 웨어러블 디바이스, 비콘 서비스 등에 이용되고 있다. 전통적 블루투스 통신기술보다 전력소모량이 1/2에서 1/10까지 줄었으며, 128bit AES를 사용하여 보안이 강화되었다.

8-2 무선 센서 네트워크의 개념 및 기술

학습 목표	8-2. 무선 센서 네트워크의 개념과 기술을 이해할 수 있다.

필요지식

1. 유비쿼터스 컴퓨팅 핵심기술

유비쿼터스 혁명을 가져오는 원동력은 정보통신기술의 혁신이라고 볼 수 있다. 유비쿼터스 컴퓨팅을 구현하는 데 특히 중요시되는 기술로는 다섯 가지 핵심기술인 센서, 프로세서, 커뮤니케이션, 인터페이스, 보안이다.

환경을 스스로 인지하고 판단하기 위해서는 센서, 프로세서, 커뮤니케이션이라는 세 가지 기술이 결합되어야 하며, 자연스럽게 커뮤니케이션하기 위해서는 인터페이스 및 보안기술이 필요하다. 이 때문에 이 다섯 가지 기술은 유비쿼터스 컴퓨팅 구현에 있어 핵심요소라고 할 수 있다.

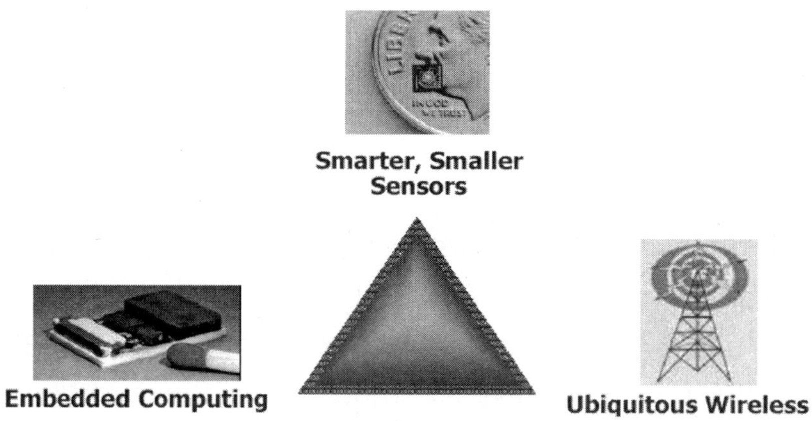

[그림 8-8] 기술의 컨버전스

1) 센 서

센서는 외부의 변화를 감지하는 것으로서 유비쿼터스 컴퓨팅 환경에서 입력장치 역할을 하게 되고, 센서는 시청각 정보는 물론 빛, 온도, 냄새 등 물리적 · 화학적 에너지를 전기신호로 바꾸는 역할을 하며, 유비쿼터스 컴퓨팅을 구성하는 가장 기본단위가 된다. 센서는 인터페이스 기술과 함께 기존 컴퓨팅 환경과 가장 크게 구분되는 기술이다. 기존 컴퓨팅에서는 인터페이스와 센서의 기능을 인간이 대신하는 형태이지만 유비쿼터스 컴퓨팅에서는 이것이 전자화되는 것이다. 예를 들어 현재는 사람이 '어둡다'라고 인지하고 나서 전등을 켜지만, 유비쿼터스 컴퓨팅에서는 센서가 어둡다는 것을 판단하여 자동으로 전등을 켜게 되고, 또 사용자가 침대에 누워 책을 보다가 잠이 드는 경우, 센서가 사용자의 움직임, 시간 등을 감지해서 자동으로 불을 끄는 식이다.

센서가 널리 쓰이기 위해서는 소형화, 저가화, 저전력화가 필수 선결 조건이다. 그런데 최근 USN, 즉 Ubiquitous Sensor Network가 유비쿼터스 시대의 센서 네트워크로 급부상하고 있다. USN은 필요한 모든 것(곳)에 전자태그(Radio Frequency Identification : RFID)를 부착하여 사물의 인식정보를 주변의 환경정보(온도, 습도, 오염정보, 균열정보 등)를 탐지하여 실시간으로 네트워크에 연결하여 정보를 관리하는 것이다.

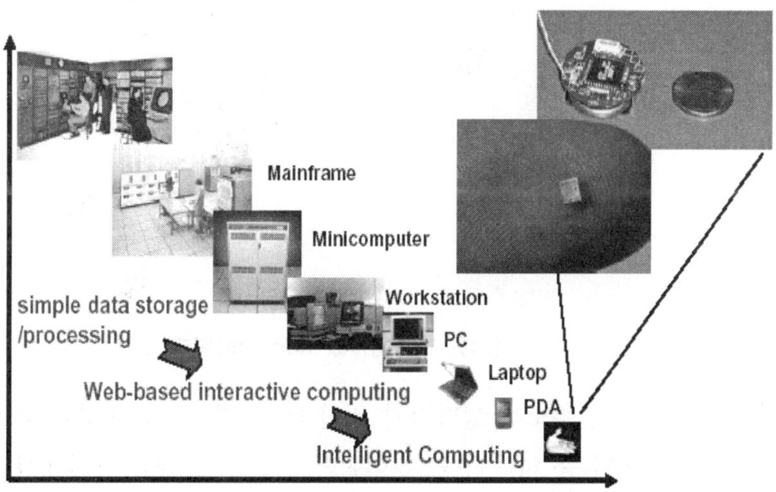

[그림 8-9]

2) 프로세서

프로세서는 센서를 통해 얻은 데이터를 분석하고 판단하는 역할이다. 프로세서가 유비쿼터스 컴퓨팅 환경에서 원활히 사용되기 위해서는 운영체제가 간단하고 실시간 처리가 가능해야 한다. 이러한 특성으로 인해 현재 Tiny OS, TRON, 즉 The Real-Time Operating System Nucleus 등의 운영체제가 유비쿼터스 시대의 OS로 주목받고 있다.

3) 커뮤니케이션

커뮤니케이션는 사용자와 사물, 사물과 사물 간의 상호작용이나 의사소통을 위해서는 이를 지원할 수 있는 근거리 무선통신기술, 즉 커뮤니케이션 기능이 필수적이다. 유비쿼터스 시대에는 수많은 사물들이 유선으로 연결되는 것은 사실상 불가능할 것으로 보이기 때문에 근거리 무선통신기술인 지그비(ZigBee) 블루투스(Bluetooth), UWB(Ultra-Wide Band) 등의 기술이 대안으로 떠오르고 있다.

또한 시시각각 위치가 변하는 사물들을 동적으로 연결하기 위한 Ad-hoc 네트워크 기술이 필요하게 되었다. Ad-hoc 네트워크은 이동단말들이 중계국과 단말의 기능을 동시에 수행하여 이동단말들만으로 네트워크를 구성하는 시스템으로서 사막이나 네트워크 기반 인프라가 취약한 곳에서 효과적으로 네트워크를 확장할 수 있다.

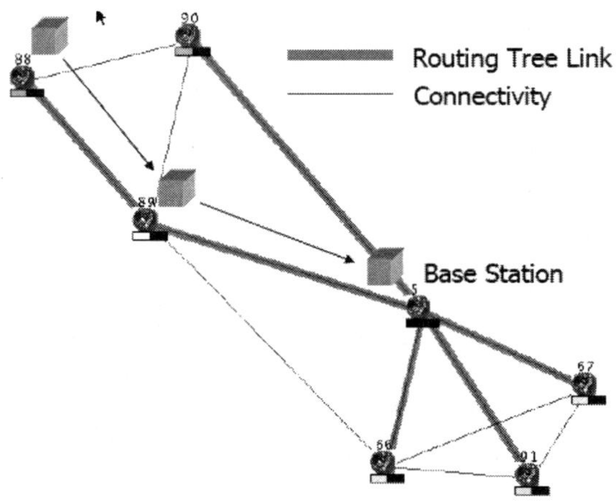

[그림 8-10] Ad-hoc 네트워크

아울러 모든 사물에 주소를 할당하기 위한 IPv6, 즉 Internet Protocol version 6의 확산도 필수 선결과제 중 하나이다. 유비쿼터스 컴퓨팅 환경 아래에서는 정보단말기의 수가 폭발적으로 증가할 것이기 때문에 향후 IP 주소 수요 역시 큰 폭으로 증가할 것이다.

따라서 현재의 32비트 방식 IP 주소체계인 IPv4로는 수년 내에 전세계적인 IP 주소 고갈상태에 이를 것으로 보인다. 현재의 IPv4로는 약 43억개 정도의 IP 주소 할당이 가능한데, 폭발적으로 증가하는 컴퓨팅 디바이스 수로 인한 IP 주소 수요증가에 턱없이 부족할 것이다.

따라서 128비트 방식의 차세대 주소체계인 IPv6 도입이 조속히 이루어질 필요하다. IPv6에서는 거의 무한대에 가까운 340간(澗)개의 주소를 확보할 수 있다. '간'은 즉 2의 128승을 표시한다.

4) 인터페이스

인터페이스는, 즉 인간 친화적이고 지능화되어 있는 인터페이스는 유비쿼터스 컴퓨팅 구현에 핵심 관건이다. 정보이용 인터페이스 환경은 점차 '키보드, 마우스, 화면' 중심에서 '음성, 동작, 문자, 표정' 등으로 다양화하고 있다. 디스플레이도 사용자가 움직이면 화면정보가 주변의 디스플레이로 중계되는 '유비쿼터스 디스플레이 네트워크'로 발전할 것으로 예상된다.

5) 보안 및 프라이버스

보안 및 프라이버시는 유비쿼터스 컴퓨팅 시대의 도래로 인해 정보가 도처에 존재함에 따라 보안 및 프라이버시도 중요한 이슈로 부각되고 있다. 도처에 편재된 정보의 분실 · 왜곡 · 도용 등을 방지하기 위해서는 유비쿼터스 시대에 알맞은 보안기술이 필요하다. 유비쿼터스 시대에는 보안 및 프라이버시 욕구를 충족시켜줄 수 있는 적절한 관련 기술개발이 핵심요소로 등장한다.

수행 내용 무선 센서 네트워크의 개념 및 기술 이해하기

재료 · 자료

- 사물인터넷 관련 자료, 사물인터넷 관련 시장전망, 개발동향 자료검색

기기(장비 · 공구)

- PC 및 자료검색 시스템

안전 · 유의사항

- 해당 자료를 사용 시 저작권 관련하여 명확히 출처를 밝히고 인용표시를 한다.
- 사물인터넷의 시장 및 응용 관련 자료를 분석 시 최신 자료를 근거로 분석해야 한다.

수행 순서

01 유비쿼터스 센서 네트크의 개념 및 기술을 분석한다.

1. 유비쿼터스 센서 네트워크의 기본개념

최근 사물에 전자태그(Radio Frequency Identi-fication : RFID)를 부착하여 사물의 정보를 확인하고 주변 상황정보를 감지하는 전자태그 및 센싱 기술이 등장하고 있다. 이러한 기술은 바코드를 대체하여 상품관리를 네트워크화, 지능화함으로써 유통 및 물품 관리뿐만 아니라 의료, 약품, 식품 등 분야에서 security, safety, 환경관리 등의 혁신을 선도할 것으로 전망된다.

또한, 이는 기존에 추진되어 온 정보화 정책이 사람 외에도 사물을 이용한 정보화 정책으로 정보화의 지평을 확대시킬 수 있는 핵심기술로서 부각되고 있다. 미국, 일본 등 선진국에서는 수년 전부터 전자태그의 이러한 특징을 개발하기 위한 다양한 프로젝트를 통하여 전자태그 및 센서 기술개발과 실용화에 적극적인 지원을 하고 있는 실정이다.

USN(Ubiquitous Sensor Network)란 '필요한 모든 것(곳)에 전자태그를 부착하고 이를

통하여 사물의 인식정보를 기본으로 주변의 환경정보(온도, 습도, 오염정보, 균열정보 등)까지 탐지하여 이를 실시간으로 네트워크에 연결하여 정보를 관리하는 것'을 말하는 것으로 궁극적으로 모든 사물에 컴퓨팅 및 커뮤니케이션 기능을 부여하여 Anytime, Anywhere, Anything 통신이 가능한 환경을 구현하기 위한 것이다. USN은 먼저 인식정보를 제공하는 전자태그를 중심으로 발전하고 이에 센싱 기능이 추가되고 이들 간의 네트워크가 구축되는 형태로 발전하고 있다.

센서 네트워크에 사용되는 센서는 무인으로 동작되거나 사람이 접근하기 힘든 환경에서 동작하는 경우가 대부분이다. 또한 다량의 센서를 유포하여 센서 네트워크를 형성하는 경우가 많아 센서 노드의 크기가 작고 가격이 저렴해야 하므로 노드의 에너지양과 데이터 처리능력에 제한이 있게 된다. 이런 센서의 제약사항들과 센서 네트워크의 용도에 따라 네트워크에서 원활한 통신을 위해 충족되어야 할 설계 요구조건 및 적합한 라우팅 알고리즘이 다르게 된다.

센서 네트워크의 주요 네트워크 구조(토폴로지) 및 특징은 센서노드의 제한된 자원(배터리 등) 등으로 인해 대부분의 경우에 1홉(hop)간의 통신이 아니라 멀티 홉 라우팅을 통하여 산재해 있는 센서들 간 통신이 이루어지게 되고, 최종적으로 싱크노드(Sink Node)를 통해 센서로부터 취득한 데이터를 취합하게 된다. 여기서 싱크노드는 센서 네트워크에서 이루어지는 센싱 정보를 위한 통신의 최종 목적지로서, 기존의 전통적인 유무선 네트워크와 센서 네트워크의 게이트웨이 역할을 한다.

IEEE 802.15.4는 2003년 표준화된, 저속, 저전력의 PAN(Personal Area Network) 기술로서 센서 네트워크를 중요한 응용분야로 고려하고 있다. 스타, 클러스터-트리, 그리고 메쉬 등 다양한 토폴로지를 지원하여 다양한 센서 네트워크 응용에 사용될 수 있으며, 무엇보

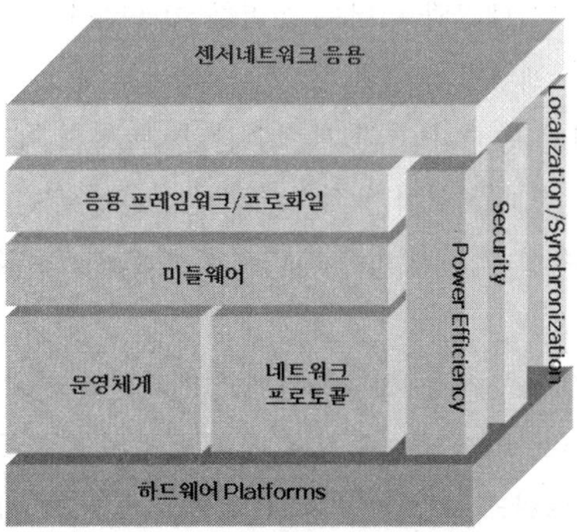

[그림 8-11]

다도 중요한 특징으로서 비컨을 사용하고 수퍼프레임이라는 프레임 구조를 가진다는 것인데, 수퍼프레임은 비컨주기동안 일정시간만 활성화(active)되고 나머지 시간은 비활성화(inactive)됨으로써 배터리 기반의 센서노드의 전력소모를 최소화시킬 수 있다.

지그비 컨소시엄에서는 유비쿼터스 컴퓨팅을 위한 IEEE 802.15.4 기반의 네트워크 및 응용계층의 규격을 제안하고 있고, 100여개 이상의 많은 참여회사들이 직간접적으로 사업에 참여함으로써 기술발전이 매우 빠르고, 다양한 응용기술이 개발될 것으로 보인다.

특히, 유통분야에서는 물품관리를 위해 바코드가 일반적으로 사용되어 왔으나, 가격이 매우 싼 반면에 기본적으로 다량의 물품을 동시에 처리하는데 한계가 있고, 시간이 많이 걸리며, 실시간 정보파악이 불가하며, 근접한 상태에서만 정보를 읽을 수 있는 단점이 있다. 이에 비해 전자태그 가격은 다소 비싼 편이나 동시에 많은 물품을 처리할 수 있고, 식별시간이 짧으며, 실시간 정보파악이 가능하고 수십cm~수m 거리에서도 정보를 읽을 수 있으며 보안성도 뛰어나 세계적으로 바코드를 대체할 수 있을 것으로 전망되고 있다.

현재 전자태그는 저주파(125kHz) 및 고주파(13.56MHz)의 전자태그를 중심으로 60cm이내의 짧은 거리에서 출입통제나 교통카드 등에 활용되고 있으나 앞으로는 극초단파(900MHz)와 마이크로파(2.4GHz)를 중심으로 인식거리가 늘어나고 가격이 저렴해지면서 유통, 물류, 환경감지, 교통 등 다양한 분야에 적용될 것이 예상된다. 나아가, 현재의 단순인식기능에 센싱 기능이 추가되어 의료, 안전, 국방 분야 등으로 이용이 확대되면 본격적인 유비쿼터스 네트워크의 핵심기반으로 발전될 것으로 전망된다.

2. 유비쿼터스 센서 네트워크의 구조 및 기술

u-센서 네트워크는 안테나가 부착한 태그(센서)와 안테나를 부착한 리더가 정보통신망과 연동됨으로써 구성되며, 태그와 리더는 전파를 이용하여 연결되며 자체 에너지원 또는 수신 전파로부터 작동할 에너지 공급을 받아 동작한다.

리더기가 태그로 전파를 송신하면 태그는 수신전파로부터 에너지를 얻어서 활성화되며 활성화된 태그는 자신의 정보를 실어서 리더기로 송신하게 된다. 이 때 전자태그는 태그가 송신하는 전파의 에너지원을 얻는 방법에 따라 수동형(Passive)과 능동형(Active)으로 구분된다.

수동형은 리더기로부터 수신되는 전파에서 송신에너지를 얻고, 능동형은 별도의 배터리에서 송신에너지를 얻으며, 리더기는 수집된 정보 네트워크를 통하여 센터에 전달하게 된다. 구체적인 u-센서 네트워크 구현 관련 주요 기술로는 태그, RFID 리더기 및 인식방식을 들 수 있다.

1) 태그 관련 기술

칩형 태그의 경우 현재 13.56MHz의 칩이 대량 생산되고 있으며, 향후 글로벌 유통과 물류 등 다양한 분야에서 이용될 900MHz 대역의 칩은 최근 ALIEN, PHILIPS, MATRICS 등에서 2.45G의 칩은 히타치가 소량 생산하고 있다. 현재 칩의 가격이 태그 가격의 약 40%를 차지하고 있으나 소형화와 패키지 조립기술을 통해 향후 1센트 수준까지 가격을 낮출 수 있을 것으로 예상된다.

Chipless형 태그는 현재 인식거리, 정보용량 등의 한계로 제한적으로 이용되고 있으나 표면 탄성파를 이용한 태그 기술은 저가격, 센서기능 구현이 용이할 것으로 전망된다.

센싱형 태그의 경우 태그의 기능을 확장하기 위한 센서 융합형 태그 기술을 통해 능동형 태그의 저가화를 추진 중이며, 피츠버그 대학은 센서와 통합 가능하고 안테나를 칩에 내장한 수동형 초소형(2.2mm×2.2mm) 태그를 개발한 바 있다.

태그 안테나 및 패키지 기술의 경우 태그의 글로벌 사용을 위해 860~960MHz 대역에서 동작하는 소형의 광대역 안테나 기술을 개발 중이며, 안테나 제작비용을 줄이기 위해 칩과 결합이 용이한 프린팅 안테나 기술이 이용되고 있으나, 궁극적으로 안테나를 반도체 웨이퍼상에 직접 구현하기 위한 Antenna on chip 기술을 개발 중이다.

2) RFID 리더 관련 기술

태그 신호 충돌방지 알고리즘 채용으로 현재 초당 100개까지 인식이 가능하나 수백 개를 목표로 기술을 개발 중이며, 여러 대역의 주파수 인식이 가능한 Multi-band, Multi-protocol 리더기 기술 또한 개발 중이다. 현재 리더는 인식 성능을 높일 수 있도록 2~4개의 안테나를 배열하여 사용하고 있으나, 향후 주변환경에 적응하여 빔을 제어할 수 있는 빔성형(Beam forming) 안테나 기술이 적용될 전망이다.

3) Identification scheme 관련 기술

전자태그를 이용하여 사물의 식별을 가능케 해야 하므로 용도에 따라서 단위지역 또는 전세계적으로 유일한 인식번호를 부여하기 위한 식별 코드 체계의 정의가 필요하다.

관련 표준으로는 국제유통표준화를 주도하는 EAN(European Article Number, 유럽)와 UCC(Uniform Code Council, 북미지역)에서 제안한 EPC(Electronic Product Code, 96bit)와 일본에서 제안된 u-ID(Ubiquitous-ID, 126bit) 체계가 있으며, 국제 표준화 작업을 진행 중에 있다. 특히, 인터넷 주소체계에서는 128bit의 IPv6를 추진하고 있어 EPC 방식과 연계를 위해서는 국가차원의 코드체계 표준 대응방안의 수립이 필요한 실정이다.

또한 리더가 읽은 전자태그의 정보를 이용하여 다양한 상품정보를 비즈니스 애플리케이션에 연계시켜 주는 미들웨어의 개발 및 시험을 진행 중에 있으며, 전자태그의 EPC 정보를 Savant 서버에 보내어 ONS에서 사물정보가 있는 PML의 위치를 확인하고 PML의 서버로부터 사물의 구체적인 정보를 얻는 연구가 진행 중이다.

4) 센서 네트워크 / 개발환경 관련 기술

3계층, 즉 Mote 계층, 서버 계층, 클라이언트 계층별 소프트웨어 해법이 있다.

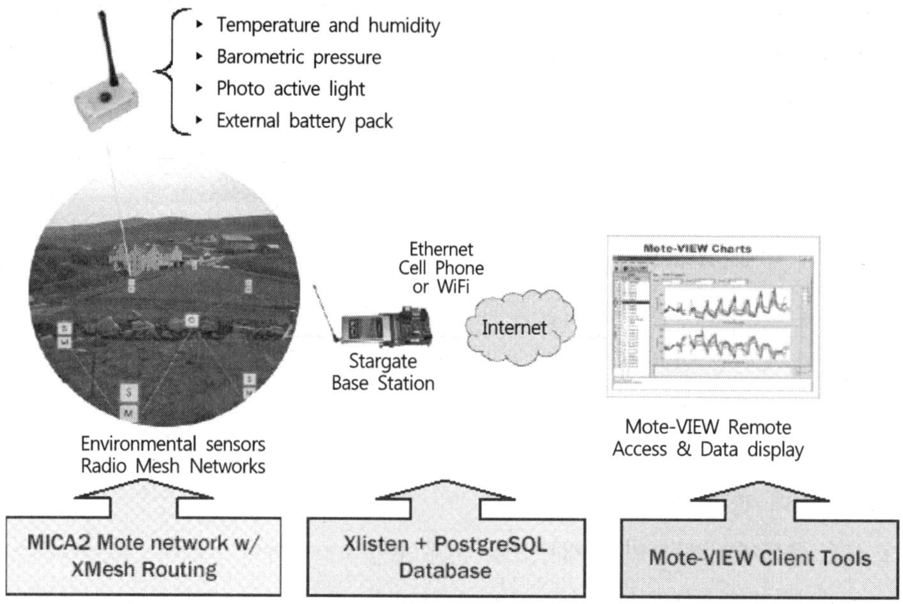

[그림 8-12] 응용분야별 개발환경

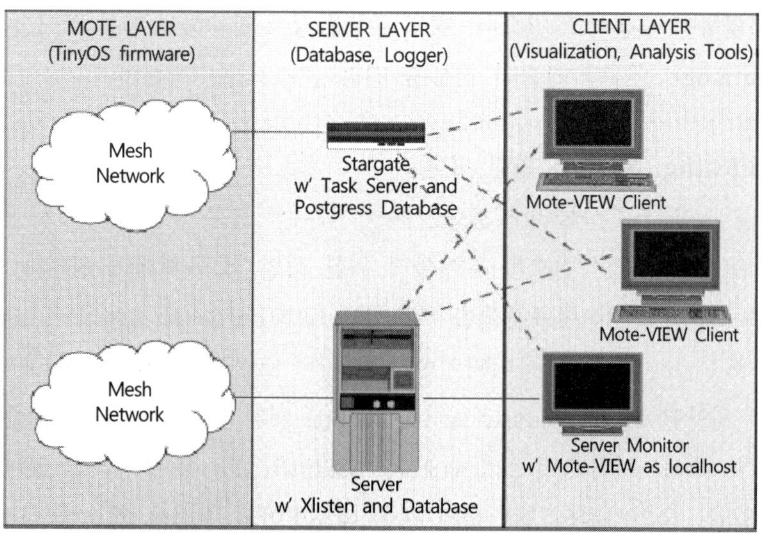

[그림 8-13] 센서 네트워크 시스템의 소프트웨어 구조

학습활동.8 교수 · 학습 방법

교수 방법

- 사물인터넷의 무선 네트워크에 대한 관련 용어, 구성, 방식이해 정도를 파악한 후 수업을 진행한다.
- 교수자의 주도로 사물인터넷의 무선 네트워크 등의 내용을 PPT 자료로 제시한 후 설명한다.
- 가능하면 사전에 개인별 학습자료를 준비하여 모든 학생이 참여할 수 있는 문제해결식 수업, 협력 수업이 가능하도록 한다.
- 사물인터넷의 무선 네트워크의 구성과 특징 전 과정을 작업의 순서에 따라 단계적으로 실습이 이루어질 수 있도록 지도한다.
- 교재를 통해 수업을 준비하는데 있어서 필요한 모든 정보나 팁, 힌트 등 도움이 될 만한 내용들을 확인할 수 있다.
- 학생들이 만들게 될 각 모델들은 수업시간에 중점적으로 다뤄질 부분과 어휘, 질문, 답을 포함하고 있으며 또한 탐구할만한 추가적인 아이디어들도 포함하고 있다.

학습 방법

- 사물인터넷의 무선 네트워크에 대한 관련 용어를 숙지하고, 사물인터넷의 기초 단계에 대해 이해한다.
- 사물인터넷의 무선 네트워크의 각 단계별 중점 사항을 체계적으로 학습한다.
- 사물인터넷의 무선 네트워크의 수행순서의 전 과정을 실습한다.
- 사물인터넷의 무선 네트워크의 내용을 이해한다.
- 사물인터넷의 무선 네트워크의 구성을 이해하고 숙달이 될 때까지 학습한다.

학습활동.8 평가 및 피드백

평가 준거

- 평가자는 피평가자가 수행 준거 및 평가 내용에 제시되어 있는 내용을 성공적으로 수행할 수 있는지를 평가해야 한다.
- 평가자는 다음 사항을 평가해야 한다.

학습내용	평가항목	성취수준		
		상	중	하
사물인터넷의 무선 네트워크 개요	사물인터넷의 무선 네트워크 개요를 이해한다,			
무선 센서 네트워크의 개념 및 기술	사물인터넷의 무선 센서 네트워크의 개념 및 기술을 이해한다.			

평가 방법

- 작업 포트폴리오

학습내용	평가항목	성취수준		
		상	중	하
사물인터넷의 무선 네트워크 개요	사물인터넷의 무선 네트워크 개요를 이해한다,			
무선 센서 네트워크의 개념 및 기술	사물인터넷의 무선 센서 네트워크의 개념 및 기술을 이해한다.			

- 필기시험

학습내용	평가항목	성취수준		
		상	중	하
사물인터넷의 무선 네트워크 개요	사물인터넷의 무선 네트워크 개요를 이해한다,			
무선 센서 네트워크의 개념 및 기술	사물인터넷의 무선 센서 네트워크의 개념 및 기술을 이해한다.			

• 체크리스트를 통한 관찰

학습내용	평가항목	성취수준		
		상	중	하
사물인터넷의 무선 네트워크 개요	사물인터넷의 무선 네트워크 개요를 이해한다,			
무선 센서 네트워크의 개념 및 기술	사물인터넷의 무선 센서 네트워크의 개념 및 기술을 이해한다.			

피드백

1. 작업 포트폴리오
   - 제출한 보고서를 평가한 후 주요 사항에 대하여 표시하여 돌려준다.
2. 필기시험
   - 평가결과 성적이 저조한 학생은 보고서 제출기회를 부여한다.
3. 체크리스트를 통한 관찰
   - 실습과정에서 평가한 후 개선해야 할 사항 등을 정리하여 돌려둔다.

학습 1	사물인터넷의 정의
학습 2	사물인터넷의 기본계획
학습 3	사물인터넷의 스마트 디바이스
학습 4	사물인터넷의 글로벌 동향
학습 5	사물인터넷의 기술
학습 6	사물인터넷의 빅데이터
학습 7	사물인터넷의 클라우딩 컴퓨터
학습 8	사물인터넷의 무선 네트워크
학습 9	**사물인터넷의 스마트 센서**
학습 10	사물인터넷의 표준
학습 11	사물인터넷의 보안
학습 12	사물인터넷의 스마트 홈

9-1 사물인터넷의 스마트 센서 개요

학습 목표	9-1. 사물인터넷의 스마트 센서 개요를 이해할 수 있다.

필요지식

1. 사물인터넷의 핵심기술

사물인터넷 시대의 도래에 따라 사물인터넷의 핵심기술인 센싱(Sensing) 기술의 발전현황을 진단할 필요가 있으며, 사물인터넷 구현을 위해 필요한 원천기술 도출이 시급한 실정이다.

센서는 반도체 기술 등 첨 첨단기술과 접목, 경박단소화 · 성능화 되면서 완제품의 경쟁력을 좌우하는 핵심부품으로 성장하고 있고, 주력산업과 IT의 융합 확산추세에 따라 기존 기계식 센서는 반도체 SoC 및 MEMS 기술을 기반으로 한 지능형 센서로 대체되고, 고성능 · 고품질의 첨단 기능은 완제품의 혁신을 이끌고 있다.

미래기술은 제품과 제품, 제품과 서비스, 서비스와 서비스 등의 융복합 기술이 급성장할 것으로 예상되며, 이러한 미래기술의 구현에도 센싱 기술이 필수적이다.

향후 사물인터넷 기반의 자연재해, 화재, 환경오염, 보안, 국방안전, 공공안전 등 응용분야 확대 및 다양화로 지속적으로 스마트 센서 수요증대가 예상되므로 이에 의한 사물정보의 전송을 위한 다양한 스마트 센서 기술개발이 요구될 전망이다.

2. 스마트 센서 개요

스마트 센서는 물리적 · 화학적 현상을 전기신호로 변환하는 기능 외에도 데이터 처리능력, 자가진단 기능, 의사결정 기능, 통신 기능 등과 결합하여 데이터의 통계 처리 및 저장, 데이터의 자동 교정 및 보상, 상황판단, 네트워킹 등이 가능한 차세대 지능화된 센서를 의미한다.

주변환경(온도, 습도, 공정편차 등) 변화에 대한 자체보정, 보상 · 자기진단, 통신, 데이터 처리 등의 지능화기능이 센서 주변회로에 원칩화된 형태인 마이크로시스템이나 개별 센서와 주변회로 등을 모듈 형태로 조합한 하이브리드 또는 매크로 시스템의 형태를 포함한다.

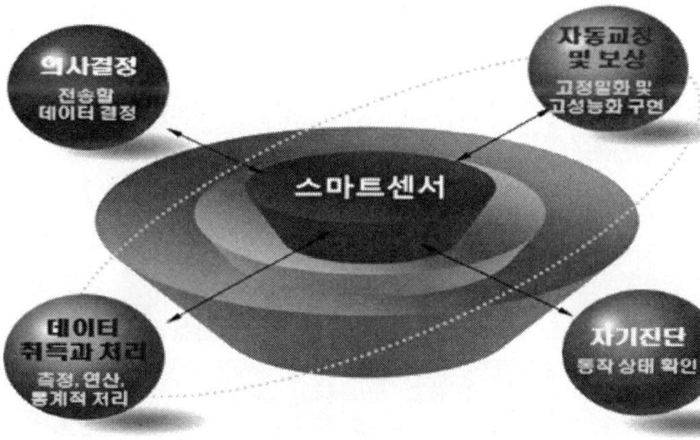

[그림 9-1] 스마트 센서의 개념도

출처 : KETI, 센서산업 정부지원 실태조사, 2012.

3. 센서의 진화과정

1) 1세대 센서

1세대 센서(Descrete Sensor)는 측정 대상물에 대한 검출기(Detector)의 개념이 강하다. 또한, 검출값에 대한 계측 및 판별이 가능한 신호로 변환하여 주는 센싱소자,

센싱된 값에 대한 증폭, 보정, 보상기능의 신호처리회로가 각각 분리된 형태가 주를 이룬다.

2) 2세대 센서

2세대 센서(Integrate Sensor)는 센싱 소자와 신호처리회로가 결합된 형태로 에러에 대한 보정폭이 제한적이고 비선형적인 에러에 대한 보정 기능이 약한 단점이 있다.

3) 3세대 센서

3세대 센서(Digital Sensor)는 이전의 아날로그적 신호처리에 디지털 개념이 도입되어 에러에 대해 디지털 방식의 보정이 가능하고, 디지털 인터페이스의 네트워킹이 가능하다.

4) 4세대 센서

4세대 센서(Smart Sensor)는 SoC 기술의 도입과 더불어 MCU와 메모리가 센서에 내장되면서 논리제어 및 처리, 통신기능을 가지게 되었다.

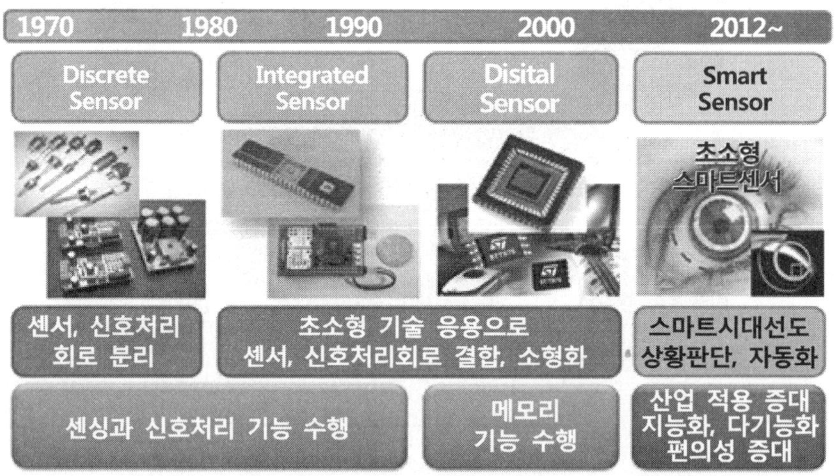

[그림 9-2] 센서의 스마트화에 대한 시대별 발전동향

출처 : IoT 스마트 센서 연구재단 보고서

5) 5세대 센서

5세대 센서(IoT Sensor)는 복수의 센서 정보를 결합 및 처리하여 다중 센싱은 물론 전혀 새로운 개념의 가상 센싱을 통해 지능적이고 고차원적인 정보를 추출할 수 있다.

4. 스마트 센서 산업의 중요성

1) 차세대 성장산업

센서는 자동차산업, 전자산업, 로봇 등의 핵심부품으로 차세대 성장산업이며 전후방 효과가 큰 수출유망 부품산업이다. 센서 산업은 이미지센서 등 일부 제품을 제외하면 특성과 성능에 따라 다양한 시스템에 활용되기 때문에, 다품종 소량 생산의 전형적인 중소기업형 산업이며 높은 이익률 창출이 가능하다. 또한 센서 산업은 고기능화, 고성능화에다 인공지능화, 자동차, 원격관리, 사고예방 등 활용범위가 지속적으로 확대되고 있다.

2) 고부가 가치산업

다품종 소량 생산 중심의 기술집약적인 중·소기업형 고부가 가치산업이자 고용 창출효과가 큰 첨단지식산업이다. 센서는 오감(시각, 청각, 촉각, 후각, 미각) 역할의 기능성 전자부품으로 반도체 집적화 기술, MEMS 등 초정밀기술, 3차원 미세가공기술과 결합되어 고성능화, 고지능화되어 향후 유비쿼터스, IT융합 시대의 핵심 기반 기술로 주목받고 있다.

미국, 일본, EU로 과점되어 있는 기술전략산업으로 선진국들이 핵심기술 개발분야로 지정하고 첨단기술을 독점하면서 세계시장의 대부분을 차지하고 있는 산업이다. 발전단계상으로 볼 때, 첨단기술 집약적 사업이며 핵심부품의 기술력이 IT 융합 완성제품의 기능과 성능을 좌우하는 절대적인 선진국 주도형 산업이다.

3) 국가 기간산업

이미 시장에서는 거의 모든 분야에 다기능의 작고 민감하고 저렴한 센서 시스템을 강력하게 요구하고 있으며, 유비쿼터스 사회를 지향하는 각 국의 정부정책과 결합되어 안전, 편의성, 오락 및 효율성에 대한 관심과 맞물려 센서의 수요가 증가하고 있다.

선진국이 독점하고 있는 전략기술 산업으로 부메랑 효과를 우려한 기술이전 기피산업이다. 또한 국가핵심 개발기술로 선정되어 집중지원하고 있는 국가적 전략산업이다. 따라서 산업-IT 융합과 관련한 IT 융합부품, 즉 센서는 산업간 전후방 연관효과가 크고 국가경쟁력을 좌우하는 국가 기간산업이다.

수행 내용 사물인터넷의 스마트 센서 개요 이해하기

재료 · 자료

• 사물인터넷 관련 자료, 사물인터넷 관련 시장전망, 개발동향 자료검색

기기(장비 · 공구)

• PC 및 자료검색 시스템

안전 · 유의사항

• 해당 자료를 사용 시 저작권 관련하여 명확히 출처를 밝히고 인용표시를 한다.
• 사물인터넷의 시장 및 응용 관련 자료를 분석 시 최신 자료를 근거로 분석해야 한다.

수행 순서

01 사물인터넷과 스마트 센서의 연계성을 분석한다.

사물인터넷(Internet of Things : IoT)은 주위의 사물이 각종 센서와 통신 네트워크를 통해 인터넷에 연결되는 개념을 말하며, 이는 1999년 MIT에서 RFID를 연구하던 연구 그룹으로부터 유래되었다. 최근 WiFi와 LTE를 비롯한 통신 네트워크의 발달과 각종 센서와 통신 모듈이 탑재된 모바일 기기의 비약적인 소형화, 성능향상과 더불어 향후 미래산업의 패러다임을 변화시킬 만한 유망한 기술개념으로 각광받고 있다.

① 가트너(Gartner)에서는 지난 2014년에 가장 주목해야 할 10대 전략기술 중 하나로 사물인터넷을 꼽았었으며, ABI 리서치(ABI Research)는 최근 인터넷에 연결된 기기의 대수가 100억 대에 이르며, 2020년에는 이 수치가 300억 대까지 증가할 것으로 예상된다.

② 사물인터넷은 각종 산업분야와 실생활에 이르기까지 다양한 부분에 영향을 미칠 것으로 평가되고 있다. 특히, 스마트폰은 이미 우리의 생활에 미치는 여러 측면에 있어서

사물인터넷의 가장 기초적인 사례로 볼 수 있으며, 사물인터넷 기술을 응용한 스마트 계량기를 통한 에너지 효율성을 증대, 스마트하고 자동화된 농작물 및 축산물 관리, 의복에 탑재된 센싱 및 통신기술로 유방암과 같은 암을 조기 검진하고 생체 데이터를 원격으로 병원에 전송하는 헬스케어 서비스, 각종 데이터를 전송받아 빠른 길을 찾아 자동으로 운전하며, 사고를 방지하는 무인 자동차 등 사물인터넷 기술이 적용된 다양한 분야에서 최근 활발하게 연구되고 있다.

③ 사물인터넷은 농축산업, 건설, 에너지, 자동차, 교통, 물류, 환경, 헬스케어에 이르기까지 다양한 산업에 융합되어 각 분야의 혁신을 이끌 것으로 전망되고 있으며 이를 구현하는 데 있어 센싱 기술의 원천성 확보가 절실하다.

02 사물인터넷에서 스마트 센서를 사용하는 원천기술 품목을 도출하는 과정을 분석한다.

1. 산업현황조사 결과분석, 기업수요조사 등을 통한 사물인터넷 서비스별* 핵심 요구 스마트 센서 원천기술 품목을 도출한다.

〈표 9-1〉 사물인터넷의 대표적 서비스 유형사례

구 분	적용분야
위치추적	위치추적 시스템을 통한 사물 및 사람추적, 주문관리, 물류추적, 친구찾기 등
자동차	• 차량제어, 자동비상콜, 차량도난방지, 운임지불 등의 텔레매틱스 • 차량관리, 차량 및 운전자 안전, 내비게이션, 교통정보, 통행료, 주행거리 연계보험, 원격차량진단 등 • ITS, 커넥트 카, 운전자 없는 주행, 신호등 시스템 등 • 고속버스 차량관제 사업, 콜택시 사업, 시내버스 관제 및 도착안내 사업 등
원격관리 제어	• 가스, 물, 전기 등 사용량의 원격검침 • 고객관리, 수요관리, 실시간 과금, 센서, 조명, 펌프, 자판기제어 등
보안/공공안전	무선 보안 시스템, CCTV 보안, 감시 시스템, 빌딩 관리, 자연재해 모니터링 등
환경감시	대기오염 모니터링, 하천오염도 측정, 해수측정 등

출처 : 산업연구원, 스마트 센서 연구보고서

* 예 : 재난안전 · 보안, 교통·물류, 에너지 · 환경, 스마트 홈 등

2. 핵심 스마트 센서 품목을 도출한다.

① 요구 센서·단말 제품 도출 고려사항이다.
예를 들면 시장규모, 기존 R&D 결과 IP 확보 현황 등 기술력, 국내 인프라 충족도, 해외 제품대비 차별화 전략, 수요업체 Needs 등이다.

② 요구 센서·단말 제품 도출 시 조사 필요사항이다.
예를 들면 오픈소스 HW, 센서 인터페이스, 소모전력, 센싱 정확도, 크기 등이다.

3. 중장기 핵심 스마트 센서 로드맵을 수립한다.

기술력, 인프라, 인력 등 제품화 준비도를 감안한 단기, 중·장기 제품화 추진 품목을 구분하고, 첨단 센서 육성사업(산업부) 등 타 사업의 로드맵을 감안한 중장기 핵심 스마트 센서 로드맵을 수립한다.

9-2 스마트 센서의 응용분야별 동향

학습 목표	9-2. 스마트 센서의 응용분야별 동향을 이해할 수 있다.

필요지식

1. 스마트 센서의 응용분야별 동향

1) 로봇 산업분야의 스마트 센서 동향

지능형 로봇의 주요 부품인 구동모듈, 센서, 제어모듈의 2015년도 세계시장규모는 약 330억 달러로, 연평균 20%대의 성장률을 보이고 있으며, 또한 국내의 경우도 30%대의 성장추세로 급속한 시장성장을 나타내고 있다.

관성 센서는 가속도 센서, 각속도 센서, 자이로 센서 등이 대표적으로 사용되고 있는 반도체 기술과 초소형 MEMS 등의 기술을 이용한 센서가 주력이다.

구동기용 센서는 로봇용 정밀 모터 시장의 증가세에 부합하여 지속적인 성장추이를 보이고 있으며, 고기능성 로봇 기술발전에 따라 매년 5%대의 성장을 전망하고 있다.

2) 모바일 분야의 스마트 센서 동향

전 세계 이동통신 가입자는 2010년 46.8억 명에서 2016년 73.9억명에 이를 전망이다. 모바일 보급률이 100%가 넘는 선진국가에서는 세컨드 폰의 증가와 다양한 형태의 모바일 기기의 등장, 신규가입자 증가, 신흥시장의 빠른 교체 수요 등이 주요 요인이다.

모바일 분야 센서 세계시장현황은 현재 모션 센서 가장 큰 비중을 차지하고 있으나, 향후 2017년 가속도/자이로/지자계 콤보 센서, 압력 센서, 마이크로폰, 마이크로 미러, BAW 등 이 시장을 주도할 것으로 예상된다.

3) 바이오 분야의 스마트 센서 동향

바이오센서의 응용분야는 의료(임상진단), 제약, 환경, 식품, 군사, 연구, 농사, 축산품, 어업, 수산물 등으로 구분한다. 최근 수요가 가장 많은 분야는 의료부문이며,

바이오센서를 사용하게 되면 자유로운 이동과 즉각적인 감지가 가능이다.

① 의료분야 중에서도 환자 곁에서 질병의 정도를 신속하게 알려줄 수 있는 POC (Point-Of-Care)용 바이오센서가 가장 시장점유율이 높은 분야이다.

② 환경유해물질, 식중독균, 식품유해물질을 신속하게 현장에 측정하는 분야에서 수요가 증대될 것으로 예측된다.

③ 상기 다양한 응용성을 가진 바이오센서와 정보통신기술이 결합된 u-헬스케어, USN(Ubiquitous Sensor Network) 등의 산업의 발전이 예상된다.

4) 보안분야의 스마트 센서 동향

전 세계 보안장비의 시장규모는 올해는 1,500억 달러에 달할 전망이며, 보안시장 특성상 경기와 무관하게 안정적인 성장이 예상된다.

① 현재 물리적 보안제품이 전체 보안장비 수요의 60%이상을 차지하고 있지만 융복합 장비로의 변화가 급속히 이루어지고 있으며, 국내 보안장비 시장은 기업고객에서 가정 또는 개인고객으로 확대 추세이다.

② 국내에서는 CCTV, DVR 제조 기반으로 많은 성장을 하고 있으며, 정부 및 기업들은 외산 제품에 대한 경쟁력 확보를 위해 지능형 영상분석 알고리즘을 보강한 고신뢰성 스마트 센서를 연구 중이다.

5) 자동차분야의 스마트 센서 동향

① 첨단 IT 신기술을 기반으로 자동차의 센서 및 전자장치가 지능적, 유기적으로 상호작용하여 운전자의 안전 및 편의성을 증대시켜 최적의 운전환경을 제공하는 미래형 자동차 산업으로 급속히 확대된다.

② 최근 출시되는 신형 자동차는 첨단 장비의 전시장으로 내비게이션, 엔진제어, 타이어 압력감지 센서, 오토크루즈, 랜드 킵(Land Keep) 등 200여개 이상의 센서가 적용되고 있다.

③ 자동차 전기전자기술은 섀시 전자제어기술, 미래형 자동차기술, 안전 · 환경 · 정보통신분야를 중심으로 발전하고, 기계 · 유압기술은 전자제어기술로 대체되어 컴퓨터가 관리하고 있으며 이런 추세는 더욱 가속화될 전망이다.

④ 이러한 전장기술은 지능형 자동차 및 ASV(첨단안전자동차) 기술의 기반이 되고 있고, IT를 활용한 전장기술은 향후 자동차산업의 승자를 결정짓는 핵심기술이 될 전망이다.

⑤ 자동차용 센서는 급격한 온도변화, 중력의 30배가 넘는 가속환경, 각종 전기장치에 의한 전자파 간섭(EMI)환경에서도 정상적으로 작동하여야 하므로 습기, 부식성 물질, 유류에 의한 손상을 받지 않도록 내식성을 가져야 하는 등 까다로운 시험조건을 만족해야 한다.

⑥ EPS(Electronic Power Steering)용 조향각 센서, 토크센서, 에어백용 충돌감지 가속도 센서, 브레이크시스템 및 자체제어 시스템용 압력 센서, 가속도 센서, Yaw Rate 센서 등은 고장이나 오작동 시 탑승자의 안전에 바로 직결되므로 자동차에 실제로 적용되기 위해서는 내환경성 등을 고려한 성능시험, 신뢰성 시험 및 실차적용 시험기간이 통상 1년 6개월 이상 소요된다.

6) 환경분야의 스마트 센서 동향

최근 세계적인 환경규제의 강화와 환경기술의 진화요구 등의 강화로 환경산업이 커가고 있다.

① 대기오염, 자동차 배기, 토양진단, 수질관리 등 다양한 분야에 적용이 되고 있는 환경 센서의 시장도 환경산업의 확대에 따라 확대추세이다.

② 또한, 보다 정밀한 분석의 필요로 환경오염물질의 공정시험분석, 환경매체 내의 극미량 잔류성 오염물질, 내분비계 장애물질 등의 모니터링 및 오염배출원 추적 및 소변, 혈액, 머리카락, 모유 등의 생체 시료 내 잔류성 오염물질의 분석을 통한 인체노출 평가 등 점차 스마트화 요구가 증대되고 있다.

③ 환경 칩 센서 기술은 전 세계적으로 초기 개발단계를 지나 성장단계에 접어들고 있으며, 최근 ET/IT/NT/BT의 기술들이 융합된 유망 신산업 창출의 핵심으로 급부상할 것으로 예측된다.

7) USN 분야의 스마트 센서 동향

산업, 공공, 사회기반, 생활 등 인간생활 전 분야에서 안전하고 편리한 삶의 구현의 요구로 USN 분야의 산업이 확대되고 있다.

① NFC를 기반으로 하는 생활밀착형 서비스 또한 자동차, 가전분야 등에서 기존 서비스에 부가하여 스마트폰과 결합된 형태의 서비스로 확대보급 중이다.

② USN 기반의 구현을 위해 다양한 소형화된 저소비전력의 첨단 센서가 필요하다.

2. 스마트 센서 산업 가치사슬

일반적인 센서의 Value Chain은 [그림 9-3]과 같이 센서 설계 tool 및 서비스를 제공하는 공급자, 1단계 웨이퍼 칩 단계에서 센서 요소 소자를 생산하는 반도체/MEMS 공정제공자, 2단계에서 리드프레임 위에 칩과 와이어, 커버 몰딩 작업을 거쳐 패키징한 소자형태로 생산자, 다음으로 3단계에서 여러 회로들과 함께 조립공정을 거쳐 센서모듈 또는 센서 시스템을 생산하는 1차 사용자, 그리고, 자동차, 로봇 등 제품에 적용하는 2차 사용자로 구분할 수 있다.

예를 들어 국내 스마트폰용 센서의 Value Chain은 1단계의 Chip형 부품과 소자형부품의 국산화율이 매우 저조하고, 2단계의 Component 부품에 생산이 집중되어 있다.

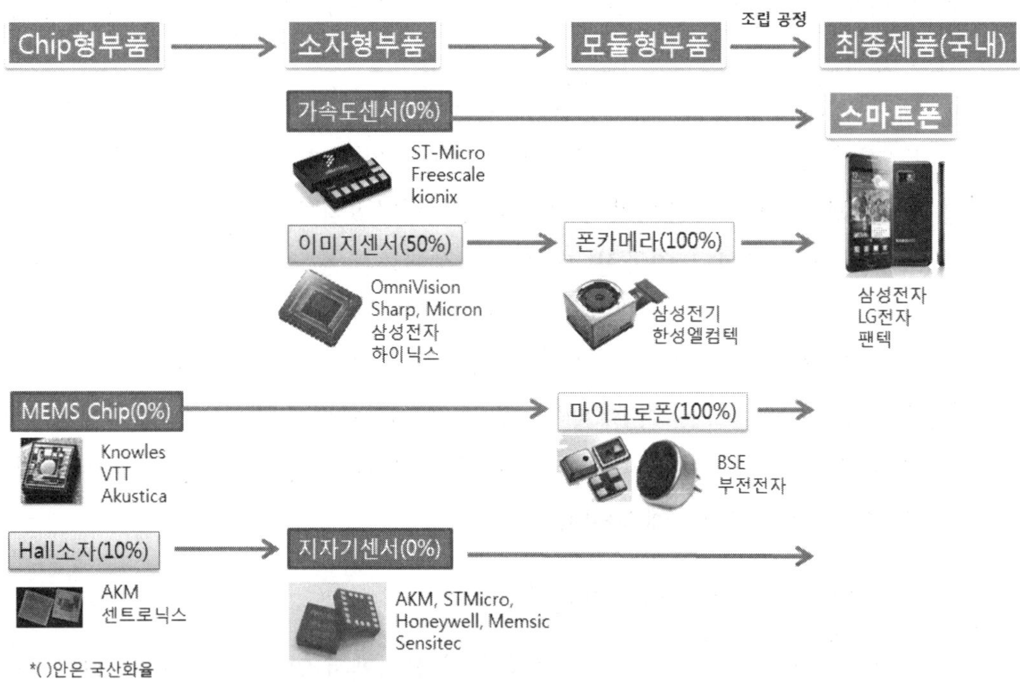

[그림 9-3] 스마트폰용 센서의 가치사슬

출처 : 센서산업 고도화를 위한 첨단센서 육성사업 기획보고서, 2012

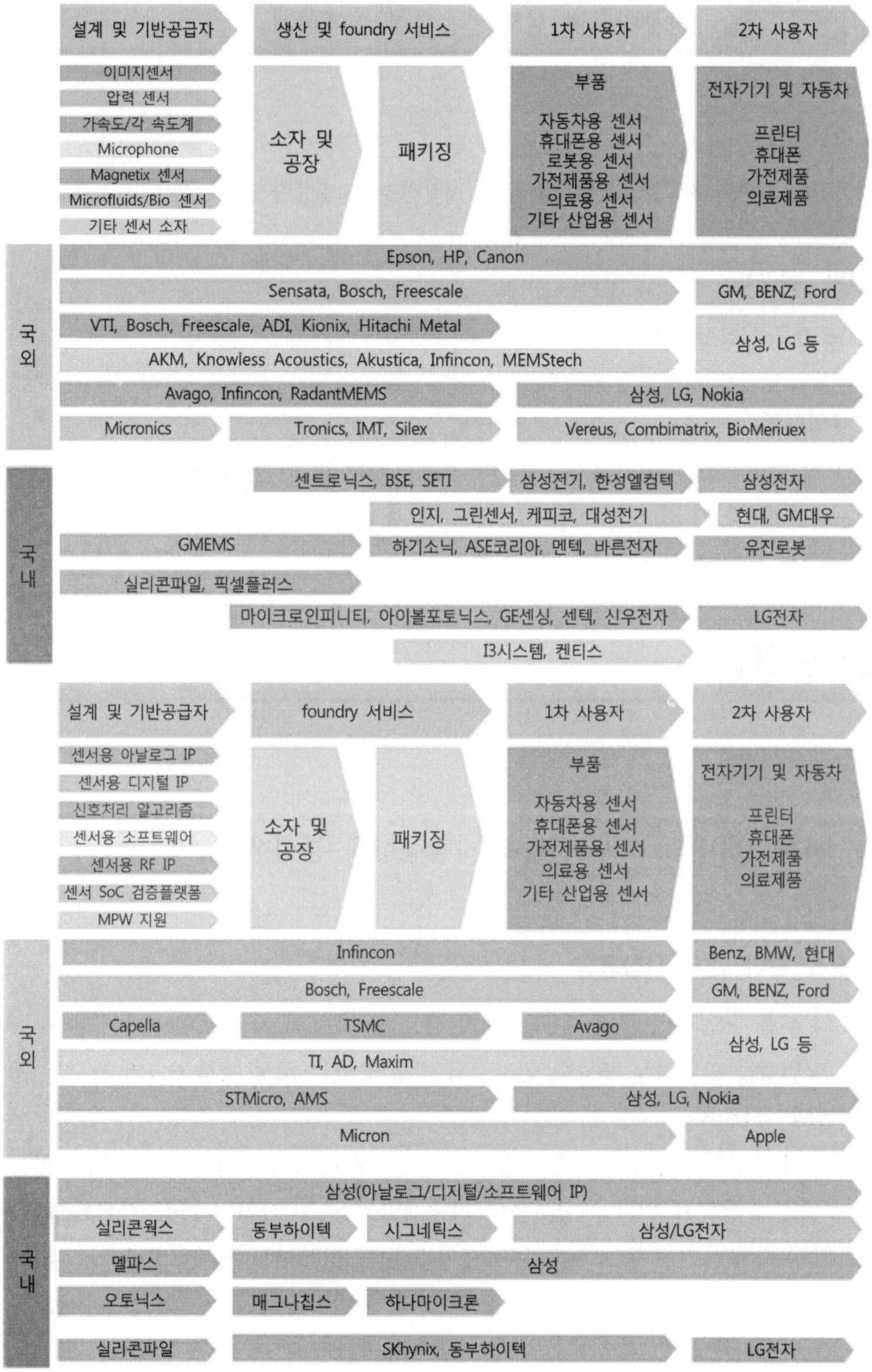

[그림 9-4] 센서 및 SoC 가치사슬

출처 : 센서산업 고도화를 위한 첨단센서 육성사업 기획보고서, 2012.

수행 내용 사물인터넷 센서 응용분야 이해하기

재료 · 자료

- 사물인터넷 관련 자료, 사물인터넷 관련 시장전망, 개발동향 자료검색

기기(장비 · 공구)

- PC 및 자료검색 시스템

안전 · 유의사항

- 해당 자료를 사용 시 저작권 관련하여 명확히 출처를 밝히고 인용표시를 한다.
- 사물인터넷의 시장 및 응용 관련 자료를 분석 시 최신 자료를 근거로 분석해야 한다.

수행 순서

01 사물인터넷의 스마트 센서 시장동향을 분석한다.

1. 로봇 분야 센서 시장동향

로봇의 부품 · 소재기술은 전체 시스템의 성능 및 기능의 지표를 제공하며, 미래 로봇의 기술적 당위성을 판단하는 중요한 인자로서 경쟁력 있는 로봇 부품기술의 확보는 곧 로봇 산업발전의 핵심이다.

로봇은 미래 산업혁명의 주도체로 평가받을 정도로 산업적 중요성이 고조되고 있는 만큼 그 중요성을 실현하기 위한 핵심부품의 기술개발은 로봇 산업의 가장 절실한 요소이다.

로봇의 주요 부품인 구동 모듈, 센서, 제어 모듈의 2005년도 세계시장규모는 약 44억 달러로 연평균 11%의 성장률을 보이고 있으며, 또한 국내의 경우도 19%의 성장추세로 급속한 시장성장을 나타내고 있다.

로봇용 세계 하중 · 힘 센서 시장동향의 경우 로봇 산업, 자동차산업, 유비쿼터스, IT 등의 발전에 따라 매년 3% 성장을 보이고 있다.

로봇 산업은 세계적으로 미성숙 단계로 정부의 과감한 선투자를 통한 원천·핵심기술 확보 노력이 필요하며, 기업들은 기술개발과 시장개척을 동시에 추진해야 하는 이중 부담을 가지고 있다.

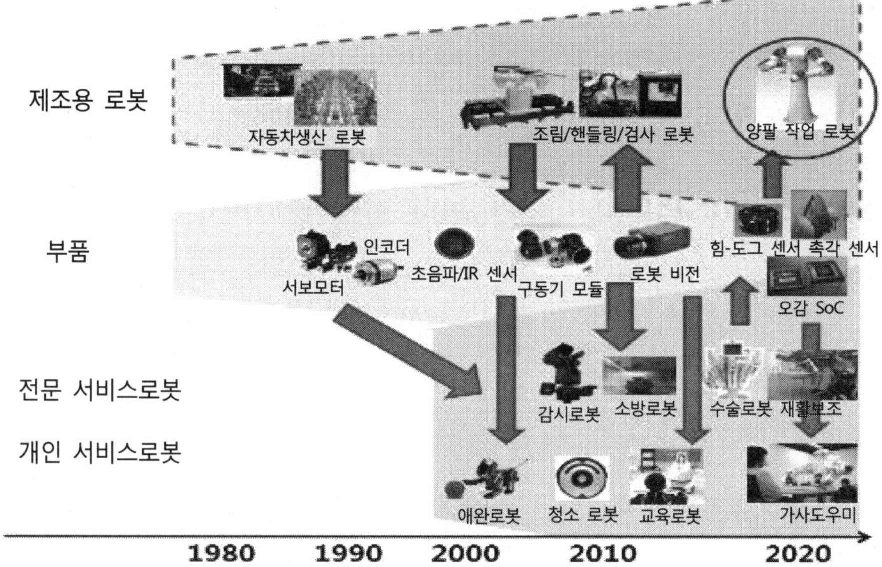

[그림 9-5] 로봇 산업 생태계 조성의 흐름도

출처 : IoT 스마트 센서 연구재단 보고서

2. 모바일 분야 센서 시장동향

전세계 이동통신 가입자는 2010년 46.8억 명에서 2016년 73.9억명에 이를 전망이다. 모바일 보급률이 100%가 넘는 선진국가에서는 세컨드폰의 증가와 다양한 형태의 모바일 기기의 등장, 신규 가입자 증가, 신흥시장의 빠른 교체 수요 등이 주요 요인이다.

모바일 산업은 언제 어디서나 사용자에게 고속/고품질의 멀티미디어 기반의 다양한 응용 서비스를 제공해 주는 고부가가치 기술을 기반으로 하며, 이를 구현하고 서비스하기 위한 이동통신 시스템, 서비스 플랫폼, 모바일 기기 및 관련 부품산업을 포함하는 광범위 산업이다.

특히 2008년 아이폰 출시로 촉발된 스마트 기기의 대중화로 인해 최근 모바일 산업은 모바일 부품소재 산업과 소프트웨어 산업에까지 큰 영향을 끼치고 있다.

고전적인 의미의 모바일 산업이 이동통신 시스템 및 네트워크, 서비스, 모바일 기기를 포함한다면, 새로운 모바일 산업은 콘텐츠 및 감성영역의 중요성이 부각되어 새로운 산업 영역으로 확장되는 양상이다.

최근 모바일 시장은 스마트폰 및 태블릿 PC를 주력으로 급격한 성장세를 보이고 있다. 2011년 스마트폰 및 태블릿 PC은 각각 4.5억대 및 6.6천만대가 출시되었으며, 2017년에는 스마트폰의 경우 14.7억대, 태블릿 PC의 경우 3.5억대로 판매량이 증가할 것으로 예상된다.

모바일 분야 센서 세계시장은 현재 모션 센서 가장 큰 비중을 차지하고 있으나, 향후 2017년 가속도/자이로/지자계 콤보 센서, 압력 센서, 마이크로폰, 마이크로미러, BAW 등이 시장을 주도할 것으로 예상이다.

모바일 분야 센서 국내시장은 2011년 11월 초 국내 스마트폰 가입자 수 2천만 명 돌파로 모바일용 부품 및 소재 시장은 급성장 예상이 된다.

플래시, DRAM, 근접통신(NFC), 디스플레이, 터치 등 핵심부품 등은 시장 선도, 애플리케이션 프로세서 2010년 시장 기준 삼성전자 62.6% (2010년 iSupply 자료)이다. 그러나 센서 관련 분야는 CIS를 제외하고는 가속도 센서, 각속도 센서, 지자계 센서, 마이크로폰, 압력 센서 등 핵심 센서에 대한 세계시장을 주도하는 국내 업체는 전무하다.

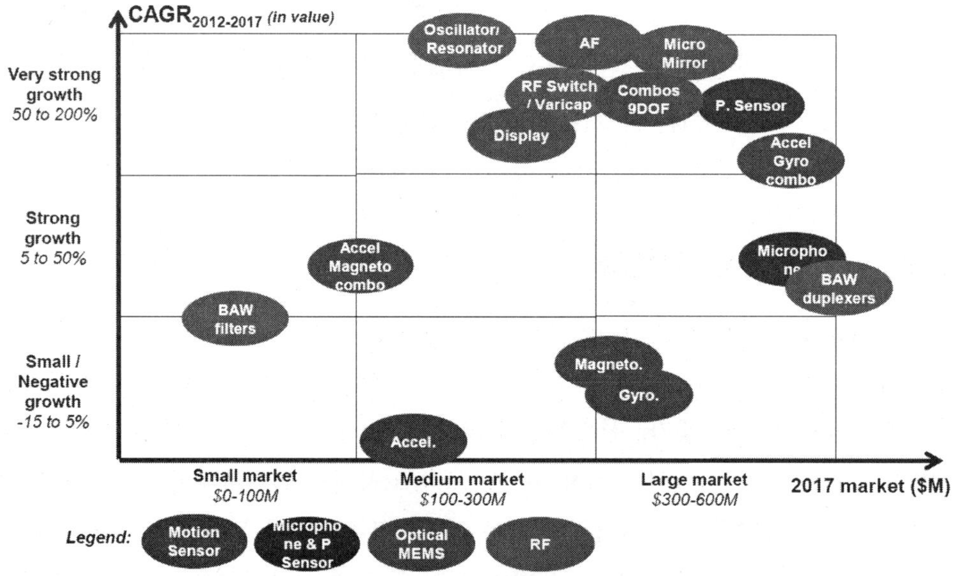

[그림 9-6] 모바일 센서 시장전망

출처 : Yole Developpenemt, MEMS for Cell Phones and Tablets, 2012.

3. 바이오 분야 센서 시장현황

바이오센서의 응용분야는 의료(임상진단), 제약, 환경, 식품, 군사, 연구, 농사, 축산품, 어업, 수산물 등으로 구분된다.

최근 수요가 가장 많은 분야는 의료 부문이며, 바이오센서를 사용하게 되면 자유로운 이동과 즉각적인 감지 가능하다. 의료분야 중에서도 환자 곁에서 질병의 정도를 신속하게 알려줄 수 있는 POC(Point-Of-Care)용 바이오센서가 가장 시장점유율이 높은 분야이다. 환경유해물질, 식중독균, 식품유해물질을 신속하게 현장에 측정하는 분야에서 수요가 증대될 것으로 예측된다.

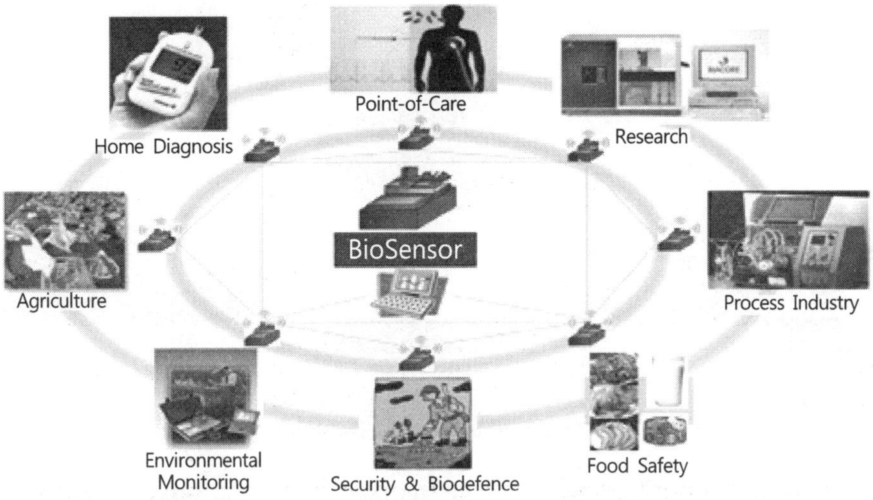

[그림 9-7] 바이오센서 응용분야

출처 : IoT 스마트 센서 연구재단 보고서

다양한 응용성을 가진 바이오센서와 정보통신기술이 결합된 u-헬스케어, USN(Ubiquitoss Sensor Network) 등의 산업의 발전이 예상된다.

4. 보안분야 센서 시장현황

전 세계 보안장비의 시장규모는 1,000억 달러에 달할 전망이며, 보안시장 특성상 경기와 무관하게 안정적인 성장이 예상된다.

현재 물리적 보안제품이 전체 보안장비 수요의 60%이상을 차지하고 있지만 융복합 장비로의 변화가 급속히 이루어지고 있으며, 국내 보안장비 시장은 기업 고객에서 가정 또는 개인 고객으로 확대 추세이다.

국내에서는 CCTV, DVR 제조 기반으로 많은 성장을 하고 있으며, 정부 및 기업들은 외산 제품에 대한 경쟁력 확보를 위해 지능형 영상분석 알고리즘을 보강한 고신뢰성 스마트 센서를 연구 중이다.

지문인식, 홍채인식 센서로 BT와 IT가 결합된 인증 생체신호 센서는 광, 영상, 생체 데이터, 신호처리가 결합된 초소형 스마트 인증 센서로 미국, 독일 등에서 선진기술 연구가 집중적으로 수행 중으로 국내에서도 이에 대한 원천기술 확보가 절실한 실정이다.

감지 센서로서 TOF 센서는 기존의 적외선, 열감지 센서에 비해 매우 적은 수의 센서를 이용하여 보다 광역을 검지할 수 있고 빛, 온도, 움직임 등에 대한 다양한 정보를 수집가능하며, 센서자체의 매립/은폐설치가 가능하여 향후 급속한 시장확대가 예상된다.

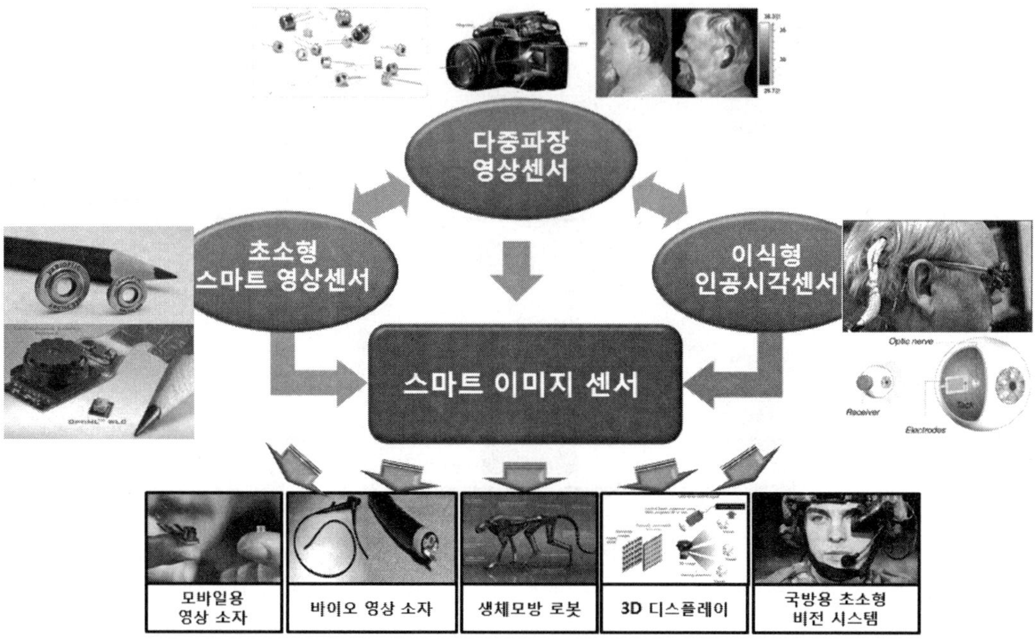

[그림 9-8] 스마트 인증용 보안 센서

출처 : IoT 스마트 센서 연구재단 보고서

특히 군사용 경계에 사용이 용이한 물리펜스의 경우 침입 감지기술에 응용할 수 있는 전자계측기술, 광운용기술 등의 다양한 원천기술이 개발되고 있으며, 구축비용이 상대적으로 낮아져 시장의 관심이 커지고 있다. 2011년 세계시장규모는 1,200억 달러로 보안위협의 증대 등으로 지속 성장할 것으로 전망이다.

국내 물리보안 시장규모는 2011년 1조3000억원으로 추정되고 있으며 세계시장에 1.8%를 차지하고 있다. CCTV는 소비자에 의해 단순 화상감시용에서 편의성, 다양화, 지능화된 기능이 요구된다.

02 사물인터넷의 스마트 센서의 기술을 분석한다.

1. 스마트 센서 기술동향

1) 국외 기술현황

센서 기술은 미국·독일 등 일부 선진국을 중심으로 디지털 센서 단계를 지나 스마트 센서에 대한 연구가 활발하게 진행하고 있다. 1990년대 중반부터 센서와 신호처리회로가 동일 칩상에 집적화된 압력 센서가 양산되기 시작하면서 본격적인 스마트 센서 시장을 형성하였고, 스마트 센서에 대한 기술개발이 활발하게 진행 중이다.

반도체 기술의 급속한 발달로 센서 기술도 고도화, 고성능화 되면서 IT융합산업, 미래산업 및 유비쿼터스 사회를 견인하고 있다. 자동차·스마트폰 등의 센서 수요 산업의 엄격한 요구에 따라 더욱더 정밀화·소형화·저전력화 되고 있으며 최근, 센서의 기능이 단순한 주변상황 감지에서 신체정보·사용자 행동·감정 등의 영역까지 확대되고 있다.

국가별 기술수준은 미국·독일·일본 등이 최고 수준을 보유하고 있으며, 원천 특허 확보 및 지속적 투자로 기술격차가 더욱더 심화될 것으로 예상된다.

2) 국내 기술현황

우리나라는 이미지센서 등 일부 센서를 제외하면 선진국 대비 60% 정도의 기술수준을 보이며, 첨단 센서는 거의 수입에 의존하고 있는 실정이다(2010년 KETI 설문조사결과).

이미지센서, 마이크로폰 등은 기 확보된 반도체 기술을 기반으로 상용화 개발에 성공하여 글로벌 기업과 경쟁하고 있으나, 그 외 스마트 센서들은 전량 수입에 의존하고 있다.

MEMS 기술을 이용한 스마트 센서의 경우 기술장벽이 높아 국내 기업들이 상용화 개발을 추진하다가 수율확보가 쉽지 않아 양산이 지연되거나 포기하는 사례 속출하고 있다.

사례로는 1990년대 KEC에서는 자동차용 압력 센서를 개발하여 시양산 단계까지 갔으나, 시장 및 생산수율확보에 문제가 발생하여 사업을 포기하였다.

2. 핵심 센서별 기술동향

1) 자기 IC 센서 기술동향

전자회로 및 IC의 미세화/고주파화는 점점 가속되고 있어 Nanometer급의 공간분해능과 GHz대역에서의 성능검사 장치가 절실히 필요하나 국내에서는 관련 연구개발이 전무하다.

최근, 미국, 일본, 유럽 등 반도체 평가 장비개발의 기술선진국에서는 고주파 자기 센서를 이용한 RF noise 측정장치와 근접 EMC 측정장치를 개발하고 있다.

미국/캐나다의 연구그룹들은 관련 기술 전체를 체계적으로 강화하고 있는 것으로 보이며, 유럽은 새로운 계측기술에 장기적으로 투자를 하고 있는 것으로 보여진다.

일본의 고분해능/고기능 자기 계측분야에서 우수 기술력을 보유하고 있고 본 연구와 관련된 분야에서 가장 앞서 있는 것으로 판단된다.

① 동경대학에서는 "마이크로 자기 센서 어레이가 설치된 유연한 기판"을 개발하고 있으며, 이는 센서 어레이가 설치된 유연한 기판을 휴대폰이나 회로기판을 감싸서 측정하는 목적이나 자계분해능, 공간분해능, GHz대역 측정은 기대하기 어려움

② 국외의 기술현황을 분석해 본 결과 자계분해능, 공간분해능, 측정주파수가 모두 만족할 만한 개발품은 현재까지 없는 것으로 보임

③ 저주파대역의 자기 센서는 국내의 대학 및 연구소 등 다양한 연구기관에서 연구를 수행하고 있음

④ 2003년경에 SK케미칼의 전략벤처기업에서 휴대전화용 전자나침반에 사용하기 위해서 소형/저가격의 자기 센서를 개발한 예가 있으며, 삼성종합기술원에서는 동일한 용도로 2005년경 MEMS 기술을 활용한 자기 센서를 개발하였으나 상용화되지 못하였고, 2009년 삼성전기에서 다시 자기 센서의 개발을 검토하였으나 실제로 개발이 성공적으로 진행되지는 못하였다.

현재 국내에서 생산되고 있는 휴대전화의 전자나침반용 자기 센서는 일본에서 수입해서 사용하고 있는 실정임

2) 관성 센서 기술동향

① 최초의 마이크로 자이로스코프는 1991년 Charles Stark Draper Laboratory에서 실리콘-유리 구조의 두 개의 가속도계를 기반으로 한 튜닝 포크 방식의 진동형 자이로스코프를 발표한 후 수많은 연구가 진행되어 현재까지 튜닝 포크형(tuning fork type), 진동 쉘(shell) 구조, 진동 빔 구조 등 매우 다양한 종류의 마이크로 자이로스코프가 발표되었음

② 몸체 미세가공기술(Bulk micromachining)로 제작된 정전구동 및 정전용량 검출형 클로버잎 구조의 자이로스코프가 JPL과 University of California, Los Angeles에서 개발되었으며, IMEGO Institute에서는 나비 모양의 자이로스코프를 1999년 발표하였음. 몸체 미세가공기술로 제작된 자이로스코프는 저가의 간단한 공정으로 제작되고, 고성능에 필요한 고종횡비(high-aspect-ratio) 구조물을 제작할 수 있는 장점을 갖고

있으나 대량 생산에 부적합한 단점이 있음

③ BAE(British Aerospace Systems and Equipment)는 미세가공기술로 제작된 단결정 실리콘 링 자이로스코프를 개발하여 발표하였으며, 우수한 성능을 보였지만 실리콘의 결정방향에 따라 달라지는 기계적인 성질로 인해서 기계적인 커플링이 크다는 단점을 보였음. 링 자이로스코프의 경우 구조물을 구성하는 물질 및 크기 등이 매우 정밀하게 제작되어야만 성능이 우수하며, 이로 인해 제작단가가 높다는 단점을 갖고 있음

④ 수정(quartz)으로 제작된 압전방식의 자이로스코프가 Systron Donner 등에서 개발되었음. 수정진동형 자이로스코프는 매우 높은 Q값을 가지며, 우수한 성능을 보이지만 구조물 제작 시 발생하는 미세한 오차로 인해 매우 큰 성능의 저하를 보인다는 단점을 보임. 또한, IC와 집적화가 어렵다는 단점이 있으나 우수한 성능 및 낮은 가격으로 인하여 현재 대부분의 시장을 점유하고 있음

⑤ 현재 국내에는 자이로 센서에 대한 원천기술이 전무한 상태로서 국내 기술을 이용한 자이로 센서 생산업체, 시스템화 업체 등이 전무함. 현재 국내의 모든 자이로센서는 전량 수입 중

⑥ 국내 기술부재로 인해 자이로 센서 기술은 그 원천기술 확보가 시급함. 이미 자이로센서에 대한 동작원리 및 구조 등이 모두 외국에서 갖고 있어 동작원리에 대한 새로운 원천기술 확보 연구가 필요함. 기존의 기계식 등으로 제작된 센서의 보완형태가 아닌 원리 자체가 새로운 원천기술의 확보 연구가 요구되어짐

3) 압력 센서의 기술동향

① 최근, 압력 센서의 기술동향은 점차 정확도 및 신뢰성면에서 획기적인 성능을 얻기 위해 하나 이상의 센서가 단일 IC로 통합되는 경향으로 발전하고 있으며, 대부분의 업체는 제품라인을 종전의 기계식에서 반도체 기반의 전자식 센서로 대체되고 있는 추세, 최근, 환경 및 새로운 영역에서의 센서 수요가 급격히 증가하면서 보다 저렴하면서도 고기능을 갖춘 센서 개발에 박차를 가하고 있음

② 생산업체들은 부가가치가 큰 고품질의 특수 센서에 집중하여 자동차, 반도체 등에서 시장을 독과점하고 있으며, 다양한 방식으로 압력을 측정함으로써 경박단소하면서도 기능은 복합화 고성능화된 제품을 선보이고 있음. 고집적기술로 생산효율은 높이면서 가격은 낮아지고 있는 추세임. 최근, 압력측정 방식이 비접촉식으로 급격히 변화고 있으며, 이에 대한 기술은 일본과 미국, 유럽의 일부 선진국에서 독점하고 있음

③ 주요 응용분야는 크게 정밀계측, 석유화학분야, 약식음료분야, 자동차분야, 디지털 압력계, 산업용 분야 등으로 나눌 수 있고, 국내 메이커는 산업용 공장자동화 분야에

서 주로 마켓쉐어를 점하고 있고, 케피코는 외국업체에서 독점하다시피한 자동차 관련 압력 센서 시장에서 두각을 나타내고 있음

④ 국내의 압력 센서 시장은 다른 센서에 비해 수입의존도가 매우 높은 분야이고, 기술수준도 국내 대부분의 업체들은 기계식 압력 센서에 의존하고 있으며, 전자식 반도체 압력 센서는 국산화를 추진 개발 중에 있음

⑤ 국내 자동차 압력 센서 분야는 미국계 텍사스인스트루먼트가 압도적으로 점유하고 있고, 원자력발전소 분야에서는 미국의 로즈마운트와 일본의 요코가와, 독일의 지멘스가 점유율이 높아 국내업체의 점유율은 현저히 낮음

⑥ 국내의 경우 오토닉스, 맨텍 등과 같은 일부 중소업체에서 오프칩(Off-Chip) 형태의 저가 압저항식 압력 센서를 제작하고 있으며, 경북대학교 및 전자통신연구원 등의 일부 연구기관 위주로 압력 센서에 대한 연구가 진행 중임

⑦ 특히, 고압력 측정을 위한 압력 센서는 대부분 수입에 의존하고 있으며, 이는 국내의 취약한 산업구조로 인해 다품종, 소량 생산방식에서 벗어나지 못하고 있기 때문임. 고압측정을 위한 관련 특허는 국내에 1건에 불과할 정도로 관련 연구에 대한 지원이 절실한 실정임

⑧ 현재의 고압 센서는 제한된 측정방식으로 인해 낮은 분해능을 가지고 있어 높은 고압을 견디는 구조형성과 재료를 사용하여야 하기 때문에 분해능과 반응속도가 현저히 떨어지고 있는 실정임

⑨ 최근의 압력 센서는 보다 높은 분해능을 가지는 것을 요구하고 있음. 즉, 고압을 측정하면서 높은 분해능을 가져야만 고압의 상태에서 미묘하게 변하는 압력량을 측정할 수 있기 때문에 센서 소자 자체의 성능향상과 핵심기술 확보에 대한 요구가 증대되고 있음

⑩ 미래 기술동향은 다양한 압력에 견디며 높은 분해능을 갖고 반응속도가 빠른 압력 센서의 개발로 집중되고 있으며, 이는 스마트 압력 센서의 구조적인 극복과 더불어 새로운 압력 센서 재료의 사용으로 가능함

4) 영상 센서 기술동향

① 인간의 오감 중 감각영역의 70% 이상을 차지하는 시각 정보획득을 위한 기술인 이미지센서 기술개발은 1960년대 말부터 되었음. 최초 이미지 영상구현은 1967년대에 RCA가 CMOS 이미지센서와 70년에 Bell 연구소의 CCD(Charge Coupled Device) 이미지센서가 시초임

② 이미지 영상기술의 구현 원리가 고안된 것은 CMOS 센서가 우선이지만 초기에는 CCD

에 비해 화질이 떨어지고 회로가 복잡하여 칩 크기가 커지는 단점으로 CCD가 1970년대 이후로 영상획득 메커니즘 측면에서의 우수한 잡음특성, 작은 화소크기에 따른 높은 해상도 등의 장점을 내세워 지난 30여 년간 이미지센서 시장을 주도해 왔음

③ CMOS 기술은 CCD에 비해 생산단가 및 소비전력이 낮고 주변회로를 동일한 칩에 통합하기 쉽다는 이점과 미세가공기술이 발전함에 따라 1990년 NHK/Olympus에서 AMI(Amplified MOS Imager)를 발표하였고, 1993년 Edinburgh 대학에서 최초의 CMOS 칩을 발표한 이후 CMOS에 대한 많은 연구가 진행되어 왔으며, 2005년 SONY 사에서 1240만 화소의 CIS(CMOS Image Sensor)를 개발함으로써 CMOS 센서가 CCD를 대체하면서 현재 영상 센서 시장을 주도하고 있음

④ 2006년 미국 UC Berkeley대학 Luke P. Lee 교수는 실리콘 고분자재료를 이용하여 수천 개의 곤충의 홑눈을 모방한 인공시각 센서에 관한 연구를 발표하였고, 2008년 미국의 Illinois 대학 J.A. Rogers 연구실에서는 CCD array를 탄성 폴리머를 굴곡 표면에 구현함으로써 인공시각 센서 구현에 관한 연구를 발표하였고 2008년 Adobe사 Light-Field Lens라 부르는 곤충의 겹눈과 유사한 멀티앵글 이미지센서를 개발하였음

⑤ 주요 응용분야는 디지털카메라, 캠코더, MP 3, 게임기, PC용 웹카메라, 휴대폰, TV, 자동차분야, 정밀계측분야 등으로 산업 전반에 응용되고 있으며, 국내 메이커는 카메라 및 휴대폰 등 IT 분야에서 주로 시장을 점유하고 있음

⑥ 이미지센서 모듈은 일본에서 처음 채용되기 시작한 이후 국내 기술수준은 2004년까지 일본에 비해 2년 정도 뒤쳐져 있으나 2008년을 기준으로 선진국과 동등한 기술수준 단계로 성장하였음

⑦ 국내 및 국외의 이미지센서 관련 기업들은 기존의 이미지 모듈 사업에서 점차 스마트 사업 분야로 기술을 확대하고자 하며, 이러한 요구에 부응하여 스마트 이미지센서 기술이 강력하게 요구되고 있으나 기술 응용 단계인 외국에 비해 현저히 기술력이 떨어져 연구에 대한 지원이 절실한 실정임

⑧ 인간의 감각을 대신하는 센서 기술에서 눈의 역할을 하는 영상 센서의 중요성은 이미 알려져 있으며, 단순한 이미지의 획득 단계에서 벗어나 점차 인간 중심적/친화적인 기술사회로 발전됨에 따라 인간 또는 자연생명체에 가까운 스마트 영상 센서 기술로 가고자 하는 연구가 이뤄지는 추세로 그에 따른 수요 역시 점차 증가하고 있음

⑨ 현재 산업분야에서 영상 센서는 대부분의 수요를 처리했던 휴대폰, 카메라 산업분야 이외 고부가 가치산업(자동차, 로봇, 바이오 산업 등)이 점차 기하급수적으로 성장함에 따라 이에 적용하기 위한 응용기술들이 기하급수적으로 요구되고 있음

⑩ 따라서, 현재의 영상 센서 장점인 고해상도·고화질을 유지하면서 가시광선 처리 시스템에서 벗어나 다중 파장처리, 초소형화, Digital Radiography 경우 X-ray를 이용한 영상처리 시스템 등이 가능한 영상 센서 기술이 요구되고 있음. 이를 통해 광시야각, 다시점, 고속 영상처리 문제를 해결하고자 하는 핵심 기반기술의 확보가 필요함

5) 광학 센서의 기술동향

(1) 집적형 광센서

① 미국을 중심으로 북미, 일본, 유럽에서 기술을 선도하고 있지만 아직 글로벌 독점기술은 없는 상황임

② 북미 : 기존 센서 기술 지배력을 바탕으로 독자적 광센서 플랫폼 개발전략 추진

③ Micron Optics : 1990년 설립하여 다기능 집적형 광센서 핵심기술 및 플랫폼 기술개발을 통해 선도기업으로 추진

- 유럽 Smartec사, 캐나다 FISO사 등과 전략적 제휴 관계 구축을 통해 시장을 확대에 주력
- 위험요소 및 사용환경에 따른 인증 취득
- 지속적인 연구개발을 통해 센서 케이블, 부품, 신호분석기 등 주요 부품들에 대한 최고 기술력 보유
- 최근 미국 National Instrument사와 기술제휴를 통해 시장지배력 상승

④ FISO : Roctest Group의 분사업체로 OEM 장비제조와 광섬유 신호 컨디셔너 모듈의 도입으로 다양한 센서 분야에 응용하고 있으며, 75개국에 지사를 보유한 글로벌 선도기업임

- 의료용을 위한 카테터 혈압 센서, 환자 온도측정 센서 개발 기술력보유
- 공장자동화 시스템, 에너지 플랜 산업에서의 실시간 온도측정 시스템 및 굴절률 측정기술 개발보유
- 센서의 표준화 규격인 ISO 9001 : 2008, ISO 13485 : 2003의 인증취득
- BSI Group의 품질규격의 인증을 획득

⑤ Honeywell : 중소기술업체와 기술합작을 통하여 NextPhase로 분사하여 스마트 전력 계측분야에서 현재 가장 선진기술을 보유하고 있으며, 전세계 30여 현장에서 필드 테스트 중

⑥ 유럽 : 개별 기업단위로 산업용으로 지능형 광센서 개발추진

⑦ Smartec : 중소기업으로서 유럽에서 가장 실적이 좋으며, 분포 센서 분야에서 세계 최고 수준

- 구조적인 물리량 측정 센서로 교각, 빌딩, 터널, 파이프라인, 수로, 제방, 둑, 지질분야,

에너지 플랜, 해양, 원자력 발전분야에 적용하는 광섬유 센서 기술을 보유하여 산업 전반에 응용되는 센서 기술의 확대 적용

- 세계적인 광센서 개발업체와 전략적 제휴관계를 구축함(Geomation, FISO, EN OM FRA, Applied geomechanics, Campbell Scientific, GeoSIG, Instantel, System)
- 부품/시스템 디자인, 부품조립, 광센서 설비, 모니터링 소프트웨어 등 광센서 시스템의 전반적인 기술을 보유하여 시장지배력을 향상을 위한 기반 기술 보유

⑧ SensorNet : 설립 후 10년 이상된 기업으로 Tendeda 그룹에서 전략적 분사 후 자체 개발을 통한 실시간 분포형 센서 분야에서 높은 기술력과 노하우를 보유

- 분포형 센서의 구조적인 물리량 측정치를 무선 전송기술을 보유
- 전략적 요충지인 북해, 중동, 북아메리카, 남아메리카, 아시아 태평양을 포함하는 중요 허브 기업으로 발돋움
- 주요 비즈니스 모델로 Upstream Oil & Gas, Downstream Process, Power, and Hydro 환경에 따른 ISO 9001 인증 취득
- 높은 기술력을 바탕으로 세계의 많은 선도 블루칩 기업에 수백만 달러의 Turnkey solution을 제공함

⑨ Siemens : 발전기, 항공기 등 광섬유 기반 광센서 시스템 상용화를 위한 독자적인 기술개발 중

(2) 하이브리드 적외선형 센서

① 미국 : 1990년부터 센서 기술을 핵심기술로 선정하여 국방, 우주개발과 의학용 적외선 센서를 집중적으로 개발하여 적외선 센서의 원천기술을 확보한 상태임. 전세계 적외선 센서의 50% 이상의 공급을 담당

- 최근 미국 National Instrument사와 기술제휴를 통해 시장지배력 상승
- 주요 적외선 센서 제조사로는 FLIR, FLUKE, PerkinElmer 등이 있음
- (PerkinElmer & Excelitas Technologies) PerrkinElmer 조도·감지 솔루션(Illumination and Detection Solutions, IDS) 사업부가 엑셀리타스 테크놀로지스(Excelitas Technologies Co.)로 정식 재출범. 엑셀리타스 테크놀로지스는 열적외선 감지기, 저조명 감지기 등 종합적인 최첨단 기술 솔루션 포트폴리오와 더불어 방대한 애플리케이션 확보

② 일본 : 센서의 핵심기술인 소재산업은 과거 50여전부터 지속적인 연구로 세계적인 위치를 점유하고 있음. 특히, 환경분야 화학 센서는 전세계의 공급원으로 센서 시장을 주도하고 있음. 적외선 센서의 경우 기술 종주국인 미국의 기술을 응용하여 일본의 센서 소재와 융합된 중저가의 적외선 센서 출시

주요 적외선 센서 제조사로는 NEC, 니세라, 파나소닉, 미쯔비시 등이 있음

③ Thermodo Electric : 전기 Cooker의 온도를 실시간으로 모니터링하여 요리온도를 일정하게 유지하는 기술을 발표

④ Mitubishi electric : 적외선 센서로 752개 구역을 설정하고 열원을 감지하여 에너지 효율 증대를 위한 '절전요령'을 모니터에 표시하는 기술을 출시

⑤ 유럽 : 고급 자동차산업의 발달로 자동차에 사용되는 적외선 센서 개발이 주류임. 야간 운전자 보조 시스템인 나이트 비전 등 민수용 적외선 센서 위주의 개발현황을 보임

(3) 실시간 다중일체형 광센서

① 1980년대부터 일본, 미국 등 선진국에서는 관련 기술개발을 시작하여 현재 상용화 단계에 진입

② 바이오센서용 나노소재 기술이 이용되는 제품에는 효소 센서, 면역분석 센서, DNA 센서, 단백질 센서, 랩온어칩, 세포영상술, MRI 조영제로 분류

③ 현재 바이오센서 시장의 90%를 차지하고 있는 효소 센서의 경우, 적은 혈액으로도 혈당을 측정할 수 있는 전기화학법을 이용한 효소 센서 개발을 Roche Diagnostics, Abbott Lab, Lifescan 등과 같은 대기업들이 주도

④ 개인 맞춤형 질병예측 및 모니터링을 위한 Micro-Nano 생체지표 측정 바이오센서는 U-Health 구현을 위한 핵심부품이며 원천기술

⑤ U-Health의 경우 미국의 시장은 IT, 통신, 의료 관련 대형 기업들을 중심으로 성장하고 있으며, 미국 정부의 의료정보화 정책 주도로 매년 투자액이 늘어가는 추세

⑥ 대표적인 서비스로는 Elite care의 Oatifield Estates, Veterans Health Administration (Health buddy, Florida), Aware Home System(GATECH), Smart Medical Home(U. of Rochester), FID (MIT) 등이 있음

⑦ 일본의 마츠시다(Matsushita), 미국의 존슨앤존슨(Johnson & Johnson), 애보트(Abbott), 다국적 기업 로슈(Roche Diagnostics) 등의 기업 중 일본 마츠시다와 애보트는 전기화학적 바이오센서에 대한 연구에 집중을 해왔으며, 다른 기업들은 광바이오센서 관련 기술부터 연구를 시작

⑧ Roche Diagnostics : 기존에 광바이오센서에 대한 특허를 다수 출원/등록한 베링거인겔하임이라는 독일 회사를 합병하고 그 기술범위를 대폭 확장

6) 바이오 메디컬센서의 기술동향

① 바이오 및 메디컬용 센서 시스템은 전자공학 · 물리학 · 화학 · 생물학 · 재료공학과, IT,

NT 등 과학기술 전반에 걸친 기반 기술들을 필요로 하는 미래형 융합기술임. 정보통신 기술분야가 상대적으로 많이 발달된 우리나라는 첨단의료 복합단지와 같은 국가 주도의 의료사업과 더불어 시장의 개척이 요구되며 반드시 경쟁력을 갖추어야 하는 전략분야로서 많은 연구가 진행되고 있음

② 특히, 단백질칩에 의한 진단시스템 개발에 관심이 매우 높아 다수의 연구기관에서 연구개발을 진행하고 있으나, 현재 진행되고 있는 연구는 대부분 형광물질을 이용하는 DNA 칩시스템을 응용하여 면역칩(immuno-chip)을 제작하는 단계에 머물러 있고 SPR 센서나 어레이 칩기술보다는 단백질 상호작용 분석에 연구가 집중되어 있음

③ DNA 칩기술은 인간 유전체 사업단과 자생식물 사업단의 본격적 연구활동으로 보편화되어 전문적 벤처기업의 등장으로 단백질칩 기술개발은 활기차게 이루어지고 있으며, 삼성종기원, LG화학, 서울대, KIST 등에서도 바이오칩 센서 연구를 수행 중에 있음

④ 또한 DNA칩, Bio-MEMS 기반 진단용 바이오칩 및 센서의 연구개발이 수행되고 있으며, 프로테오젠 등의 벤처기업에서는 단백질칩용 표면화학용 Linker 물질을 개발하여 시판하고 있음

수행 Tip

- 분야별 사물인터넷 센서 기술동향 활용방안

  가전, 에너지, 의료/건강관리, 자동차, 기타 등으로 구분하여 센서 기술동향 활용방안의 검토가 필요하다.

학습활동.9 교수 · 학습 방법

교수 방법

- 사물인터넷의 센서에 대한 관련 용어, 구성, 방식이해 정도를 파악한 후 수업을 진행한다.
- 교수자의 주도로 사물인터넷 센서 등의 내용을 PPT 자료로 제시한 후 설명한다.
- 가능하면 사전에 개인별 학습자료를 준비하여 모든 학생이 참여할 수 있는 문제해결식 수업, 협력 수업이 가능하도록 한다.
- 사물인터넷 센서의 구성과 특징 전 과정을 작업의 순서에 따라 단계적으로 실습이 이루어질 수 있도록 지도한다.
- 교재를 통해 수업을 준비하는데 있어서 필요한 모든 정보나 팁, 힌트 등 도움이 될 만한 내용들을 확인할 수 있다.
- 학생들이 만들게 될 각 모델들은 수업시간에 중점적으로 다뤄질 부분과 어휘, 질문, 답을 포함하고 있으며 또한 탐구할만한 추가적인 아이디어들도 포함하고 있다.

학습 방법

- 사물인터넷 센서의 구성 및 응용에 대한 관련 용어를 숙지하고, 사물인터넷의 기초 단계에 대해 이해한다.
- 사물인터넷 센서의 구성 및 응용 각 단계별 중점 사항을 체계적으로 학습한다.
- 사물인터넷 센서의 구성 및 응용 수행순서의 전 과정을 실습한다.
- 사물인터넷 센서의 구성 및 응용내용을 이해한다.
- 사물인터넷 센서의 구성 및 응용구성을 이해하고 숙달이 될 때까지 학습한다.

학습활동.9 평가 및 피드백

평가 준거

- 평가자는 피평가자가 수행 준거 및 평가 내용에 제시되어 있는 내용을 성공적으로 수행할 수 있는지를 평가해야 한다.
- 평가자는 다음 사항을 평가해야 한다.

학습내용	평가항목	성취수준		
		상	중	하
사물인터넷의 스마트 센서 개요	사물인터넷의 스마트 센서 개요를 이해할 수 있다.			
스마트 센서의 응용분야별 동향	사물인터넷의 스마트 센서의 응용분야별 동향을 이해할 수 있다.			

평가 방법

- 작업 포트폴리오

학습내용	평가항목	성취수준		
		상	중	하
사물인터넷의 스마트 센서 개요	사물인터넷의 스마트 센서 개요를 이해할 수 있다.			
스마트 센서의 응용분야별 동향	사물인터넷의 스마트 센서의 응용분야별 동향을 이해할 수 있다.			

- 필기시험

학습내용	평가항목	성취수준		
		상	중	하
사물인터넷의 스마트 센서 개요	사물인터넷의 스마트 센서 개요를 이해할 수 있다.			
스마트 센서의 응용분야별 동향	사물인터넷의 스마트 센서의 응용분야별 동향을 이해할 수 있다.			

• 체크리스트를 통한 관찰

학습내용	평가항목	성취수준		
		상	중	하
사물인터넷의 스마트 센서 개요	사물인터넷의 스마트 센서 개요를 이해할 수 있다.			
스마트 센서의 응용 분야별 동향	사물인터넷의 스마트 센서의 응용분야별 동향을 이해할 수 있다.			

피드백

1. 작업 포트폴리오
   - 제출한 보고서를 평가한 후 주요 사항에 대하여 표시하여 돌려준다.
2. 필기시험
   - 평가결과 성적이 저조한 학생은 보고서 제출기회를 부여한다.
3. 체크리스트를 통한 관찰
   - 실습과정에서 평가한 후 개선해야 할 사항 등을 정리하여 돌려둔다.

참고자료

[1] 미래창조과학부, "과학기술 & ICT 정책 기술동향", 2015.3.20.

[2] 양회성 외, "사물지능인터넷 센서 기술동향 및 발전방향", 정보처리학회지 제21권 제2호, 2014.3.

[3] 산업연구원, 초연결시대 사물인터넷의 창조적 융합 활성화 방안, 2014.

[4] NIPA, 국내 센서기업 실태조사, 2010.12.

[5] 밸류애드(2013), "MEMS 센서 시장동향", 전자부품연구원 전자정보센터

[6] 센서산업 정부지원 실태조사, NIPA, 2012.

[7] 산업연구원, 사물인터넷의 대표적 서비스 유형 사례 2013.

[8] KETI, 센서산업 정부지원 실태조사, 2012.

[9] 자부품연구원, 센서산업 고도화를 위한 첨단 센서 육성사업 기획보고서, 2012.

[10] 자원부, "헬스케어 & 엔터테인먼트 로봇" 기획보고서, 2006.

[11] 자원부, 로봇산업 조사통계, 2011.

[12] 자원부, 세계 센서 총계, 2007.

[13] 자원부, 로봇산업실태조사보고서, 2007.

[14] Research Institute, 2010.

[15] 한국산업기술진흥원, 스마트시대의 모바일 기기 부품산업의 현황 및 전망, 2011.12.

[16] 전자부품연구원, Issue Report No. 14-10 사물인터넷 시대의 대응전략, 2014.11.

[17] NIPA 산업분석 통계, 국내 휴대폰 시장동향

[18] NIPA 산업분석 통계, 국내 센서 시장규모

[19] 금융감독원, 연도별 바이오센서 국내시장, 2012.

[20] IDC(시장조사기관) / 파이낸셜뉴스, 세계 보안업계 시장동향, 2011.9.6.

[21] Honeywell Website, 세계 보안 센서 업체 및 매출액, 2011.11.25.

[22] 매일경제, 슈프리마, 세계 인식 센서 시장동향, 2012.7.9.

[23] 한국디지털 CCTV 연구조합 2012, 테크월드 2009.

[24] 한국바이오인식포럼(KBA) / 아이뉴스, 국내 인증용 보안 센서 선도기업 현황, 2012.9.23.

[25] www.kia.co.nz, ASV(Advanced Safety Vehicle)에 적용되는 센서의 예

[26] BCC Research, 자동차용 센서의 세계시장규모, 2013.

[27] Mercedes Benz Grafik, 적용분야별 자동차 센서의 종류

[28] iSuppli 2010, GIA 2010, Yole, 2010 전세계 환경 센서 시장현황

[29] KETI, 국내 센서 업체 150여개 대상 설문조사, 2011.
[30] 한국 RFID/USN 협회, 국내 RFID/USN 시장전망, 2008.
[31] CLSA, Goldman Sach etc, 애플의 아이폰 4 공급사슬, 2011.
[32] 스마트폰의 구성도와 센서, 삼성전자, 메리츠증권에서 재인용, 2012.2.
[33] 국내 센서기업 실태조사, (주)벨류애드, 2010.12.
[34] Gartner(2014.7), 'Hyper Cycle for Emerging Technologies', 2014.
[35] Machina Research(2011~13), Nokia Siemens Networks(2012)
[36] 한국사물인터넷협회, 국내 IoT 중소중견기업 제품서비스 사례, 2014.
[37] 한국방송통신전파진흥원, Maketsand Markets 2012, 국내외 사물인터넷 정책 및 시장동향과 주요 서비스 사례, 2013.
[38] Libelium 50 Sensor applications, 2014.
[39] http://www.alliedtelesis.com/solutions/healthcare, 스마트 헬스케어 서비스 개념도
[40] 한국보건산업진흥원, www.mybasis.com, 스마트 헬스케어 시장규모
[41] 식품의약품안전청, 스마트 헬스케어 의료기기 시스템의 구성도, 2010.11.4.
[42] http://www.digieco.co.kr, 원격홈, 그린, 헬스케어 접속 서비스 예
[43] 휴비스(http://www.huvis.com/super-fiber/index.asp)
[44] 코오롱(http://www.heracron.co.kr), 슈퍼섬유를 이용한 섬유응용
[45] 야노 경제연구소, 일본 완전인공광형 식물공장 운영사업 시장전망, 2013.
[46] 한국 농촌 경제연구원, 통합 센서 장비 적용 사례
[47] 제3기 나노기술종합발전계획(11.4.19), 국내 나노 기술 관련 인프라 주요 기관 현황
[48] Yole Dévéloppement(2010), "Uncooled infrared imaging market"
[49] Yole Dévéloppement(2011), "응용분야별 MEMS 세계시장전망"
[50] Yole Dévéloppement(2012), "Top 20 MEMS foundry ranking for 2011 for comparison"
[51] Yole Dévéloppement(2014), "Sensors & Technologies for The Internet of Things - Business & Market Trends 2014~2024)", Yole Dévéloppement
[52] MarketsandMarkets(2014), "Internet of Things, By Communication Technology, By Application Vertical&Geography-Global Trends & Forcasts to 2020", MarketsandMarkets
[53] MEMS Journal(2009), "MEMS 압력 센서 내장된 스마트 콘텍트렌즈"
[54] MEMS Journal(2009), "자동차에 적용되는 MEMS 센서"
[55] Yole Developpenemt, MEMS for Cell Phones and Tablets, 2012.
[56] Yole Developpenemt, MEMS for Cell Phones and Tablets, 2012.
[57] JPMoran/GoldmanSach(2011～2013), 2015～2020: Gatner/Yole Dévelopement SA.(2011)
[58] PMoran/GoldmanSach(2011～2013), 2015～2025 : Gartner Group&ETRI(1999), IDC(2008)

[59] Yole Developpenemt, MEMS for Cell Phones and Tablets, 2012.
[60] beechamresearch, Roadmap for the Trillion Sensor Universe 2013.
[61] Cisco, "Embracing the Internet of Everything To capture your share of $14.4trillion", 2013.
[62] Fuji-Kezai(2006), "Comprehensive Analysis of Wireless Sensor Systems Market"
[63] ICT Standardization Roadmap, 2010.
[64] iSuppli Consumer & Mobile MEMS Market Tracker -H1 2011, Yole Developpenemt, MEMS for Cell Phones and Tablets, 2012.
[65] Global Industry Analysts, Inc(2008), Sensors(A Global Strategic Business Report), Frost & Sullivan, "World BioSensors Market", 2007.
[66] IDC, Business insider(2013), 스마트 커넥티드 디바이스 시장규모 및 추이
[67] Fairchild Semiconductor, 2013, 세계 반도체 및 MEMS 센서 부품 시장전망

학습 1	사물인터넷의 정의
학습 2	사물인터넷의 기본계획
학습 3	사물인터넷의 스마트 디바이스
학습 4	사물인터넷의 글로벌 동향
학습 5	사물인터넷의 기술
학습 6	사물인터넷의 빅데이터
학습 7	사물인터넷의 클라우딩 컴퓨터
학습 8	사물인터넷의 무선 네트워크
학습 9	사물인터넷의 스마트 센서
학습 10	**사물인터넷의 표준**
학습 11	사물인터넷의 보안
학습 12	사물인터넷의 스마트 홈

10-1 사물인터넷의 표준화 개요

학습 목표	10-1. 사물인터넷의 표준화 개요를 이해할 수 있다.

필요지식

1. 사물인터넷과 관련 표준화 단체 및 주요 활동

사물인터넷은 기본적으로 사물들 간의 통신 기능이 요구되기 때문에 이들이 상호 운용되기 위한 표준화가 중점적으로 진행되고 있다. 사물인터넷 산업은 발전 초기단계로 기술표준화에 대해 사업자들 간 경쟁이 치열히 전개되고 있고 사물인터넷 표준 개발에는 많은 비용이 소요되지만, 표준으로 선정될 경우 시장선점이 가능하므로 주요 사업자들이 전략적으로 접근하고 있다.

1) IETF

IETF에서는 LWIG(Light-Weight Implementation Guidance) WG를 통해 IoT 디바이스의 제한적 리소스를 고려한 M2M/IoT 기술의 표준화를 진행하고 있다. LWIG WG에는 지금까지 구현된 디바이스간 상호 정보교환이 가능한 경량화된 IP 스택 구현 경험을 수집하는 것을 목적으로 하고 있다. 또한 이 WG에서는 IPv4, IPv6, UDP, TCP, ICMPv4/v6, MLD/IGMP, ND, DNS, DHCPv4/v6, IPsec, 6LOWPAN, COAP, RPL, SNMP, NETCONF 프로토콜 등의 경량화를 중심으로 표준화가 진행 중이다.

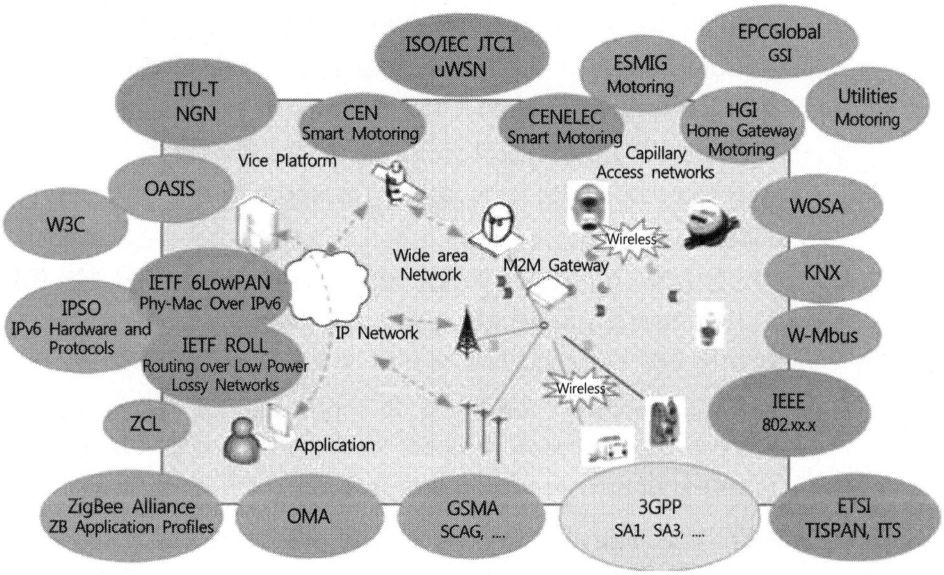

[그림 10-1] 국제 IoT 표준화 단체

출처 : oneM2M 서비스 플랫폼 표준해설서(2014.6.3. TTA)

2) 3GPP

3GPP는 M2M/IoT 표준화를 위해 Release 10(Rel-10) 및 Release 11(Rel-11)에 MTC(Machine Type Communication) 기술을 명시하여 표준화 작업을 진행하고 있다. Rel-11 SIMTC은 서버가 먼저 MTC 디바이스를 트리거링하여 통신을 시작하고 정보의 수집 등을 요구할 수 있는 통신 모델을 포함한다. 최근 확정한 차세대 LTE 기술 표준 로드맵 Rel-12에는 MTC뿐만 아니라 D2D(Device to Device) 기술을 포함시켰다. LTE D2D 기술은 일정 거리 이내에 근접해 있는 스마트폰 등 통신기기 간 직접 LTE로 통신하는 것이 핵심이다.

3) oneM2M

M2M/IoT 표준화는 ETSI, ITU-T, 3GPP 등 다양한 표준화 단체에 의해 개별적으로 진행되는 문제를 가졌다. oneM2M은 이와 같은 필요성에서 2012년 7월 공식 출범하였으며, 2013년 8월 현재 6차 기술총회가 진행되어 크게 세 가지 영역에 대해 M2M 표준의 개발 등 업무를 수행하고 있다.

〈표 10-1〉 사물인터넷 관련 국제표준화 단체 및 주요 내용

국제표준단체	주요 내용
IETF	• 사물인터넷에 사용되는 다양한 인터넷 프로토콜 표준개발 – CoAP, 6LoWPAN, HTTP 등의 프로토콜 개발 및 확장 • DTLS(Datagram Transport Layer Security) 보안인증시험 등 개발 • 블록전송 및 Obseve, 링크 포맷 확장 프로토콜 개발
oneM2M	• 사물인터넷의 실질적 국제 공통 표준개발을 권역별 표준개발기구 7개가 2012년 7월 설립 • 다양한 M2M/IoT 서비스 지원을 통하여 공통 서비스 지원계층 표준개발 – Reqirement, Architecture, Protocols, Security, Management • 2014년 9월 1'st candidate release 발표
ITU-T	• 통신사업자 관점에서 사물인터넷 요구사항, 네트워크 기능, 서비스 표준개발 – 개념 정의, 요구사항, 아키텍처, 프로토콜, 참조모델, 유즈케이스 등 개발 • 별도의 IoT-GSI, JCA-IoT 그룹 운영
ISO/IEC JTC1	• 사물인터넷 개념, 시장 요구사항 분석 및 사물인터넷 표준화 갭 분석작업 추진 • JTC1 SWG5에서 ISO내 IoT 표준협력 및 타 표준화 기구와 상호협력 수행
IEEE	• 2014년 7월 IEEE P2413 프로젝트 그룹을 결성하고 IoT/M2M의 전반적 구조 프레임워크 표준개발 시작 • IEEE 802.x계열의 무선 기술을 M2M/IoT 서비스에 적합한 수정 표준개발 • 스마트미터링 등의 서비스에 적합한 IEEE 802.11x 표준개발
3GPP	• MTC(Machine Type Communication) 서비스 지원을 위하여 기존의 이동통신 기술을 확장하는 표준개발 – 수면모드에 있는 3GPP 단말기가 IoT/M2M 통신을 하기 위해 활성화시키는 MTC Triggering 분야 표준화 – oneM2M 서비스 공통 플랫폼과 상호 정보교환을 위한 표준개발
OMA	• SWoT(Social Web of Things)에서는 소셜 사물웹 접속된 단말과 사용자의 연계를 달성하기 위한 소셜 네트워킹 표준의 사물인터넷 장치 사용 방안 연구 진행 – 시나리오, 참조모델 개발

출처 : 과학기술 I&CT정책 기술동향 제42호 미래창조과학부 2015. 3.20.

첫째 공통 M2M 서비스 플랫폼 표준개발을 위한 이용사례 및 요구사항을 파악한다. 둘째로 End-to-End M2M 아키텍처 및 서비스 계층표준화를 수행한다. 셋째로 M2M 단말의 공통 이용사례 및 인터페이스/API 표준화를 수행한다.

4) ISO / IEC JTC1

ISO / IEC JTC1 SC25는 정보기기 상호접속에 관한 표준을 제정하고 있으며, 산하 WG1은 HES(Home Electronic System)에 대한 국제표준화를 진행 중이다.

WG1은 HES RG(Residential Gateway)의 요구사항과 기본 기능에 대한 표준을 제정했으며, 현재 Interoperability와 Home Energy Management에 대한 표준화 작업 중에 있다.

각국의 홈 네트워크 미들웨어 기술이 국제표준으로 채택됨에 따라 이들 간 상호운용성 확보를 위한 'HES Interoperability Framework' 표준화 추진 중이다. 우리나라는 ETRI가 'HES Interoperability Framework' 프로젝트에 참여하여 IOP(Interoperability Protocol) 기술을 반영하였다. IOP 기술은 이종 홈 네트워크 미들웨어간 상호운용성을 확보하기 위하여 ETRI가 개발한 미들웨어 기술이다. 이외에도 ETRI가 개발한 홈 네트워크 자원관리기술(HNRM), 경원대가 개발한 근거리 무선 매쉬 네트워킹 기술(WiBEEM)도 현재 국제표준 프로젝트로 진행 중이다.

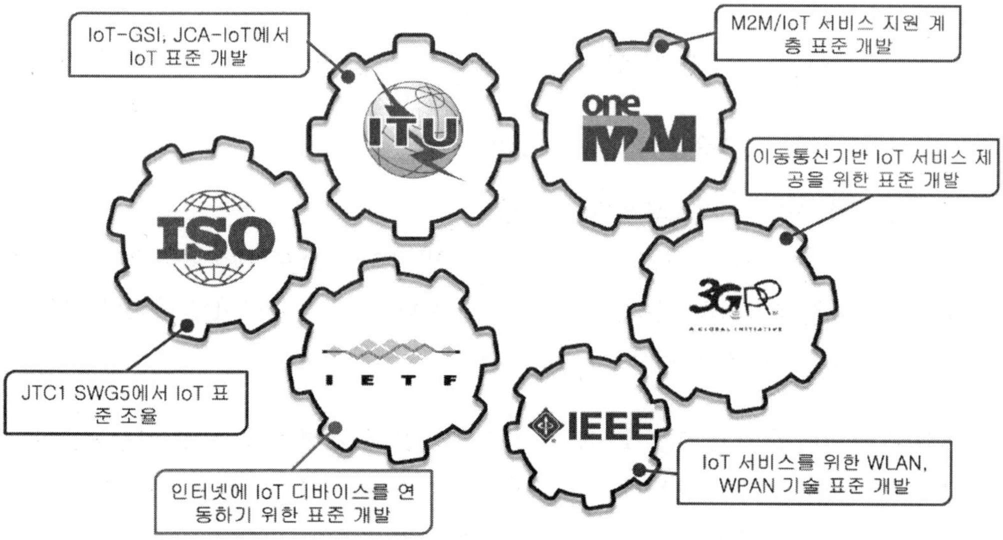

[그림 10-2] 국제 IoT 표준화 현황

출처 : 사물인터넷 표준화 동향(2014.6.3. ETRI)

시스템 간 정보통신 표준화를 담당하는 ISO/IEC JTC1 SC6에서는 2011년 6월 ETRI가 디바이스 관리 구조 프로토콜(DMAP)을 제안하여 프로젝트로 채택되었으며 현재 표준 초안 작업 중이다.

2. 국내 사물인터넷 표준화 현황

1) TTA

① 사물인터넷 특별기술위원회(STC1)를 2013년 12월에 신설했다.

② 사물인터넷 관련 신속한 표준화 추진을 위한 Special TC를 다음과 같이 정의하였다.

- 사물인터넷 서비스 융합 PG(SPG11)
- 사물인터넷 네트워킹 PG(SPG12)
- OneM2M PG(SPG13)

③ TTA ICT 표준화 전략맵 Ver.2015를 IoT 분과에서 구축하였다.

2) 포 럼

사물인터넷 포럼을 2014년 4월에 창립을 했다.

① M2M/IoT 포럼 · RFID/USN 융합 포럼을 통합하여 운영한다.

② 사물인터넷 표준적용 및 확산을 목표로 활동하고 있다.

③ 사물인터넷 기반 IT 융합 서비스 확산과 기술개발을 촉진하고자 한다.

3) 사물인터넷 기술표준 및 특허 세미나 IoT 기술표준화 전망

(1) 융복합 서비스 기술로서의 IoT 기술

기존의 기술이 IoT 서비스 지원을 위하여 발전할 것으로 예상되며 전통산업에 결합하여 새로운 부가가치 창출할 것으로 전망한다. 창의적 · 혁신적 아이디어와 D.I.Y를 통한 서비스 제품화 및 이용자 참여를 유도하고 있다.

(2) 사물인터넷 생태계(S-P-N-D-Se) 전반을 연계한 R & D 및 기술표준화

R & D 기획 시 기술개발 결과의 사업화 로드맵 수립하고 개발된 표준의 상호운용성 확보와 보급확산까지 연계할 것으로 예측된다.

(3) 국내/국제 표준화 대응

국내 TTA 및 사물인터넷 포럼을 통한 선제적 실수요형 표준개발을 추진하고 있고 국제 표준도국가 범부처 및 산업계를, 아울러는 통합적인 전략수립을 통한 대응 추진하고 있다.

3. oneM2M 국제표준

1) oneM2M의 개요

oneM2M의 본질은 그동안 사물인터넷이 성장하지 않았던 이유를 생각하면 쉽게 답을 찾을 수 있는데, 궁극적으로 규모의 경제실현을 목적으로 두고 있다. 과거 사물인터넷은 다양한 응용 간의 호환을 위한 인터페이스의 부재 국가별 또는 지역별 또는 시장별로 서로 다른 서비스 요구사항과 세분화된 시장으로 인해 Silo형태의 서비스 제공 구조를 좀처럼 벗어나지 못했고 그로 인해 사물인터넷 서비스 제공에 있어서 디바이스 등 제품과 서비스 플랫폼의 개발비용이 좀처럼 줄어들지 않아 사물인터넷 성장에 큰 장애가 되었다. 이를 해결하기 위해 사물인터넷에서의 공통 표준기술 구현을 목적으로 oneM2M이 생겨나게 된다.

2) oneM2M 사물인터넷의 플랫폼

사물인터넷 시스템을 도메인을 기준으로 구별하면 센서, 액추에이터, 디바이스가 위치하고 있는 디바이스 도메인 영역과 게이트웨이를 통한 액세스 네트워크 및 코어망이 위치한 네트워크 도메인 영역, 실제 사물인터넷 서비스를 실현하기 위한 애플리케이션이 위치한 애플리케이션 도메인 영역으로 구분할 수 있다.

실제 사용자에게 보이는 부분인 애플리케이션 영역의 서비스는 스마트 시티, 스마트 홈, 스마트 자동차, 헬스케어, 스마트 그리드 서비스 등이 될 수 있고, 해당 서비스의 실현을 위해서는 사물인터넷 디바이스와 관련된 데이터의 수집과 제어의 기본 기능에서부터 데이터 분석, 디바이스 관리, 서비스 이용과금 체계 등 확장 기능이 지원되는 플랫폼이 필수적으로 요구된다.

기존의 사물인터넷 관련 서비스를 제공하기 위한 플랫폼은 상당수가 애플리케이션 서비스 종속적인 플랫폼으로 제공되었다. 이러한 플랫폼 개발 트렌드는 사물인터넷 플랫폼의 파편화 및 관련 산업활성화에 저해요소로 작용하였고, 이를 타개하고자 oneM2M의 이름으로 유럽, 미주, 한국, 중국일본의 7개의 SDO(Standards Development Organization)들이 함께 표준화한 버티컬 서비스에 종속적이지 않은 공통 플랫폼이 onoM2M 플랫폼이라고 할 수 있다.

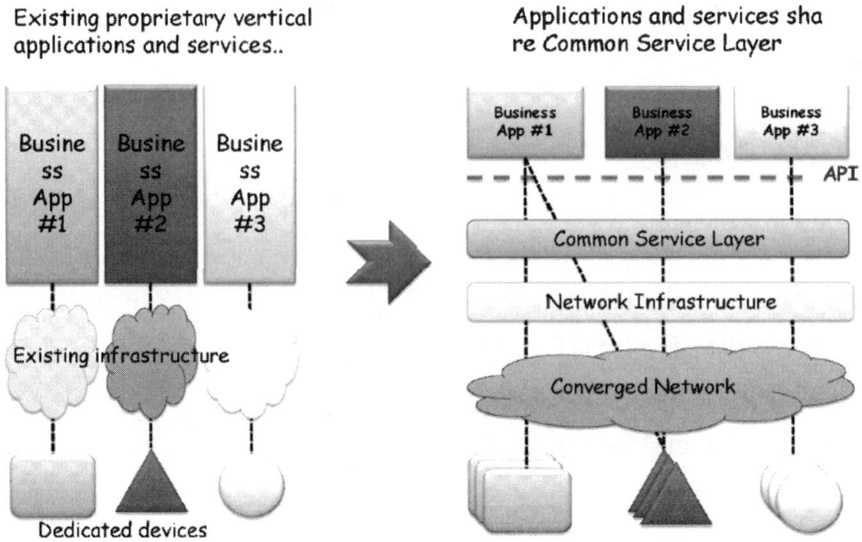

[그림 10-3] 사물인터넷 공통 플랫폼으로의 진화

출처 : oneM2M 서비스 플랫폼 표준해설서(2014.6.3. TTA)

기존 사물인터넷 플랫폼이 서비스 프로바이더가 제공하는 애플리케이션 서비스에 종속적이었던 특정 서비스 중심적인 플랫폼으로 개발되었다면, oneM2M 표준 플랫폼이 지향하는 바는 애플리케이션 A, B, C 등과 같이 다양한 버티컬 서비스가 존재하는 상황에서 해당 애플리케이션에 종속적이지 않으면서 해당 서비스들을 모두 지원할 수 있는 공통 서비스 플랫폼 모델 구조를 가지고 있다.

또한 해당 oneM2M 플랫폼을 기반으로 서비스를 제공하고자 하는 서비스 프로바이더들은 공통 플랫폼이 제공하는 기본 및 확장기능들을 활용하여 자사의 서비스를 제공할 수 있다.

3) oneM2M의 정의

oneM2M은 2012년 7월에 공식적으로 출범하게 되어 사물인터넷에서의 국제 공통 표준규격 개발이 시작되었다.

2012년 7월 공식 출범이 있기 전까지, 각 세계 표준개발 기구인 TTA(한국), ETSI(유럽), ATIS/TIA(북미), ARIB/TTC(일본), 중국(CCSA)은 2011년 3월를 시작으로 사물인터넷에 대한 표준을 위한 협력체 신설에 대한 논의를 하였다. 이후, 같은 해의 7월에 서울에서 열린 1차 표준화 국제회의를 시작으로, 이듬해 3월의 일본에서 열린 4차 회의까지 각 표준화 단체별 사물인터넷 협력 프로젝트 설립에 대한 선결사항 및 추진계획 및 협력분야 선정과 함께 Continua, HGI, OMA 등 응용분야 참여 등

oneM2M 출범을 위한 주요 쟁점사항에 대해 논의되었다.

2012년 7월의 oneM2M 출범은 표준개발 기구(이하 'SDO' Standard Development Organization) 간의 제휴 협약(SDO partnership agreement)를 기반으로 기존의 SDO별 사물인터넷 표준개발을 지양하고, oneM2M을 통해 국제 공통 표준을 추진하기로 하였으며, 표준화의 범위, 주요 타깃 서비스 및 조직 세팅 등 본격활동을 위한 구체화 작업에 들어갔다.

4) oneM2M에서의 구성원 및 기능적인 역할

사물인터넷 서비스를 제공한다는 것은 사물인터넷과 관련한 다른 이해관계자 간의 협업이 요구된다. oneM2M에서는 구성원을 유저(사용자), Application 서비스 제공자, M2M 서비스 제공자, 통신망 제공자의 4가지로 구분하고 있으며, 각각의 구성원의 역할은 다음과 같다.

(1) User/End-user

① M2M Solution을 사용하는 End-user(개인 또는 기업)

(2) Application Service Provider

① M2M Application Service 제공

② M2M Application 운영

(3) M2M Service Provider

① Application Service Provider에게 M2M Service 제공

② M2M Common Capability Set(MSCS) 운영

(4) Network Qperator

① M2M Service Provider에게 통신망 등 네트워크 제공

② 기저 네트워크(예 : 통신망) 운영

5) 사물인터넷 표준 플랫폼

oneM2M 사물인터넷 플랫폼은 M2M 센서, 액세스 및 코어 네트워크, M2M 플랫폼, M2M 애플리케이션의 수직적 모델 구조에서 하부의 센서, 디바이스 및 네트워크 기술은 상당수 기존의 기술을 활용하는 구조를 갖는다.

oneM2M 단체에서 표준화를 진행하고 있는 대상은 다양한 버티컬 애플리케이션에

서 요구되는 공통 기능을 지원하는 M2M 플랫폼 영역이다.

해당 oneM2M에서 개발하고 있는 공통 플랫폼은 CSE(Common Service Entity)라는 용어로 정의되는데 즉, 다양한 애플리케이션을 위한 공통 서비스 기능을 제공할 수 있는 계층이라는 의미를 갖는다. CSE는 물리적으로 서비스 프로바이더가 제공하는 서버 인프라 시스템뿐만 아니라 센서, 디바이스에 올라가는 미들웨어 스택 및 액세스 네트워크와 연결하는 게이트웨어의 미들웨어 스택으로 구현이 가능하다.

즉 oneM2M의 표준화 대상은 서버, 게이트웨이, 디바이스에 탑재될 수 있는 미들웨어 스택에 대한 표준화를 진행하는 것이고 이를 통해서 서버, 게이트웨이, 디바이스 전 영역을 기반으로 사물인터넷 서비스를 제공하고자 하는 것이다.

공통 플랫폼을 소프트웨어 레이어의 관점에서 보면 해당 CSE는 M2M 애플리케이션 프로그램과 기기의 오퍼레이팅 시스템 소프트웨어 사이에서 동작되는 소프트웨어로 정의할 수 있다.

다양한 버티컬 애플리케이션에서 요구되는 기능 들을 제공하기 위한 수평적 플랫폼의 역할을 담당하며, 해당 기능으로서는 원격설정, 동작지시, 연결, 데이터 수집,데이터 보관, 디바이스 관리, 보안 등의 공통적인 기능을 제공함으로써 M2M 디바이스 및 M2M 애플리케이션 사이에서 서비스 제공을 위한 종단 간 데이터 전달 및 컨트롤 서비스를 지원한다.

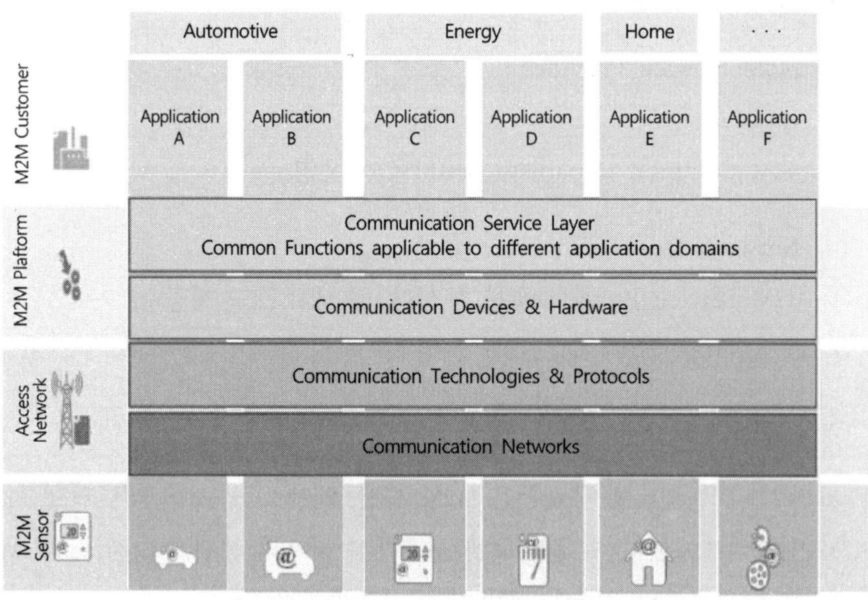

[그림 10-4] 사물인터넷 공통 플랫폼이 위치하는 영역

출처 : oneM2M 서비스 플랫폼 표준해설서(2014.6.3. TTA)

oneM2M 표준 플랫폼은 속정 IoT/M2M 서비스 영역을 위한 수직적(Vertical) 플랫폼이 아닌 다양한 서비스 영역에서 사용할 수 있는 수평적(Horizontal) 플랫폼을 지향하여 다양한 애플리케이션에서 사용되는 공통적인 기능을 플랫폼의 기능으로 제공한다.

따라서 oneM2M 플랫폼을 이용하는 애플리케이션는 개발이 용이하다. 또한 oneM2M 플랫폼 기반 애플리케이션 간에 서로 자원(데이터/서비스)을 공유할 수 있으며 이를 통해 다양한 통합(Convergence) 서비스/애플리케이션을 제공할 수 있다.

6) oneM2M에서 개발된 프로토콜

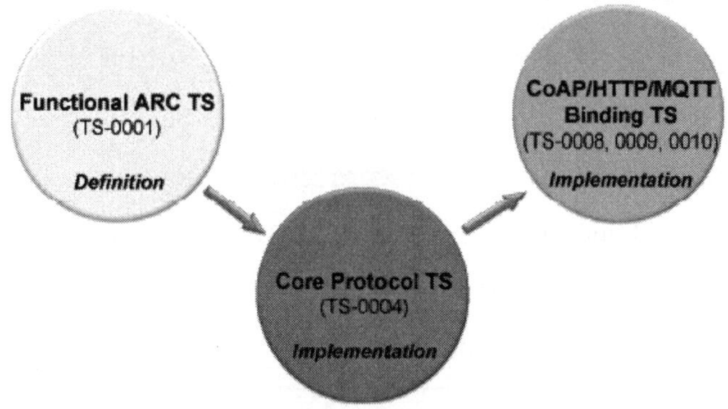

[그림 10-5] 프로토콜 기술규격서 개요

출처 : oneM2M 서비스 플랫폼 표준해설서(2014.6.3. TTA)

[그림 10-5]는 아키텍처 기술규격서, 프로토콜 기술규격서 간의 관계이다.

아키텍처 기술규격서는 oneM2M에서 규정하는 기능적 구조를 정의하는 문서이다. 코어 프로토콜 기술규격서(TS-0004)는 아키텍처 기술규격서에서 정의한 사항들에 대하여 개발자들이 실제 구현을 할 때 어떤 식으로 개발이 진행되어야 하는지 정의한 문서이다. 즉, 아키텍처 기술규격서와는 달리 코어 프로토콜 기술규격서에서는 새로운 정보 및 절차 등을 규정하는 것이 아니라, oneM2M에서 규정하는 정보 및 절차 등을 개발자가 어떤 데이터 타입을 사용하여 어떤 메시지 형태로 표현할 지에 대하여 서술한다.

만약, oneM2M에 의하여 구현된 메시지가 계층에 관계없이 통신이 가능하다고 가정하면, 코어 프로토콜 기술규격서만으로 구현된 oneM2M 시스템을 이용하여 서비스가 제공될 수 있을지도 모른다. 그러나 아키텍처 규격서만으로 구현된 oneM2M 시스템을 이용하여 서비스가 제공될 수 있을지도 모른다. 그러나 실제 통신환경은 물리계층(Physical Layer), 데이터 링크 계층(Data Link Layer), 네트워크 계층(Network Layer) 및 전송계층(Transport Layer) 등과 같이 다양한 통신계층들로 구성되어 있다. 특히, oneM2M에서 정의되는 기술규격은 전송계층 상위의 존재하는 애플리케이션 및 서비스 계층(Application/Service Layer)을 대상으로 한다.

oneM2M은 초기 릴리즈에서 CoAP, HTTP 그리고 MQTT 프로토콜들을 바인딩 대상 프로토콜로 선정하였다. 그러므로 CoAP, HTTP 및 MQTT 바인딩 기술규격서(TS-0008,0009, 0010)는 oneM2M이 각 프로토콜을 사용하여 통신이 이루어지는 상황을 고려하여 해당 프로토콜의 메시지와 oneM2M 프리미티브 간의 매핑을 정의한다.

7) 사물인터넷 보안 및 프라이버시

다음은 oneM2M 규격에서 고려되고 있는 보안 아키텍처를 설명한다. [그림 10-6]과 같이 보안 아키텍처 모델은 세 가지 계층, 즉 Security Functions layer, Security Environment Abstraction Layer, Secure Environment layer로 구성된다.

먼저, Security Functions layer는 참조점(Reference point) Mca와 Mcc를 통해 이루어지는 보안기능 집합이라고 있다.

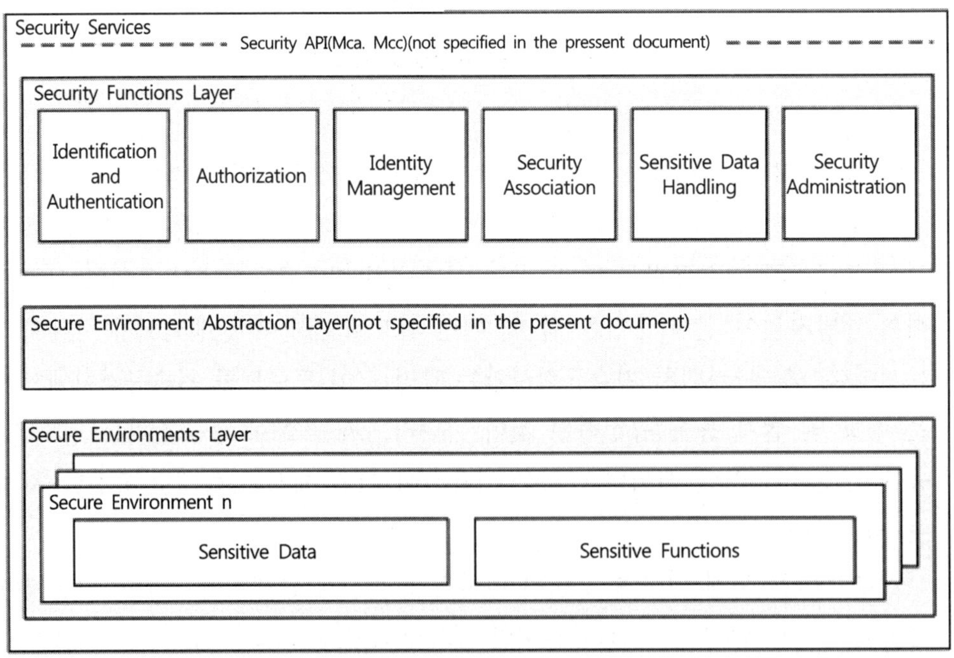

[그림 10-6] 보안 아키텍처의 상위 레벨 개요

출처 : oneM2M 서비스 플랫폼 표준해설서(2014.6.3. TTA)

보안기능 집합은 6개의 보안기능 카테고리로 나누며 식별과 인증(identification and authentication), 권한부여(authorization), ID 관리(identity management), 보안연계(security association), 민감 데이터 처리(sensitive data handling), 보안관리(security administration) 등으로 구성되어 있다.

다음 계층인 Security Environment Abstraction Layer에서는 규격에 명시되어 있지 않지만 다양한 보안기능이 제공된다.

예를 들어 보안기능으로 Protection Level이 있는데 Level 0은 무방어(no protection)라고 해서 방어를 하지 않는 것이고, Level 1은 수동공격(passive attack)을 방어하는 것인데 한마디로 정보를 빼가는 목적으로 공격하는 것을 차단하는 것이다. 수동공격의 예로는 도청, 수신정보 수취 등이 있다.

Level 2는 원격공격(remote attack)을 보호하는 것인데 한마디로 정보를 보거나 불법적으로 훔치기 위한 목적으로 하는 공격 및 바이러스나 악성코드를 설치하는 것을 방어하며, 지역 소프트웨어 공격(local SW attack)으로부터 보호하는 레벨이다. Level 3은 지역 하드웨어 공격(local HW attack)으로부터 사용자의 컴퓨터를 보호하는 것이다.

세 번째 계층은 여러 개의 Secure Environment를 포함하는데, Secure Environment은 Sensitive Data와 Sensitive Function을 포함하고 있다. 이 중 Sensitive Data는 SE capability, security keys, local credentials, security policies identity information, subscription information 기능을 포함하고 있다.

Sensitive Function 기능에서는 data encryption과 data decryption 기능을 포함하고 있다. data encryption에서는 안전한 저장을 할 수 있게 하는 암호화 하는 기능을 지원하고, data decryption에서는 이 암호화된 데이터를 부트스트래핑하기 위한 방법을 지원한다.

보안 아키텍처를 설계한 원리를 알기 위해서는 일단 CSE(Common Service Entity)를 알아야 하는데, 이것은 M2M Service layer에 있는 미들웨어라고 해서 다른 디바이스의 CSE 혹은 AE(Application Entity)로 바로 연결하여 통신할 수 있는 소프트웨어이다.

CSE는 CSF(Common Service Functions)로 이루어져 있는데 이것은 간단히 말하면 CSE의 기능들이다. 그 기능들은 총 13가지로 나누며 각 기능마다 요구하는 기능들이 다르다. CSE는 호스트가 되어 필요에 따라 다른 디바이스와 통신하여 모듈을 구성할 수 있는데, 현재 그림의 아키텍처는 모듈식 설계를 제공하는 여러 보안 구성요소와

하위 구성요소로 분할되어 있다.

위의 디자인으로 서로 다른 노드와 객체의 아키텍처의 매핑이 가능하다. 매핑을 하기 위해서는 다른 디바이스와 연결이 되어야 하는데, 이 때 사용되는 것이 Security Function Layer에서 언급한 Mcc, Mca이다.

Mcc는 CSE의 맨 앞 글자를 딴 c를 사용한다. 고로 Mcc라는 것은 서로 다른 디바이스의 CSE와 CSE, 즉 미들웨어끼리의 연결이라는 것이고, Mca의 a는 AE의 a를 따온 것으로서, CSE와 AE, 즉 미들웨어와 애플리케이션 사이의 연결을 말한다. 이런 CSE의 보안문제를 해결하기 위해 CSE의 보안환경은 Secure [그림 10-6]에서 두 번째 계층인 Environment Abstraction Layer를 통해 접근(access)하는 모든 중요한 자원을 CSE가 직접 가지고 있도록 하였다. 또한 각 기업마다 요구하는 기능들이 다르기 때문에, [그림 10-6]의 구조는 각 기업이 요구하는 기능들을 충족시키다 보면 구성요소가 조금씩 달라질 수 있다는 것을 염두해두어야 한다.

8) 사물들을 제어하고 관리하는 방법

표준에서는 물리적인 디바이스보다는 논리적이 엔터티인 노드를 기준으로 기술되어 있으나, 노드는 설치시 노드의 종류에 따라 ADN, ASN는 M2M 디바이스, MN는 M2M 게이트웨이, IN은 M2M 서버로 물리적으로 매핑되게 된다.

oneM2M에서는 이러한 노드들이 매핑된 물리적 디바이스를 관리하고자 디바이스 관리기술을 기술하고 있다. oneM2M에서는 M2M 디바이스 관리기술을 직접 개발하기 보다는 널리 상용화되어 있고 기술완성도가 높은 기존 디바이스 관리기술들을 사용하기로 하고, 이러한 기존 디바이스 관리기술과의 연동에 중점을 맞추어 기술하였다. 이렇게 선정된 기존 디바이스 관리기술들은 OMA DM 1.3, 2.0, OMA Lightweight M2M, BBF TR-069과 같다.

(1) oneM2M 연동방법

oneM2M에서는 〈mgmtObj〉와 〈mgmtCmd〉 자원 타입을 통해서 기존 디바이스 관리기술과의 연동이 가능하다. 기존 디바이스 관리기술과의 연동으로 oneM2M에서 가장 고려한 디자인 원칙은 어떠한 기존 디바이스 관리기술을 사용하였는지 oneM2M 서비스 계층에서 모르더라도 디바이스 관리가 가능하도록 하는 것이었다. 즉, oneM2M 서비스 계층의 애플리케이션 엔티티(AE)는 OMA DM/BBF TR-069/OMA Lightweight M2M의 기술을 전혀 알지 못하더라도 디바이스 관리가 가능하다.

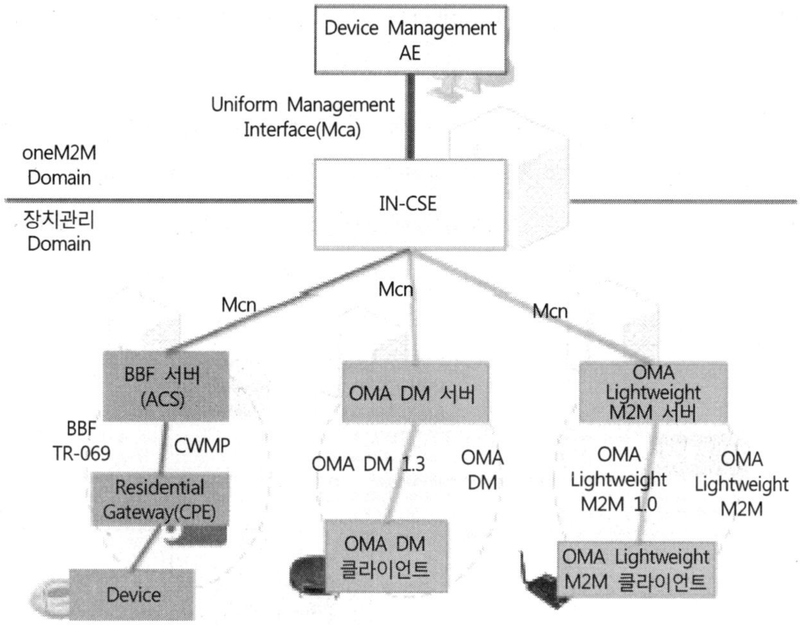

[그림 10-7] oneM2M 서비스 계층과 기존 장치 관리기술 연동

출처 : oneM2M 서비스 플랫폼 표준해설서(2014.6.3. TTA)

이를 위해 [그림 10-7]과 같이 IN-CSE는 Mca 레퍼런스 포인트를 통해 디바이스 관리기술과 무관한 Uniform한 인터페이스를 제공하고, IN-CSE는 애플리케이션 엔티티는 기존 디바이스 기술과 독립적인/무관한/지네릭(generic)한 명령이 전달 가능하다. 명령을 받은 IN-CSE는 명령의 타깃 노드가 지원하는 디바이스 관리기술로 해당 명령을 변형하여 전달한다.

(2) oneM2M과 기존 디바이스 관리기술 매핑

oneM2M에서는 oneM2M과 기존 디바이스 관리기술 연동에 있어 데이터 타입, 식별자, 자원, 명령, 응답 코드 연동 등에 대해서 TS-0005와 TS-0006에 상세히 정의해 놓았다. oneM2M과 기존 디바이스 관리기술을 연동하고자 할 시에는 해당 문서를 참고하여 개발을 진행하면 된다.

(3) oneM2M 계층 디바이스 관리기술

oneM2M 계층과 기존 디바이스 관리기술 간의 연동에서 이러한 기존 디바이스 관리기술과의 연동은 종래 디바이스 관리기술을 보유하고 있는 M2M 서비스 제공자에게는 상당한 이점이 있으나, 종래 디바이스 관리기술을 보유하지 않은 신규 M2M 서비스 제공자에게는 oneM2M 계층 개발은 물론 종래 디바이스 관리기술 개발의 이중

학습 10 사물인터넷의 표준

고가 발생한다. 이에 oneM2M 표준에서는 종래 디바이스 관리기술 연동 및 oneM2M 계층에서의 디바이스 관리기술 또한 제공한다.

M2M 서비스 제공자는 두 가지 방식 중 선호하는 방식을 선택하여 디바이스 관리를 수행하면 된다. 기존의 디바이스 관리기술과의 연동은 IN-CSE의 〈mgmtObj〉 또는 〈mgmtCmd〉 자원 조작을 통해서 동작하였다면, oneM2M 계층 디바이스 관리기술은 ASN-CSE, MN-CSE에 〈mgmtObj〉 자원을 조작함으로써 가능하다.

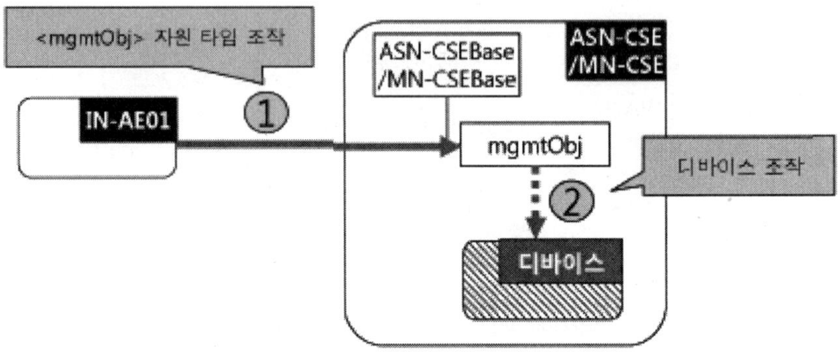

[그림 10-8] oneM2M 서비스 계층 디바이스 관리기술 동작원리

출처 : oneM2M 서비스 플랫폼 표준해설서(2014.6.3. TTA)

[그림 10-8]은 oneM2M 계층 디바이스 관리기술 동작원리를 보여준다. ASN-CSE 또는 MN-CSE에 〈mgmtObj〉 자원의 조작 요청을 전송하면, ASN-CSE 또는 MN-CSE는 〈mgmtObj〉 조작에 맞게 자체 디바이스의 연동을 수행함으로써 디바이스 관리가 가능하다.

9) 의미를 이해하고 행동하는 사물인터넷

사물인터넷은 사물간의 통신기능을 이용하여 사람의 개입 없이도 서비스를 지능적으로 처리할 수 있는 다양한 응용을 고려하고 있다. 즉 의미로 이해하고 행동하는 사물인터넷이 실현 가능하도록 하기 위하여 핵심기술로 추상화(Abstraction) 및 시맨틱(Semantics) 기술이 고려되고 있다.

oneM2M에서 개발 중인 추상화 및 시맨틱 기술보고서(Technical Report 'Study of abstraction and semantic enablements' : TR ABS)는 모니터링 및 제어기능을 지원할 때 서로 다른 유형의 디바이스 간의 연동을 고려하는 oneM2M 추상화 능력과 oneM2M 엔티티와 데이터에 시맨틱 정보를 주기 위한 핵심능력, 그리고 이를 활용한 디바이스 발견, 가상 디바이스 생성 등에 관한 핵심기술을 소개하고 있다.

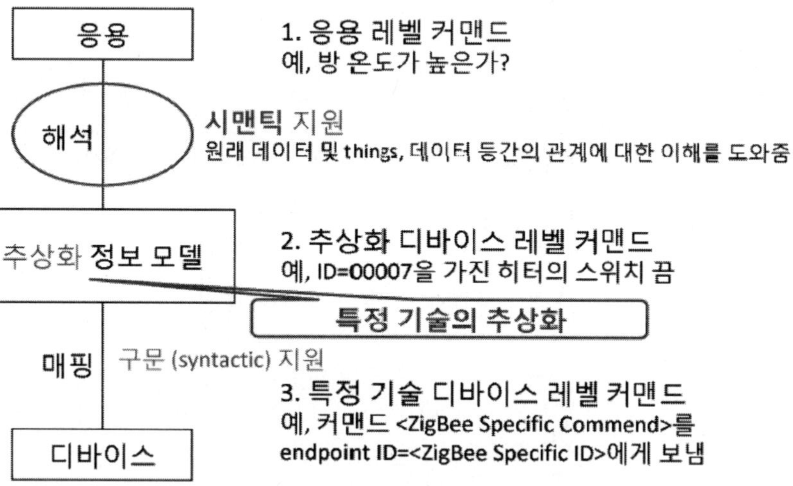

[그림 10-9] 추상화 및 시맨틱 개념

출처 : oneM2M 서비스 플랫폼 표준해설서(2014.6.3. TTA)

지금까지 다양한 형태의 시맨틱 관련 유즈 케이스를 발굴하고 이로부터 도출한 상세 요구사항을 분석하고 있으며, 이를 바탕으로 oneM2M 구조와 연계된 시맨틱 지원을 위한 구조를 담은 oneM2M 스펙을 개발해 나갈 계획이다. 특히 시맨틱 기술과 관련해서는 주요 기능항목에 대한 명세 및 세부 프로토콜 개발이 필요하다.

초기 oneM2M TR ABS의 작업 범주는 oneM2M 추상화 능력과 oneM2M 엔티티와 데이터에 대한 시맨틱 표현을 지원하는 oneM2M 능력에 초점을 맞추었다. 이를 통한 디바이스, 가상 디바이스, Things를 발견하기 수단 등에 대한 핵심기술의 최근 현황 및 솔루션을 조사한 후에 추상화 및 시맨틱 측면에서 oneM2M 요구사항과 일치하는 기술 및 솔루션을 분석하고 oneM2M 구조 및 프로토콜에 의해 이러한 솔루션의 일부분을 어떻게 활용할 수 있을지에 대한 분석하고자 하는 것이었다.

oneM2M 릴리즈 1을 통하여 TR ABS 개발을 1차로 완료한 상태이며, 릴리즈 2를 위하여 기존 TR에 좀 더 상세한 내용을 보완하는 작업이 MAS(관리, 추상화 및 시맨틱) 워킹 그룹에서 진행 중에 있다.

인터워킹 및 추상화에 대한 기본 개념의 인터워킹은 M2M 응용이 M2M 시스템에 연결되어 있는 서로 다른 기술(예 : ZigBee, BACnet)로 된 디바이스를 사용가능하도록 하는 기술이다. 반면에 추상화의 목표는 M2M 응용이 외부(non oneM2M) 디바이스를 본래의 인터페이스(native interface)에 대한 정보나 시맨틱을 이해해야 하는 필요성 없이 액세스가 가능하도록 하는 것이다.

학습 10 사물인터넷의 표준

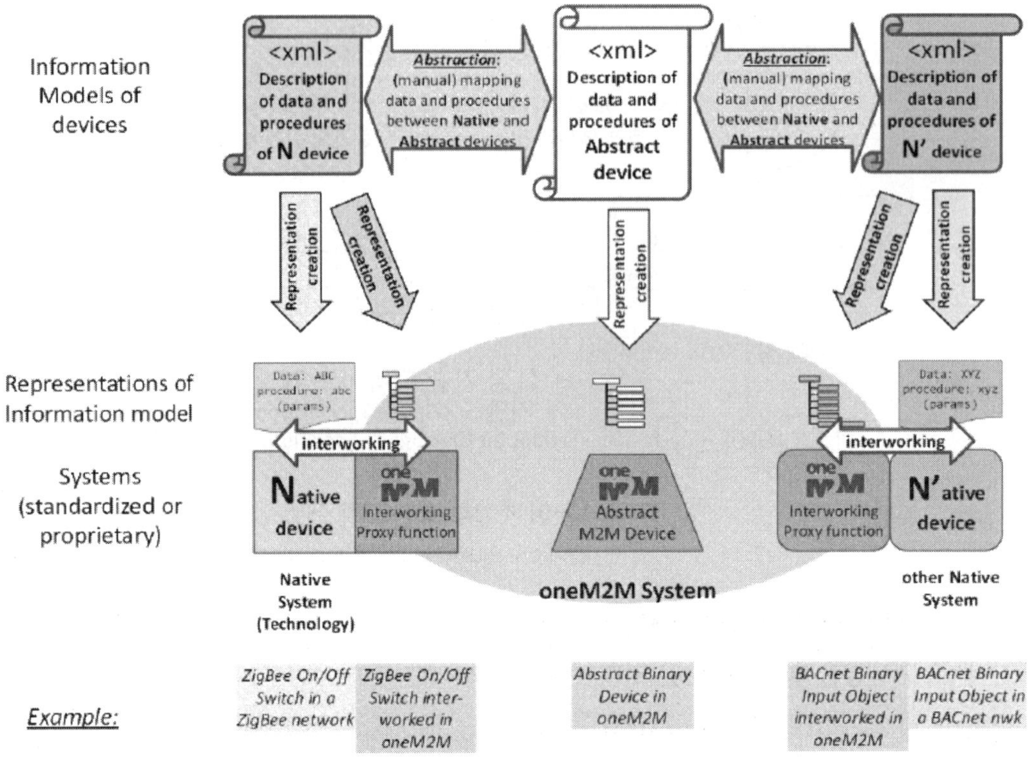

[그림 10-10] 인터워킹 및 추상화

출처 : oneM2M 서비스 플랫폼 표준해설서(2014.6.3. TTA)

추상화는 특정 규칙(rule)에 기반한 디바이스 응용정보 모델과 추상화 응용정보 모델 간의 매핑 절차로서 추상화 리소스와 본래의 리소스 간에 매핑이 가능하도록 한다.

온톨로지(Ontology)는 특정한 영역을 표현하는 데이터 모델로서 특정한 영역(Domain)에 속하는 개념과 개념 사이의 관계를 기술하는 정형(Formal) 어휘의 집합으로 정의된다.

OWL(Web Ontology Language)는 관계들 간의 hierarchy, 관계 인스턴스 내에서의 논리적 제약조건 등을 포함한 언어로 · 정밀하고 논리적인 추론을 필요로 하는 경우에 사용한다.

RDF(Resource Description Framework)는 XML에서 발전한 형태이며, subject, object, predicate으로 이루어지며 단순하게 개념 혹은 인스턴스 사이의 관계를 나타낸다.

수행 내용 사물인터넷의 표준화 개요 이해하기

재료 · 자료

- 사물인터넷 관련 자료, 사물인터넷 관련 시장전망, 개발동향 자료검색

기기(장비 · 공구)

- PC 및 자료검색 시스템

안전 · 유의사항

- 해당 자료를 사용 시 저작권 관련하여 명확히 출처를 밝히고 인용표시를 한다.
- 사물인터넷의 시장 및 응용 관련 자료를 분석 시 최신 자료를 근거로 분석해야 한다.

수행 순서

01 사물인터넷의 표준개발 현황을 분석한다.

IoT의 표준개발 현황을 ITU-T, oneM2M, 3GPP, IEEE, IETF, ISO로 구분하여 IoT에 대한 명칭정의, 주요 내용을 분석한다. OSGi 표준의 현황에 대하여도 알아보자.

OSGi(Open Service Gateway initiative)는 SOA(Service Oriented Architecture) 기반의 컴포넌트 모델을 구현하고, 원격 관리될 수 있는 자바 기반의 서비스 플랫폼으로써, 사물인터넷 기기를 손쉽게 관리할 수 있게 한다. 현재 OSGi 서비스 플랫폼은 차세대 스마트폰뿐만 아니라 홈게이트웨이, 텔레매틱스 단말, 산업자동화, 빌딩 자동화, 스마트폰/태블릿 등의 모바일 단말, 백색가전 등의 사물인터넷 기기들에 응용할 수 있다. 사물인터넷을 구현하는데 OSGi가 매우 유용할 것으로 예측되고 있다.

OSGi는 1999년 3월에 Sun, IBM을 포함한 15개 회사가 모여 설립한 단체로 전세계 약 80여개의 기업들의 컨소시움으로 구성되었으며, 미들웨어와 응용 서비스와의 API를 제공함으로써 서비스 공급자가 소비자의 가정 내 환경에 적합한 서비스를 손쉽게 설치하고, 유

지 보수할 수 있도록 하기 위한 Java 기반의 개방형 서비스 플랫폼 규격을 표준화하고 있으며, 현재 release 4core를 배포했다.

OSGi 핵심기술은 OSGi에서 애플리케이션에 해당하는 번들(Bundle)의 실행환경을 제공하는 OSGi 프레임워크이다. 하나의 번들은 한 개 이상의 서비스들로 구성된다. OSGi 프레임워크는 자바 가상 머신을 기반으로 작동되고 다수의 번들을 수행하기 위한 번들간의 공유 및 협력을 제공할 수 있다. 이를 위해 OSGi 프레임워크는 모듈화, 라이프 사이클 관리, 서비스 레지스트리 기능을 가지고 있다.

〈표 10-2〉 IoT 표준개발 현황

구 분	명 칭	주요 내용
ITU-T	IoT (Internet of Things)	• 통신사업자 관점에서 IoT 요구사항, 네트워크 기능, 서비스 표준개발 • 별도의 IoT-GSI, JCA-IoT 그룹 운영
oneM2M	M2M (Machine-to-Machine)	• 다양한 M2M/IoT 서비스 지원을 통하여 공통 서비스 지원계층 표준개발 • Requirement/Architecture/Protocols/ Security/ Management별 표준개발
3GPP	MTC (Machine-Type Communication)	• MTC 서비스 지원을 위하여 기존의 이동통신기술을 확장하는 표준개발 • 이동통신의 Radio/Network 표준개발
IEEE	M2M IoT	• IEEE 802.x계열의 무선 기술을 M2M/ IoT 서비스에 적합한 수정 표준개발 • 스마트미터링 등의 서비스에 적합한 IEEE 802.11ah 표준개발
IETF	IoT Smart objects	• 저전력 무선 기술을 사용하는 단말을 인터넷에 연동하기 위한 표준개발 • 인터넷에 기반한 IoT 서비스 지원을 위하여 CoAP 프로토콜 개발 및 확장
ISO	IoT	• IoT의 개념, 시장의 요구사항 분석 및 IoT 표준화 갭 분석작업 시작 • JTC1 SWG5에서 ISO 내 IoT 표준협력 및 조율 담당

출처 : 사물인터넷 표준화 동향(2014.6.3. ETRI)

사물인터넷의 마지막 단계에서는 사물의 자동 수행능력과 상호연결성을 이용하여 산업 혁신을 위한 솔루션을 만들어 가는 시기이며, 인터넷에 연결된 사물이 다양화, 대규모화되고, 사물인터넷을 통해 새로운 비즈니스 가치 실현의 요구가 급증함에 따라 저비용, 신속성, 확장성을 모두 충족시킬 수 있도록 많은 노력이 필요하다. 앞으로 사물인터넷은 어느 누구도 상상하지 못했던 사물과의 연결을 위한 OSGi 프레임워크에 상황인식기술을 접목하여 활성화하는 연구가 계속되어야 할 것이다.

학습활동.10 교수 · 학습 방법

교수 방법

- 사물인터넷의 표준에 대한 관련 용어, 구성, 방식이해 정도를 파악한 후 수업을 진행한다.
- 교수자의 주도로 사물인터넷의 표준 등의 내용을 PPT 자료로 제시한 후 설명한다.
- 가능하면 사전에 개인별 학습자료를 준비하여 모든 학생이 참여할 수 있는 문제해결식 수업, 협력 수업이 가능하도록 한다.
- 사물인터넷의 표준의 구성과 특징 전 과정을 작업의 순서에 따라 단계적으로 실습이 이루어질 수 있도록 지도한다.
- 교재를 통해 수업을 준비하는데 있어서 필요한 모든 정보나 팁, 힌트 등 도움이 될 만한 내용들을 확인할 수 있다.
- 학생들이 만들게 될 각 모델들은 수업시간에 중점적으로 다뤄질 부분과 어휘, 질문, 답을 포함하고 있으며 또한 탐구할만한 추가적인 아이디어들도 포함하고 있다.

학습 방법

- 사물인터넷의 표준에 대한 관련 용어를 숙지하고, 사물인터넷의 기초 단계에 대해 이해한다.
- 사물인터넷의 표준의 각 단계별 중점 사항을 체계적으로 학습한다.
- 사물인터넷의 표준의 수행순서의 전 과정을 실습한다.
- 사물인터넷의 표준의 내용을 이해한다.
- 사물인터넷의 표준의 구성을 이해하고 숙달이 될 때까지 학습한다.

학습활동.10 평가 및 피드백

평가 준거

- 평가자는 피평가자가 수행 준거 및 평가 내용에 제시되어 있는 내용을 성공적으로 수행할 수 있는지를 평가해야 한다.
- 평가자는 다음 사항을 평가해야 한다.

학습내용	평가항목	성취수준		
		상	중	하
사물인터넷의 표준화 개요	사물인터넷의 표준화 개요를 이해할 수 있다.			

평가 방법

- 작업 포트폴리오

학습내용	평가항목	성취수준		
		상	중	하
사물인터넷의 표준화 개요	사물인터넷의 표준화 개요를 이해할 수 있다.			

- 필기시험

학습내용	평가항목	성취수준		
		상	중	하
사물인터넷의 표준화 개요	사물인터넷의 표준화 개요를 이해할 수 있다.			

• 체크리스트를 통한 관찰

학습내용	평가항목	성취수준		
		상	중	하
사물인터넷의 표준화 개요	사물인터넷의 표준화 개요를 이해할 수 있다.			

피드백

1. 작업 포트폴리오
   – 제출한 보고서를 평가한 후 주요 사항에 대하여 표시하여 돌려준다.
2. 필기시험
   – 평가결과 성적이 저조한 학생은 보고서 제출기회를 부여한다.
3. 체크리스트를 통한 관찰
   – 실습과정에서 평가한 후 개선해야 할 사항 등을 정리하여 돌려둔다.

학습 1	사물인터넷의 정의
학습 2	사물인터넷의 기본계획
학습 3	사물인터넷의 스마트 디바이스
학습 4	사물인터넷의 글로벌 동향
학습 5	사물인터넷의 기술
학습 6	사물인터넷의 빅데이터
학습 7	사물인터넷의 클라우딩 컴퓨터
학습 8	사물인터넷의 무선 네트워크
학습 9	사물인터넷의 스마트 센서
학습 10	사물인터넷의 표준
학습 11	**사물인터넷의 보안**
학습 12	사물인터넷의 스마트 홈

11-1 사물인터넷의 보안구성 및 특징

학습 목표	11-1. 사물인터넷의 보안구성 및 특징을 이해할 수 있다.

필요지식

1. 사물인터넷 구성요소별 보안 위약성

센서/디바이스, 통신/네트워크, 플랫폼, 응용 서비스 등 사물인터넷 구성요소 각각 및 통합 관점에서 보안이 필요하다.

1) 사물인터넷 디바이스

① 부채널 공격이 용이하다.

② 자원 제약성이 높은 디바이스에서의 경량 암호실현 가능하다.

2) 사물인터넷 통신/네트워크 분야

① 표준에서의 보안기술의 한계극복이 필요하다.
② ZigBee 보안(IEEE 802.15.4 보안), CoAP 보안(DTLS 보안), MQTT 보안(SSL 보안) 등이 있다.

3) 사물인터넷 플랫폼

서비스 환경에 특화된 보안기술이 필요하다.

4) 사물인터넷 프라이버시 보호

정보 센싱에서 가공 / 처리 / 저장 / 활용, 각 단계별 프라이버시 보호가 필요하다.

5) 사물인터넷 매쉬업 보안/서비스 API 보안

과도한 SSL 의존성 및 매쉬업 보안기술이 부재이다.

2. 사물인터넷의 보안기술

사물인터넷 보안 / 프라이버시 보호기술에 대해 사물인터넷 디바이스 레벨과 디바이스 간 통신 / 네트워크 레벨, 데이터 수집 / 보관 / 처리 단계, 서비스 레벨로 구분한다.

1) 사물인터넷 디바이스 보안 이슈

(1) 디바이스 인증/식별기술

사물인터넷에서의 디바이스 인증 및 식별은 매우 중요한 기술이다. 그 첫 번째 이유는 사물인터넷에 연결되는 디바이스의 개수가 수십억 개에 달할 것으로 예측되기 때문이며, 또 다른 이유는 사물인터넷을 구성하는 장치들 중 대부분의 장치는 연산능력이 떨어지거나 메모리가 적을 가능성이 높고, 배터리를 탑재해야 하는 등 제한적인 연산능력을 갖추게 될 것이라는 것에 있다.

사물인터넷에서 주로 사용될 것으로 예상되는 인증 및 식별기술로는 인증서를 이용한 방법, D/패스워드를 이용한 방법, 그리고 SIM(Subscriber Identity Module)을 이용한 방법 등이 있다.

(2) 디바이스 접근제어 기술

사물인터넷에서는 전통적인 접근제어 방식들이 가지던 이슈들을 비롯하여 분산되어 있는 많은 디바이스들을 커버할 수 있을 만큼 확장이 용이한지, 또한 유동적인 사물인터넷 환경을 얼마나 잘 반영할 수 있는지, 그리고, 자원 제약적인 디바이스에 적용 가능한지가 중요한 이슈가 된다.

(3) 디바이스 OS 보안기술

사물인터넷을 구성할 때는 보안에 대한 철저한 계획을 가지고 시작해야 한다. 보안 OS는 그 시작 단계로써, 운영체제 차원에서 자원에 대한 통제와 커널에 대한 보호, 시스템에서 일어나는 동작에 대한 감사 등의 기능을 수행하며, 기존의 PC 환경에서는 전통적인 운영체제들을 기반으로 보안 OS에 대한 연구가 진행되어 왔다.

(4) 디바이스 경량 암호/보안 프로토콜 기술

사물인터넷을 구성하는 디바이스 간의 통신에서의 보안을 위해 기밀성, 무결성에 대한 부분을 고려해야 한다. 이를 위해서는 암/복호화 및 해쉬 생성을 위한 프리미티브 및 이를 구현하기 위한 방안을 고려해야 한다. 사물인터넷을 구성하는 많은 장치의 경우 자원 제약적인 경우가 많기 때문에, PC에서 주로 사용하던 전통적인 암호 방식을 그대로 적용하기에는 한계가 있다. 이들 프리미티브를 최적화하기 위한 연구는 매우 오래 전부터 활발히 연구되고 있으며, 뿐만 아니라 새로운 경량 프리미티브에 대한 연구도 활발히 진행되고 있다.

2) 디바이스 통신구간에서의 보안 이슈

(1) CoAP, LwM2M 보안기술

사물인터넷 서비스에서 사용되는 디바이스는 일반적으로 높은 자원 제약성을 가진다. 이 때문에 CoAP(Constrained Application Protocl)이나 LwM2M(Lightwegith M2M) 프로토콜이 개발되었다. CoAP은 인터넷을 통해 매우 제한적인 자원을 가지는 장비간 상호 통신이 가능하며 저전력으로 동작해야 하는 센서와 스위치 디바이스 응용을 목적으로 만들어졌다.

CoAP은 application layer 프로토콜로써 HTTP로 쉽게 변환이 되어 웹에 통합된다. 현재까지 CoAP 보안을 위한 표준은 DTLS(Datagram Transport Layer Security)이 있지만, 디바이스에서 구동하기 위해서는 CoAP 자체 보안을 개선해야 할 필요가 있다.

(2) MQTT 보안기술

MQTT 프로토콜은 이기종의 기기간의 애플리케이션 메시지 통신을 지원하기 위해 만들어졌다. MQTT상에서의 End to End 통신보안은 안전한 메시지 교환을 위해 선결되어야 하는 문제다.

MQTT 보안 레벨은 크게 Unsecured, Base Secured로 나뉜다. 먼저 Unsecured 레벨에서는 layering과 tunnelling이 사용되지 않는 보안 레벨로써 SSH, IPsec/VPN과 같은 프로토콜을 이용하여 보안을 제공한다. Base secured 보안 레벨의 경우 TLS 1.2에 의해 layer가 정의된다. 다른 프로토콜과의 연동을 위해 TLS는 정해진 파라미터를 사용하여 구현되어야 한다.

3) 데이터 수집/보관 단계에서의 보안 이슈

(1) 익명성(Anonymity)/필명(Pseudonym) 보안

효율적인 사물인터넷 서비스를 위해서는 대량의 이기종 데이터를 수집하고 수집된 데이터에서 의미를 추출해야 한다. 하지만 데이터를 수집할 때 누구로부터 데이터가 전송되었는지 알 수 있다는 단점이 있다. 이러한 단점은 데이터를 제공하는 응답자에게 익명성을 제공하거나 필명을 사용함으로써 해결이 가능하다.

(2) DB 보안기술

사물인터넷은 이기종 네트워크에서부터 수집되는 데이터를 서비스에 맞는 형태로 가공하여 사용자에게 제공한다. 보안성을 위해서 데이터는 반드시 암호화하여 데이터베이스에 저장되어야 하지만 이는 데이터의 검색속도를 낮추어 서비스 제공 시 지연시간을 늘리는 원인을 제공한다. 특히 대용량의 데이터를 다루는 사물인터넷 서비스의 경우는 더욱 심각하다. 따라서 보안성을 제공하면서 데이터 검색을 빠르게 하여 신속하게 데이터 처리를 할 수 있는 암호기술이 필요하다.

4) 데이터 처리 단계에서의 보안 이슈

(1) Privacy Preserving Data Mining

IoT 서비스는 데이터를 처리함에 있어서 프라이버시 침해가능성이 높기 때문에 프라이버시 보호형 마이닝 기법(Privacy Preserving Data Mining)을 사용할 필요가 있다. 프라이버시 보호형 마이닝 기법은 4가지로 분류할 수 있는데, 첫 번째로 프라이버시 보존형 데이터 퍼블리싱 기법은 데이터 처리 및 가공 후, 그 결과값이 프라이버시 침해가 되지 않도록 변형을 가하는 기법이다. 두 번째로 데이터마이닝 결과 변형기법은 Association Rule Hiding과 같이 알고리즘 자체를 변형하는 방법이다. 세 번째로 쿼리 감사기법은 쿼리 결과값을 수정하거나 제한하여 정보누출을 방지한다.

마지막으로 분산 프라이버시 기법은 Pinka의 multiparty 프로토콜과 같이 데이터 분산화를 통해 프라이버시를 보호한다.

5) 서비스 영역에서의 보안 이슈

(1) 접근제어/권한제어 기술

서비스 영역에서의 대표적인 보안 이슈로는 서비스에 대한 접근제어가 있을 수 있다. 일반적인 환경에서 접근제어를 위해 주로 사용되는 기법으로는 임의적 접근제어(Discretionary Access Control), 강제적 접근제어(Mandatory Access Control), 역할기반 접근제어(Role-Based Access Control), 속성기반 접근제어(Attribute-Based Access Control) 기법으로 나뉜다.

(2) 공개 API 기술

공개 API(Open API)는 REST, SOAP과 같은 웹기반 기술을 사용하는 서비스를 접근하기 위한 공개된 API를 의미한다. 대표적인 공개 API로는 구글 지도가 있으며, 최근에는 Google외에도 Facebook, Twitter 등 대부분의 소셜 네트워크 서비스에서 사용되고 있다. 공개 API를 사용하기 위해서는 사용자 인증을 수행하는데, 초창기에는 웹에 등록된 사용자 아이디와 비밀번호를 사용하여 인증을 하였다.

(3) 서비스 보안기술

웹 서비스는 WSDL(Web Service Definition Language), UDDI (Universal Discovery and Integration of Business for Web), SOAP(Smple Object Access Protocol) 등 세 개의 표준으로 이루어진다.

특히 SOAP은 XML 기반의 RPC(Remote Procedure Call) 프로토콜로, 실제 메시지 송수신의 핵심 프로토콜이다. 안전한 웹 서비스를 제공하기 위해서는 SOAP 프로토콜 보안에 대한 고려가 필요하다.

(4) ID 관리기술

사물인터넷을 위한 서비스를 제공하기 위해서는 사용자 인증을 거쳐서 인가된 사용자에 대한 접근만 허용하여 가용성을 보장할 수 있어야 한다. 이를 위해서 가장 간단한 인증기법으로는 식별자(ID)를 통한 인증이 있다. 최근에는 정보통신의 발전으로 서비스 제공자가 관리해야 하는 ID 정보가 기하급수적으로 증가함에 따라 이러한 ID 관리문제로 인한 개인정보누출, 주민번호도용 등의 문제가 발생하면서 사회적인 관심을 받고 있다.

수행 내용 사물인터넷의 보안구성 및 특징 이해하기

재료 · 자료

- 사물인터넷 관련 자료, 사물인터넷 관련 시장전망, 개발동향 자료검색

기기(장비 · 공구)

- PC 및 자료검색 시스템

안전 · 유의사항

- 해당 자료를 사용 시 저작권 관련하여 명확히 출처를 밝히고 인용표시를 한다.
- 사물인터넷의 시장 및 응용 관련 자료를 분석 시 최신 자료를 근거로 분석해야 한다.

수행 순서

01 사물인터넷의 통신/네트워크 보안기술을 분석한다.

1. 지그비 보안기술

사물인터넷 통신 / 네트워크 보안기술로 지그비상에서 정의된 보안기술을 살펴본다. [그림 3-2]에서 보는 것처럼 지그비는 전송계층상에서 정의된 프로토콜로 그 데이터링크 계층은 IEEE 802.15.4로 정의되며, 보안기술도 IEEE 802.15.4 보안과 연계되어 사용된다.

IEEE 802.15.4에 보안기술로는 ACL(Access Control List), 데이터 암호화(Data Encryption), 프레임 무결성(Frame Integrity)이 정의되어 있다.

지그비 표준 보안기술로는 NWK(Network) 계층과 APS(Application Support) 계층, 그리고 ZDO(ZigBee Device Object)에 보안기술이 정의되어 있으며, 각각의 기능을 보면 다음과 같다.

① NWK 및 APS 계층암호화 및 무결성 통신기능

② Secure network joining 기능

③ End-to-end key establishment 기능 제공

④ NWK key update 기능

⑤ Key transport 기능

⑥ Command tunneling 기능

⑦ Configuration Table 기능

⑧ Network leave 기능

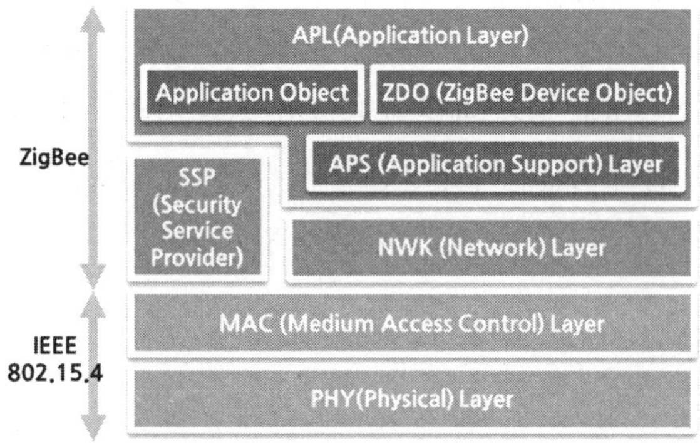

[그림 11-1] ZigBee 스택과 보안기술

정의된 지그비 표준 보안기술은 사물인터넷 디바이스간의 전송 메시지에 대한 도청 및 전송정보에 대한 위변조 공격을 방지한다. 즉, NWK 계층과 APS 계층에서의 암호화를 통해 도청을 불가능하게 한다. 그리고 표준에서 정의된 Secure network joining 기능은 지그비 네트워크에 Join하고자 하는 디바이스는 [그림 11-2]에 제시된 Trust Center와 지그비 표준에서 정의된 SKKE(Symmetric Key Key Exchange) 프로토콜 수행을 통해 Link key, NWK key를 검증받으며, Router와는 NWK key 검증 후 Join하게 됨으로써 권한을 가지지 않는 노드의 불법적 네트워크 참여를 막을 수 있다.

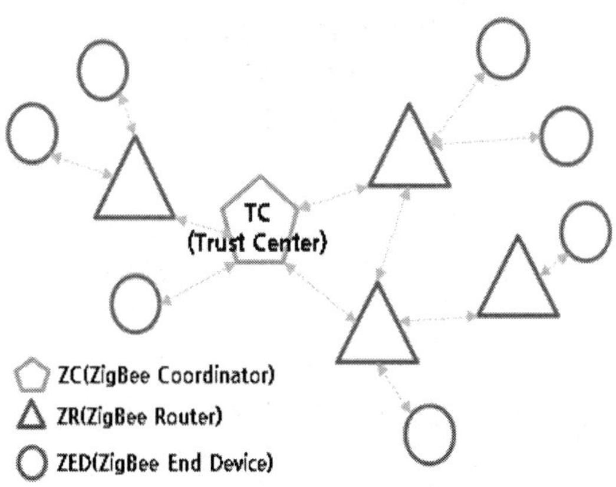

[그림 11-2] ZigBee 디바이스와 Trust Center

학습 11 사물인터넷의 보안

여기서 사용되는 비밀키는 표준에서 정의된 Link 키 혹은 Network 키를 사용할 수 있다. 지그비에는 총 세 가지 키가 표준에서 정의되어 있는데, Master Key는 두 개의 장치 사이에 초기에 공유되는 비밀키로서 SKKE(Symmetric Key-Key Establishment) 과정에서 사용되며, Link Key는 두 개 장치의 APL에서 Unicast로 전달되는 메시지를 암호화하는데 사용된다. Network Key는 NWK 계층에서의 보안에 사용되는 키로서, 네트워크 내 모든 장치가 공유하는 키값이다.

기본적으로 비밀키는 사전에 지그비 디바이스 간에 공유되어 있거나 Key transport 기능, Key Establishment 기능에 의해 사후에 공유될 수 있다. 하지만, 최초의 마스터키 값은 사전 공유된다고 가정하고 있기 때문에 지그비 응용 서비스에서는 키 분배에 있어서 불편을 야기한다. 이에, 실제 사물인터넷 응용에서는 공개키 암호 알고리즘 기반으로 키 분배 기법을 추가하거나 키 설정정책을 만드는 것이 필요하다.

1) CoAP 보안기술

CoAP은 사물인터넷 구성요소가 웹 서비스와 쉽게 연동될 수 있는 구조로 만들어졌음을 의미하는데 이는 HTTP 프로토콜과 연동이 용이함을 의미하기도 한다. 기존 IP(Internet Protocol) 상에서 정의되는 HTTP나 FTP, SOAP 등은 기본 Payload의 길이가 길다는 점과 복잡한 흐름제어 등으로 인하여 사물인터넷용 통신/네트워크 프로토콜로는 적합하지 않은 것으로 알려져 있기 때문에 CoAP이 향후 사물인터넷 분야에서 인기를 얻을 것으로 보인다.

CoAP은 UDP상에서 정의되며 단순하며 적은 오버헤드와 멀티캐스트 특성을 가진다. CoAP의 보안기술은 DTLS(Datagram Transport Layer Security) 상에서 정의되며 이를 살펴보면 다음과 같다.

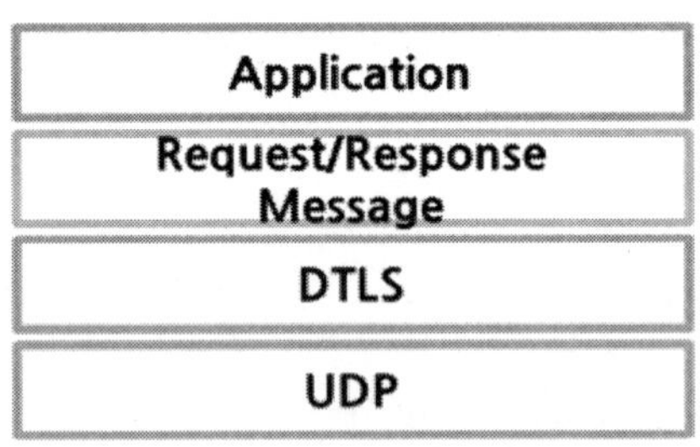

[그림 11-3] CoAP 프로토콜 스택 구조

CoAP 프로토콜을 사용하는 각 Endpoint는 DTLS handshake 이후 세션을 형성하며, CoAP 메시지는 DTLS의 Application data로 보내진다. 키값과 ACL(Access Control List) 정보는 디바이스 Provisioning 단계에서 제공된다. CoAP 프로토콜을 사용하는 각 디바이스는 다음과 같은 보안 모드를 가진다.

① NoSec 모드 : DTLS가 비활성화된 모드. 이 경우에는 IPsec과 같은 다른 보안기법이 사용될 수 있다.
② PreSharedKey 모드 : DTLS가 활성화된 경우로서 사전에 공유된 키값을 사용하여 인증할 수 있다.
③ RawPublicKey 모드 : DTLS가 활성화된 경우로서 인증서가 아닌 비대칭키를 사용한다.
④ Certificate 모드 : DTLS가 활성화된 경우로서 X.509 표준 인증서를 사용한다.
⑤ CoAP은 현재 그룹키/멀티캐스트 보안은 제공하지 않으며 추후에 그룹키 관리기법이 추가될 예정이다.

2) MQTT 보안기술

MQTT 프로토콜은 TCP/IP 프로토콜상에서 정의되는 publish와 subscribe기반 경량 메시지 프로토콜로서 작은 코드 크기와 제한된 네트워크 대역폭을 갖는 경우에 적합하다고 알려져 있다. MQTT를 사용하는 응용 서비스에서는 다음과 같은 보안기법을 구현할 필요가 있다.

① 사용자와 디바이스에 대한 인증(Authentication)
② 서버 자원 접근에 대한 인가(Authorization)
③ MQTT 제어 패킷 및 응용 데이터에 대한 무결성(Integrity) 보장
④ MQTT 제어 패킷 및 응용 데이터에 대한 프라이버시 보호

MQTT 표준에서는 NIST의 cyber security framework와 FIPS-140-2, NSA Suite B 표준에서 정의된 보안 표준기술과 보안권고를 따를 것을 요구하고 있다. 또한, MQTT에서는 특정 경량 암호 알고리즘 사용을 강제하지는 않지만, ISO 29192의 사용을 권장하고 있다.

ISO 29192에서는 PRESENT와 CLEFIA 경량 암호 알고리즘이 정의되어 있는데, 이 알고리즘은 AES 암호보다 더 경량 암호 알고리즘으로 알려져 있다.

MQTT 서비스에서는 서버가 적절한 인증기법을 사용하여 서버가 클라이언트에 대한 인증 수행을 권장하고 있다. 이때, VPN과 SSL의 인증서(certificate)를 사용할 수도 있다. 또한, 서버에 의한 클라이언트 인가를 통해 서버 자원에 대한 클라이언트의 접근권한을 관리할 수 있도록 한다.

또한, MQTT는 클라이언트와 서버가 상호 신뢰가 보장되지 않는 환경에서 사용되기 때문에 클라이언트에 의한 서버 인증도 필요하다. 만약 TLS 혹은 VPN을 사용하는 경우에는 클라이언트에서 서버를 인증하는 기능이 있기 때문에 TLS와 VPN을 통해 이를 만족시킬 수 있다. 응용 서비스 메시지와 제어 패킷에 대한 무결성 제공도 권장하고 있다.

이 또한, VPN을 사용할 경우 클라이언트와 서버에서 데이터에 대한 무결성 제공이 가능하다. TLS를 사용하면 응용 메시지와 제어 패킷에 대한 프라이버시 보호도 쉽게 실현 가능하다.

MQTT에서는 메시지 전송에 대한 부인 방지기법 구현이 필요한데 표준에서는 이에 대해 구체적인 기법은 정의하지 않고 있다. 또한, 클라이언트와 서버에 대한 공격탐지와 인증서에 대한 유효성 확인기법, 인증서 관리기법, 비정상 행위 탐지기법 구현의 필요성이 표준에서 언급되어 있지만 구체적인 내용은 정의되어 있지 않다.

02 사물인터넷의 서비스 보안기술을 분석한다.

IoT-A에서는 이러한 개방형 IoT 구조에서 필요로 하는 보안기능과 프라이버시 보호기능을 정의하고 있다.

〈표 11-1〉 IoT-A에서의 정의된 IoT 기본 보안기술

Component Name and Short Name	Component Functionality	Security Goals Targeted
AuthZ(Authorization)	Access control on services	• Service access control • Confidentiality(data) • Integrity(data)
	Access control on resolution infrastructure	• Service privacy • Service availability
AuthN(Authentication)	Authentication of service users	• Authentication • Accountability
IM(Identity Management)	Management of Identities, Pseudonyms and related access policies	• User privacy • Service privacy
KEM(Key Exchange and Management)	Exchange of cryptographic keys	• Confidentiality(communication) • Integrity(communication)
TRA(Trust & Reputation)	Collecting user reputation scores and calculating service trust levels	• Service Reputation Metering • Service Trust

〈표 11-1〉에서처럼 인증을 위한 AuthN 컴포넌트가 정의되어 IoT 서비스와 사용자에 대한 인증을 수행하며, 접근제어 인가를 위한 AuthZ 컴포넌트, ID 관리를 위한 IM(Identity Management) 컴포넌트, 키관리를 위한 KEM(Key Exchange and Management) 컴포넌트, 디바이스와 사용자, 서비스에 대한 신뢰성 확인을 위한 TRA(Trust and Reputation) 컴포넌트가 정의되어 있다.

IoT-A에서 정의된 보안기술은 특정 엔터티(사용자, 서비스)가 특정 자원을 사용할 수 있는 권한이 있는지를 확인하는 인증(authentication)과 이를 통해 권한을 인가(authorization) 받는다. 패스워드와 인증서, 사전 공유 비밀정보, 생체정보 기반으로 인증을 수행할 수 있으며, 이는 AuthN 컴포넌트에 의해 구현된다. 인가는 ACL(Access Control List) 혹은 RBAC(Role Based Access Control)이나 ABAC(Attribute Based Access Control)과 같은 역할 단위 혹은 속성 단위의 미세한 접근제어를 통하여 실현될 수 있는 구조를 갖는다.

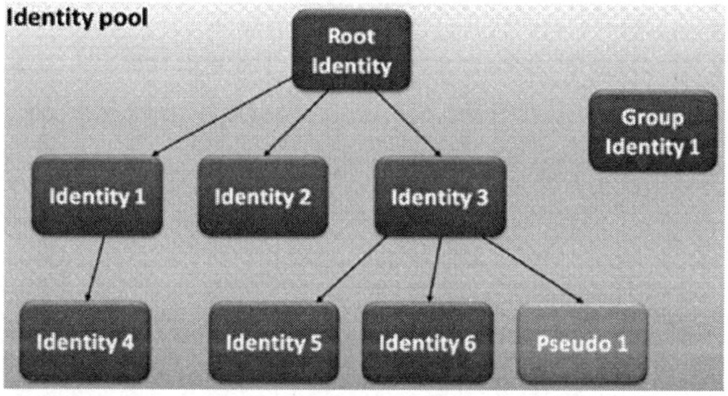

[그림 11-4] ID에 대한 프라이버시 보호기법(Pseudonym 사용)

[그림 11-4]는 IoT 엔터티에 대한 프라이버시 보호를 위한 한 가지 방법인 필명화를 보여주고 있다. 필명(Pseudonym)으로 변경함으로써 외부에 해당 ID 정보를 노출하지 않도록 할 수 있다. 또한, 익명화 기법, 암호화 기법 등을 사용하여 ID 정보 혹은 중요 정보를 노출시키지 않을 수도 있다. 사물인터넷에서의 프라이버시 보호는 전술한 익명화, 암호화, 필명 사용 등과 같은 단일기술도 중요하지만 관리기술 및 체계 등도 더욱 중요한 이슈이다.

수행 Tip

- 분야별 사물인터넷 보안기술 활용방안

  가전, 에너지, 의료 / 건강관리, 자동차, 기타 등으로 구분하여 보안기술 활용방안을 검토가 필요하다.

학습활동.11 **교수 · 학습 방법**

교수 방법

- 사물인터넷의 보안에 대한 관련 용어, 구성, 방식이해 정도를 파악한 후 수업을 진행한다.
- 교수자의 주도로 사물인터넷의 보안 등의 내용을 PPT 자료로 제시한 후 설명한다.
- 가능하면 사전에 개인별 학습자료를 준비하여 모든 학생이 참여할 수 있는 문제해결식 수업, 협력 수업이 가능하도록 한다.
- 사물인터넷의 보안의 구성과 특징 전 과정을 작업의 순서에 따라 단계적으로 실습이 이루어질 수 있도록 지도한다.
- 교재를 통해 수업을 준비하는데 있어서 필요한 모든 정보나 팁, 힌트 등 도움이 될 만한 내용들을 확인할 수 있다.
- 학생들이 만들게 될 각 모델들은 수업시간에 중점적으로 다뤄질 부분과 어휘, 질문, 답을 포함하고 있으며 또한 탐구할만한 추가적인 아이디어들도 포함하고 있다.

학습 방법

- 사물인터넷 보안에 대한 관련 용어를 숙지하고, 사물인터넷의 기초 단계에 대해 이해한다.
- 사물인터넷 보안의 각 단계별 중점 사항을 체계적으로 학습한다.
- 사물인터넷 보안의 수행순서의 전 과정을 실습한다.
- 사물인터넷 보안의 내용을 이해한다.
- 사물인터넷 보안의 구성을 이해하고 숙달이 될 때까지 학습한다.

학습활동.11 평가 및 피드백

평가 준거

- 평가자는 피평가자가 수행 준거 및 평가 내용에 제시되어 있는 내용을 성공적으로 수행할 수 있는지를 평가해야 한다.
- 평가자는 다음 사항을 평가해야 한다.

학습내용	평가항목	성취수준		
		상	중	하
사물인터넷의 보안 구성 및 특징	사물인터넷의 보안구성 및 특징을 이해할 수 있다.			

평가 방법

- 작업 포트폴리오

학습내용	평가항목	성취수준		
		상	중	하
사물인터넷의 보안 구성 및 특징	사물인터넷의 보안구성 및 특징을 이해할 수 있다.			

- 필기시험

학습내용	평가항목	성취수준		
		상	중	하
사물인터넷의 보안 구성 및 특징	사물인터넷의 보안구성 및 특징을 이해할 수 있다.			

• 체크리스트를 통한 관찰

학습내용	평가항목	성취수준		
		상	중	하
사물인터넷의 보안 구성 및 특징	사물인터넷의 보안구성 및 특징을 이해할 수 있다.			

피드백

1. 작업 포트폴리오
   - 제출한 보고서를 평가한 후 주요 사항에 대하여 표시하여 돌려준다.
2. 필기시험
   - 평가결과 성적이 저조한 학생은 보고서 제출기회를 부여한다.
3. 체크리스트를 통한 관찰
   - 실습과정에서 평가한 후 개선해야 할 사항 등을 정리하여 돌려둔다.

학습 1	사물인터넷의 정의
학습 2	사물인터넷의 기본계획
학습 3	사물인터넷의 스마트 디바이스
학습 4	사물인터넷의 글로벌 동향
학습 5	사물인터넷의 기술
학습 6	사물인터넷의 빅데이터
학습 7	사물인터넷의 클라우딩 컴퓨터
학습 8	사물인터넷의 무선 네트워크
학습 9	사물인터넷의 스마트 센서
학습 10	사물인터넷의 표준
학습 11	사물인터넷의 보안

학습 12	사물인터넷의 스마트 홈

12-1 사물인터넷의 스마트 홈 구성 및 표준화

학습 목표	12-1. 사물인터넷의 스마트 홈 구성 및 표준화를 이해할 수 있다.

필요지식

1. 스마트 홈의 개념

스마트 홈(IoT-Smart Home)은 자동화를 지원하는 개인주택이다. 미국에서는 Domotics, 인텔리전트 하우스 또는 IT 주택이라고 한다.

인텔리전트 빌딩의 각종 자동화 기법(조명이나 온도제어, 문과 창제어, 보안 시스템 등)은 가정 자동화에도 적용할 수 있다. 이 밖에도 안방극장 제어, 자동적이고 효율적인 에어콘, 방범 시스템, 의료 시스템 접속 등이 포함된다.

유비쿼터스 시티(u-City) 구축하는 중개 매개체이기도 하다. 주택을 새로 건축할 때부터 가정 자동화를 채용하는 경우, 제어를 위한 배선이 벽에 설비된다. 배선은 컨트롤러에 연결되어 각종 제어를 한다. 최근에는 무선 기술을 이용하는 것도 있다.

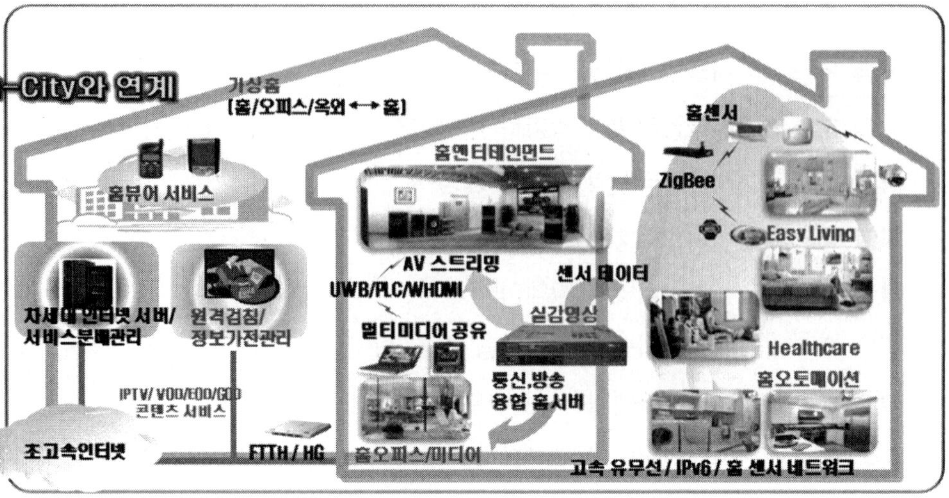

[그림 12-1] 스마트 홈 개념

출처 : 스마트융합서비스 발전방향 및 전망, ETRI, 2011.11.17

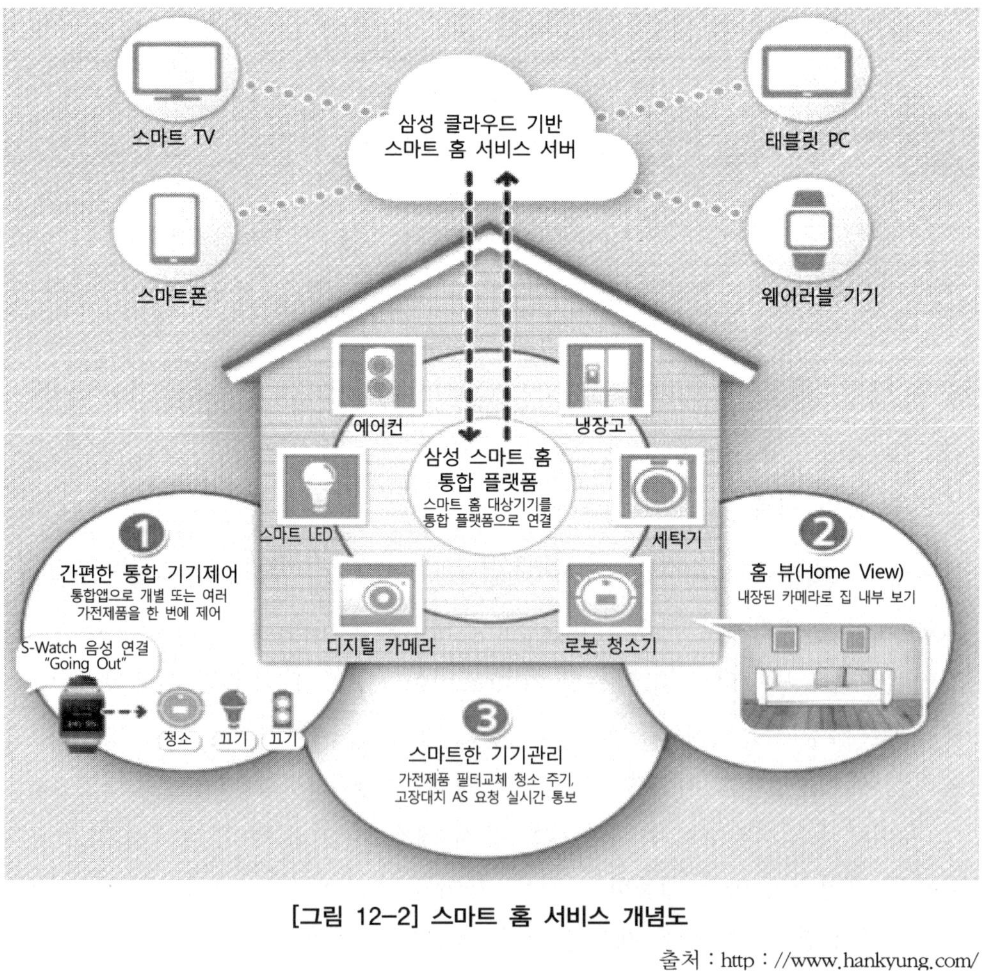

[그림 12-2] 스마트 홈 서비스 개념도

출처 : http : //www.hankyung.com/

주거공간의 변화는 정보통신기술(ICT)로 인해 편안하고, 안전하며, 즐겁고, 경제적인 삶을 누릴 수 있는 스마트 홈으로의 진화된다. 스마트 홈의 확산은 대형 공급자 주도의 장미빛 구호에서 벗어나 저렴한 가격의 생활밀착형 단말이 주도한다. 또한, 수익모델이 기기판매 중심에서 탈피, 다양화 되면서 제조사, 통신사, 플랫폼사 등이 공존하는 생태계가 조성된다.

2. 스마트 홈의 구성

IoT는 디바이스와 기술, 서비스를 기반으로 하나의 연결된 서비스를 제공하는 것이며 '스마트 홈'은 IoT를 구성하는 하나의 서비스 영역이다.

스마트 홈 서비스 영역은 소비자 지불가치가 큰 보안, 에너지, 편리 서비스 중심으로 스마트 홈 산업이 확대되고 있다.

스마트 홈 생태계는 유무선 네트워크 인프라 구축, 주거형 스마트 디바이스, 스마트 디바이스 간 커넥티비티를 위한 통신 표준화, 스마트 디바이스 운용 플랫폼, 이용자 관점 플랫폼 컨트롤 디자이스, 이용자 가치제공 스마트 콘텐츠로 6대 구성요소로 구성된다.

[그림 12-3] 스마트 홈 생태계의 6대 구성요소

출처 : 스마트 홈 생태계 6대 구성요소(2014.11.26., 디지에코 보고서)

3. 스마트 홈의 표준

스마트 홈에 관련한 표준규격으로 INSTEON, X10, KNX, LONWORKS, Crestron, C 버스, UPB, UPnP, ZigBee, Z-Wave 등이 있다.

제어용 배선으로는 전선을 이용하는 것도 있고, 무선을 이용하는 것도 있으며, 또 몇 개의 매체를 이용하는 것도 있다.

브리지는 스마트 홈 이외의 표준에서 스마트 홈의 표준에 신호변환을 실시하는 장치이다.

사물인터넷(IoT) 개론

수행 내용 스마트 홈 구성 및 표준화 이해하기

재료 · 자료

- 사물인터넷의 스마트 홈 관련 자료, 사물인터넷 관련 시장전망, 개발동향 자료검색

기기(장비 · 공구)

- PC 및 자료검색 시스템

안전 · 유의사항

- 해당 자료를 사용 시 저작권 관련하여 명확히 출처를 밝히고 인용표시를 한다.
- 사물인터넷의 시장 및 응용 관련 자료를 분석 시 최신 자료를 근거로 분석해야 한다.

수행 순서

01 스마트 홈에 관련한 표준규격에 대하여 분석한다.

스마트 홈에 관련한 표준규격으로 INSTEON, X10, KNX, LONWORKS, Crestron, C 버스, UPB, UPnP, ZigBee, Z-Wave 등이 있다. 추진단체는 〈표 12-1〉과 같다.

〈표 12-1〉 추진단체 목표 및 참여기관

기구명	추진목표	주요 참여기관
Allseen Alliance	IoT의 커넥티비티 표준화로 기기 간 및 플랫폼 간 연결호환성 확보	LG전자, 하니얼, 퀄컴, 파나소닉, 마이크로소프트, AT&T
OIC		삼성전자, 델, 인텔 등
Thread	지그비 기술단점을 보완한 보안 및 저전력 기술의 표준화	삼성전자, ARM, 프리스케일, 실리콘랩스
HomeKit	애플 생태계의 폐쇄적 IoT표준화	필립스, 하니웰, 애플, Haier, TI
IIC(Industrial Internet Consortium)	산업용 IoT활성화를 위한 표준 개발	인텔, IBM, AT&T, CISCO, Microsoft
스마트 융합가전 포럼	IoT 기반의 스마트 홈 표준화	삼성전자, LG전자, 코웨이, 모두엘, 경동원

스마트 홈 표준 플랫폼 확보 및 국제표준 선점을 위한 스마트 홈 표준 플랫폼 개발, 플랫폼 개발 및 관리체계 구축, 주요 분야 핵심표준 개발, 국제 표준화 선점 및 협력체계 구축, 적합성 시험·인증 체계 구축, 글로벌 표준·인증 지원체계 구축 등이다.

02 국내 스마트 홈 주요 사업자 및 경쟁현황을 분석한다.

국내 스마트 홈 시장은 삼성과 LG로 대표되는 대형 CE(Consumer Electronic) 제조사와 통신 3사라는 두 축을 중심으로 구성되어 있다. 글로벌 환경변화에 맞춰 신수종 사업을 재편하고 있는 삼성전자는 사물인터넷(IoT)에 집중하고자 하며, 그 중심에 스마트 홈이 놓여 있다. 삼성은 '삼성 스마트 홈' 플랫폼을 출시했으며 한층 진화된 컨셉을 제시했다. 특히 개방형 플랫폼 개발사인 SmartThings와 에어컨 전문 유통회사 Quietside를 인수하여 기술력과 영업력을 동시에 강화하였다.

LG전자 역시 세탁기, 냉장고, 에어컨, 오븐 등 가전제품을 서로 연동시키는 것을 목표로 하고 있으며 특히 가전 외에도 조명이나 오디오 등까지 연결 대상을 확대한 것이 특징이다. 또한 라인과 카카오톡 등 모바일 메신저로 대화하는 방식으로 집안의 제품을 제어할 수 있는 '홈챗(HomeChat)'을 출시하여 사용자 편의성을 제고하려는 노력을 기울이고 있다.

한편, KT, SKT 및 LGU+ 등 국내 통신 3사도 스마트 홈 시장에 진출하기 시작했다. KT는 최근 USIM 기반의 NFC 스마트 도어락을 출시하였으며, 인터넷 전화기의 진화형태인 스마트 홈 폰 HD와 HD mini를 통해 CCTV 보안, 모바일 TV 및 음악서비스를 제공하고 있다.

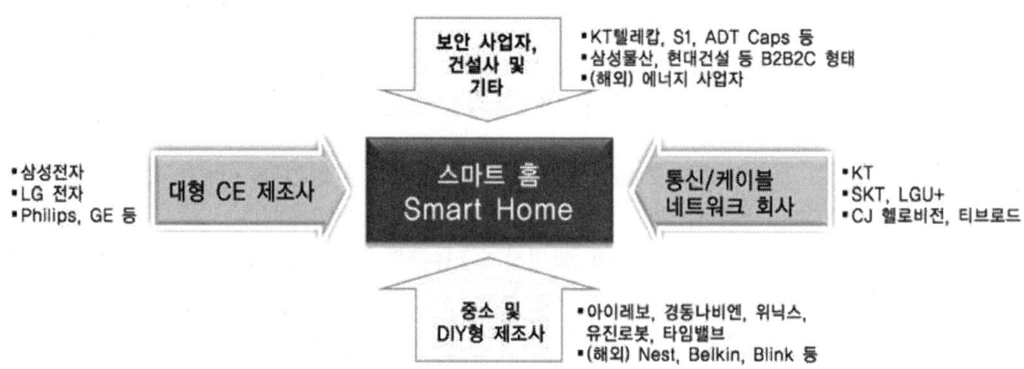

[그림 12-4] 국내 스마트 홈 주요 사업자 및 경쟁현황

출처 : 2015년 ICT 10대 주요이슈 ; KT경제경영연구소

LGU+도 이와 유사한 형태인 홈 CCTV를 제공하여 홈 시큐리티 시장부터 발을 들여놓기 시작했다. 한편 SKT는 10월 초에 11개 가전, 조명, 냉난방 회사 등과 제휴 협약을 체결하여 스마트 홈 시장에 포괄적인 플랫폼으로 접근하려는 입장이다.

대형 CE 제조사 및 통신사 외에도 원격제어가 가능한 보일러, 온수매트, 밥솥 등에 특화된 중소 제조사와 중대형 건설사 및 SI 자회사 그리고 KT 텔레캅, 에스원과 같은 보안사업자 등도 스마트 홈의 미래 가치를 선점하고자 시장에 뛰어들고 있다.

03 스마트 홈 기술분류를 분석한다.

스마트 홈 기술은 〈표 12-2〉에서와 같이 홈 플랫폼, 유무선 네트워킹, 지능형 정보가전, 그린 홈 기술로 분류된다. 홈 플랫폼 기술분야에서는 난립되어 있는 홈 네트워크 미들웨어 간 상호연동을 보장하고 자율적으로 홈 네트워크 자원을 통합 관리하는 미들웨어 원천기술 확보에 주력하고 있다.

〈표 12-2〉 스마트 홈 기술분류

분 류	정 의	주요 기술 및 제품
홈 플랫폼	외부망과 가정을 연결하고 융합된 콘텐츠를 기반으로 모든 자원을 자율/통합적으로 관리하여, 다양한 실감·감성형 홈 네트워크 서비스를 제공	홈서버/게이트웨이, 홈 미들웨어, 망간 연동기술
유무선 네트워킹	유선과 무선을 적절히 활용하여 주택환경에 구애받지 않고 서비스가 요구하는 품질을 충족시키며 정보 가전기기의 항시 접속을 보장	유선 홈네트워킹, 무선 홈네트워킹, 유무선 연동기술
지능형 정보가전	기존 정보 가전기기나 센서들이 CPU, 네트워킹, S/W에 힘입어 지능화됨으로써 사용자에게 어디서나 쉽게 지능형 홈서비스를 제공	정보 가전기기, 홈센서, 사용자 인터랙션
그린 홈	사용자에게 쾌적하고 경제적인 생활을 제공하기 위해 스스로 에너지를 절감하고 적절한 생활환경을 유지	그린 홈 관리기술, 그린 홈 네트워크 기술, 가정용 스마트 그리드 연동기술

유선 홈 네트워킹 기술은 전력선과 케이블을 기반으로 고속화되고 있으며, 무선 홈 네트워크 기술은 고속화 · 고정밀 · 저전력 기술로 진화되면서 점차 유무선을 연동하는 기술이 주목받고 있다. 정보가전 기술분야에서는 단순 기능형 디지털 가전에서 네트워크화 · 융복합화된 지능형 정보가전으로 발전시키기 위한 기술개발이 진행 중이며, 선진국의 주요 가전업체를 중심으로 원천기술 확보 경쟁이 치열하다.

그린 홈 기술분야에서는 고효율 단열, 고기능 창호 등 건설기술 기반의 기존 패시브 하우스 개념에서 홈 에너지 관리기술, 스마트 그리드 연동기술 등 IT 기술이 융합된 액티브하우스 개념으로 진화 중이다.

학습활동.12 교수 · 학습 방법

교수 방법

- 사물인터넷의 스마트 홈의 구성 및 표준화에 대한 관련 용어, 구성, 방식이해 정도를 파악한 후 수업을 진행한다.
- 교수자의 주도로 사물인터넷의 스마트 홈의 구성 및 표준화 등의 내용을 PPT 자료로 제시한 후 설명한다.
- 가능하면 사전에 개인별 학습자료를 준비하여 모든 학생이 참여할 수 있는 문제해결식 수업, 협력 수업이 가능하도록 한다.
- 사물인터넷의 스마트 홈의 구성 및 표준화의 구성과 특징 전 과정을 작업의 순서에 따라 단계적으로 실습이 이루어질 수 있도록 지도한다.
- 교재를 통해 수업을 준비하는데 있어서 필요한 모든 정보나 팁, 힌트 등 도움이 될 만한 내용들을 확인할 수 있다.
- 학생들이 만들게 될 각 모델들은 수업시간에 중점적으로 다뤄질 부분과 어휘, 질문, 답을 포함하고 있으며 또한 탐구할만한 추가적인 아이디어들도 포함하고 있다.

학습 방법

- 사물인터넷의 스마트 홈의 구성 및 표준화에 대한 관련 용어를 숙지하고, 사물인터넷의 기초 단계에 대해 이해한다.
- 사물인터넷의 스마트 홈의 구성 및 표준화의 각 단계별 중점 사항을 체계적으로 학습한다.
- 사물인터넷의 스마트 홈의 구성 및 표준화의 수행순서의 전 과정을 실습한다.
- 사물인터넷의 스마트 홈의 구성 및 표준화의 내용을 이해한다.
- 사물인터넷의 스마트 홈의 구성 및 표준화의 구성을 이해하고 숙달이 될 때까지 학습한다.

학습활동.12 평가 및 피드백

평가 준거

- 평가자는 피평가자가 수행 준거 및 평가 내용에 제시되어 있는 내용을 성공적으로 수행할 수 있는지를 평가해야 한다.
- 평가자는 다음 사항을 평가해야 한다.

학습내용	평가항목	성취수준		
		상	중	하
사물인터넷의 스마트 홈 구성 및 표준화	사물인터넷의 스마트 홈 구성 및 표준화를 이해할 수 있다.			

평가 방법

- 작업 포트폴리오

학습내용	평가항목	성취수준		
		상	중	하
사물인터넷의 스마트 홈 구성 및 표준화	사물인터넷의 스마트 홈 구성 및 표준화를 이해할 수 있다.			

- 필기시험

학습내용	평가항목	성취수준		
		상	중	하
사물인터넷의 스마트 홈 구성 및 표준화	사물인터넷의 스마트 홈 구성 및 표준화를 이해할 수 있다.			

• 체크리스트를 통한 관찰

학습내용	평가항목	성취수준		
		상	중	하
사물인터넷의 스마트 홈 구성 및 표준화	사물인터넷의 스마트 홈 구성 및 표준화를 이해할 수 있다.			

피드백

1. 작업 포트폴리오
   - 제출한 보고서를 평가한 후 주요 사항에 대하여 표시하여 돌려준다.
2. 필기시험
   - 평가결과 성적이 저조한 학생은 보고서 제출기회를 부여한다.
3. 체크리스트를 통한 관찰
   - 실습과정에서 평가한 후 개선해야 할 사항 등을 정리하여 돌려둔다.

참고자료

[1] 심성구외, "스마트 홈 표준화 현황 및 추진전략," 정보과학회지, 2012.8.

[2] 스마트 그린 홈 포럼, http://homenetwork.or.kr

[3] 지식경제부 기술표준원, http://www.kats.go.kr

[4] 한국산업기술평가관리원, 2012~2016 정보통신산업 산업융합원천 R & D 전략 - 홈네트워크/정보가전, 2011.11.

[5] 한국정보통신기술협회(TTA), http://www.tta.or.kr

[6] 한국정보통신기술협회, ICT 표준화 전략맵 Ver. 2012, 2012.12.

[7] ISO/IEC JTC1 SC25, http://www.sc25.iec.ch

[8] ISO/IEC JTC1 SC25 WG1, http://www.hes-standards.org

[9] UPnP, http://www.upnp.org

[10] DLNA, http://www.dlna.org

[11] OSGi, http://www.osgi.org

[12] HGI, http://www.homegatewayinitiative.org

[13] IGRS, http://www.igrs.org

[14] Echonet Consortium, http://www.echonet.gr.jp

[15] WiMedia Alliance, http://www.wimedia.org

[16] ZigBee Alliance, http://www.ZigBee.org

[17] HomePlug, https://www.homeplug.org

[18] IETF Homenet WG, http://datatracker.ietf.org/wg/homenet

저자 소개

• 남 상 엽

- 공학박사
- 삼성종합기술원 근무
- 모토로라반도체통신 근무
- (현재) 국제대학교 IT계열 교수

• 강 민 구

- 공학박사(연세대학교 전자공학과)(1994)
- 삼성전자 연구원(1985~1987)
- 국무총리실 산하 방송통신융합추진위원회(전문위원)(2006~2007)
- (현재) 방송통신위원회 전파연구소 정보통신기술규격 심의위원(2007~현재)
- (현재) 한신대학교 정보통신학부 교수(2000~현재)

• 양 재 수

- 공학박사((New Jersey Institute of Technology(NJIT))
- KT 근무(1993~2006)
- 경기도 정보화특별보좌관(2007.2~2011.10)
- 경기정보산업협회장(2012.11~현재)
- (현재) 단국대학교 교수

• 안 병 구

- 공학박사(New Jersey Institute of Technology(NJIT))
- 포항산업과학연구원(RIST), 선임연구원 근무
- (현재) 홍익대학교 컴퓨터정보통신공학과 교수

• 김 호 원

- 공학박사
- 한국전자통신기술연구원(ETRI) 근무
- (현재) 부산대학교 정보컴퓨터공학부 교수
- (현재) 부산대 사물인터넷 연구센터 센터장

사물인터넷 개론

2022년 3월 10일　1판 4쇄 발행

저　자　남상엽 · 강민구 · 양재수
안병구 · 김호원

발행인　남　　승　　우

발행처　도서출판 상尙 학學 당堂
서울시 동작구 사당로9가길 6(사당동)
TEL : 02) 595-1692~4
FAX : 02) 595-1394
E-mail : namdoo6@unitel.co.kr
신고 : 2-155호 (1968. 11. 29)

정가 23,000원

ISBN　978-89-6587-134-7　93000

〈디자인〉 편집 엄해숙 / 표지 토틀컴